高等职业教育网络工程课程群教材

网络系统集成

主　编　唐继勇　孙梦娜

副主编　刘思伶　钟文辉　吕　波　任月辉

中国水利水电出版社
www.waterpub.com.cn
·北京·

内 容 提 要

本书由高校与企业合作编写，详细阐述了网络系统集成项目开发的全过程。全书包括 7 个模块，分别是网络系统集成概述、网络需求分析、网络工程设计、网络安全设计、物理网络设计、网络工程实施和网络工程测试与验收。

本书可作为高等职业院校计算机网络技术专业、职业本科网络工程专业及相关专业的教材，也可作为网络管理人员、网络工程技术人员和对计算机网络技术感兴趣的读者的参考书。

图书在版编目（CIP）数据

网络系统集成 / 唐继勇，孙梦娜主编. -- 北京 ：中国水利水电出版社，2021.9（2024.1 重印）
高等职业教育网络工程课程群教材
ISBN 978-7-5170-9974-1

Ⅰ. ①网… Ⅱ. ①唐… ②孙… Ⅲ. ①计算机网络－网络集成－高等职业教育－教材 Ⅳ. ①TP393.03

中国版本图书馆CIP数据核字(2021)第189392号

策划编辑：寇文杰　责任编辑：张玉玲　加工编辑：刘　瑜　封面设计：李　佳

书　名	高等职业教育网络工程课程群教材 网络系统集成 WANGLUO XITONG JICHENG
作　者	主　编　唐继勇　孙梦娜 副主编　刘思伶　钟文辉　吕　波　任月辉
出版发行	中国水利水电出版社 （北京市海淀区玉渊潭南路 1 号 D 座　100038） 网址：www.waterpub.com.cn E-mail：mchannel@263.net（答疑） sales@mwr.gov.cn 电话：（010）68545888（营销中心）、82562819（组稿）
经　售	北京科水图书销售有限公司 电话：（010）68545874、63202643 全国各地新华书店和相关出版物销售网点
排　版	北京万水电子信息有限公司
印　刷	三河市德贤弘印务有限公司
规　格	210mm×285mm　16 开本　16 印张　399 千字
版　次	2021 年 9 月第 1 版　2024 年 1 月第 3 次印刷
印　数	6001—10000 册
定　价	54.00 元

前　　言

网络系统集成是高职计算机网络技术专业、职业本科网络工程专业的核心课程。为了帮助读者掌握网络系统集成知识和技术，编者编写了《网络系统集成》（被教育部评为“十二五”职业教育国家规划教材）。然而，技术发展十分迅速，教材建设也需与时俱进，才能适应形势发展。我们在前书的基础上，严格按照教育部关于“加强职业教育、突出实践技能培养”的要求，根据网络系统集成软硬件技术设备的发展、结合专业教学改革的需要，循序渐进地进行知识讲解，力求使读者在做中学、学中做，能够真正利用所学知识解决实际问题。本书内容更加丰富，重点知识更加突出，更贴近实际教学，主要体现在以下几个方面：

（1）精心设计课程结构。编者总结了多年的网络工程实践经验，根据计算机网络专业核心岗位所需的知识和技能，总结出 7 个模块和 23 个主题，每个模块由不同的主题构成。这些模块和主题相对独立，教师可以根据本校实际情况灵活选择其中的某些模块或者某些主题进行教学。

（2）教学重点突出。教材使用较大的篇幅详细介绍了网络系统集成的核心内容——网络工程设计。另外，网络安全是计算机网络技术专业相关岗位所需的核心知识点，也是网络工程设计的重点内容之一，而且涉及的范围比较广，因此作为一个单独的模块来进行讨论。

（3）教学可操作性强。每个主题包含了学习提示、课前评估、知识学习、动手操练、课后检测等多个环节，是一个完整的教学单元，方便教师教学和学生学习。本书使用思科的 Packet Tracer 7.3 网络模拟器作为学习平台，所有动手方面的实践内容都可在 Packet Tracer 7.3 上完成，学生也可以在自己的计算机上完成课后实践作业。

（4）教学资源丰富。编者与业界知名企业合作编写本书，并合作开发了与教材配套的教学资源，包括工作原理动画、动手操作微课视频、课后实践操作视频、基于主题内容的 PPT 和题型多样的习题集等。

本书主要内容涵盖网络系统集成概述、网络需求分析、网络工程设计、网络安全设计、物理网络设计、网络工程实施和网络工程测试与验收等，建议学时为 64 学时，理论学时与实践学时之比为 2∶1，各校可根据学生的学习基础和实际学情进行适当的调整。

本书由重庆电子工程职业学院唐继勇、孙梦娜任主编，刘思伶、钟文辉（锐捷网络股份有限公司）、吕波、任月辉任副主编，其中，模块 1 由刘思伶编写，模块 2 由钟文辉编写，模块 3 由唐继勇编写，模块 4 由任月辉编写，模块 5 由吕波编写，模块 6 和模块 7 由孙梦娜编写。全书由唐继勇统稿。

本书在编写过程中参阅了同行的相关资料，得到编者所在学院、相关企业的大力支持和帮助，在此向有关同行和单位表示衷心感谢。

限于编者水平，书中难免有不妥和错误之处，恳请广大读者批评指正。

编　者

2021 年 6 月

目　　录

模块 1　网络系统集成概述

随着计算机网络应用的普及，人们对网络的依赖程度越来越高，对网络系统的功能、性能、可靠性的要求也越来越高。网络系统集成成为计算机网络技术应用发展不可缺少的一种服务方式，网络系统集成中对内容、技术、工艺等方面也有了更高的要求。

学习提示

本模块是总领全书的一个概述性章节，主要介绍了网络系统集成的概念、特点、工作内容、实施步骤和体系结构，以及申请网络系统集成资质的条件和成为合格网络系统集成商的必备条件。通过本模块的学习，读者可以了解和掌握网络系统集成的主要工作，对网络系统集成工作任务有一个总体性的了解和把握。

课前评估

请读者独立思考并回答下列问题。

1．某集团公司由 3 个企业合并而成，3 个企业属于不同的地区，而原有的各企业均有自己的企业网络，公司合并后面临着企业网络的统一建设问题。在这种情况下，请问该集团公司网络规划建设方面面临着哪些问题？如果由你来负责规划和建设该集团公司的网络，要分析和思考哪些方面的问题呢？

2．网络系统集成不涉及（　　）学科。

A．系统论　　B．计算机技术
C．物理学　　D．计算机网络

3．网络系统集成主要朝着（　　）的方向发展。

A．互联　　B．高端　　C．大规模　　D．小规模

4．网络系统集成不包括（　　）。

A．网络软硬件产品集成　　B．网络技术集成
C．网络应用集成　　D．网络工程

5．网络系统集成是按照网络工程的需求及组织逻辑将（　　）系统性地组合成整体的过程。

A．交换机　　B．路由器
C．操作系统　　D．投入资金最少

6．网络系统集成与建筑装修有相同之处吗？

7．网络工程验收时合格，使用一段时间后网络性能下降很快，讨论原因何在？

8．从网络系统集成的概念出发，简单描述网络系统集成的特点。

9．网络系统集成的主体结构通常包括哪些？

10．网络工程监理方的主要职责有哪些？

1.1 网络系统集成的概念

1.1.1 网络系统集成的定义

网络系统集成术语含有 3 个层次的概念，即网络、系统、集成。

（1）网络的概念。这里提到的网络，指的是计算机网络，如校园网、园区网、企业网等。从计算机网络的概念来看，它含有系统集成成分，但不具有更专业的技术和工艺。

（2）系统的概念。系统是为实现特定功能，以达到某一目标而构成的相互关联的一个集合体。计算机网络中的计算机、交换机、路由器、防火墙、系统软件、应用软件、通信介质等就体现了一个有机的、协调的集合体。

（3）集成的概念。集成是将一些孤立的事物和元素通过某种方式集中在一起，产生有机的联系，从而构成一个有机整体的过程和操作方法。因此，集成是一种过程、方法和手段。

到目前为止，关于什么是网络系统集成还没有一个严格的统一定义。一种较为通行的定义是：以用户的网络应用需求和投资规模为出发点，合理选择各种软硬件产品和应用系统等，并将其组织成一体，使之成为能够满足用户的实际需要，具有高性价比的计算机网络系统的过程。

从网络系统集成的通行定义可知，网络系统集成包含以下要素。

（1）目标：系统生命周期中与用户利益始终保持一致的服务。

（2）方法：先进的理论+先进的手段+先进的技术+先进的管理。

（3）对象：计算机及通信硬件+计算机软件+计算机使用者+管理。

（4）内容：计算机网络集成+信息和数据集成+应用系统集成。

必须明确指出的是，网络系统集成既不是一套系统，也不是一堆计算机硬件，更不是一套软件，也不仅仅是开放系统和标准化，而是一种观念、思想和管理，是一种系统的规则、实施的方法和策略。

1.1.2 为什么需要网络系统集成?

网络系统集成不是各种硬件和软件的堆积，而是一种在系统整合、系统再生产过程中为满足客户需求的增值服务业务，是一种价值再创造的过程。从工程角度来看，网络系统集成包括 3 个层面——技术集成、产品集成和应用集成，如图 1-1 所示。

1. 技术集成的需要

各种计算机网络技术（如以太网技术、网络接入技术、光以太网通信技术等）的快速发展使得网络技术体系更加纷繁复杂，导致建网单位、普通网络用户和一般技术人员难以掌握和选择。这就要求必须有一种角色能够熟悉各种网络技术，能完全从客户应用和业务需求入手，充分考虑技术发展的变化，去帮助用户分析网络需求，根据用户需求特点去选择所采用的各项技术，为用户提供解决方案和网络系统设计方案，这个角色就是系统集成商。

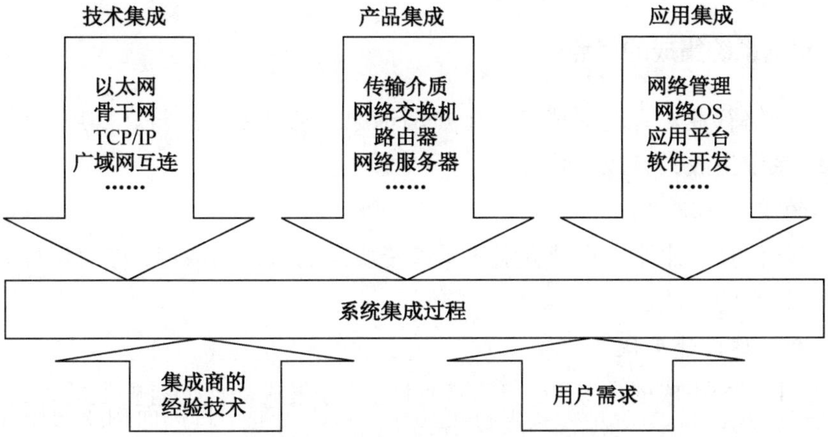

图 1-1　网络系统集成的过程

2. *产品集成的需要*

每一项技术标准的诞生，都会带来一大批丰富多样的产品，而每个公司的产品都自成系列且有着功能和性能上的差异。事实上，几乎没有一个专业网络公司能为用户解决从方案到应用的所有问题。系统集成商则不同，它会根据用户的实际应用需要和费用承受能力，为用户进行软硬件设备选型与配套工程施工等产品集成。

3. *应用集成的需要*

用户的需求各不相同、各具特色，产生了很多面向不同行业、不同层次的网络应用，如 Intranet、Extranet、Internet 应用，数据、语音、视频一体化等。这些不同的应用系统，需要不同的网络平台。这就需要系统集成技术人员用大量的时间进行用户调查、分析应用模型、反复论证方案，以使用户能够得到一体化的解决方案，并付诸实施。

1.1.3　网络系统集成的复杂性

网络系统集成技术和产品集成涉及不同的标准和行业规范，其复杂性体现在 4 个方面——技术、成员、环境和约束，如图 1-2 所示。技术方面的复杂性涉及网络技术、硬件技术、软件技术和施工技术。成员方面的复杂性体现在系统用户、系统集成商、第三方人员和社会评价人员，需要照顾到各方的意见和利益。环境方面的复杂性涉及应用环境的不确定性，环境条件的改变、系统升级的需求、网络面临的攻击和危险。约束方面的复杂性涉及资金约束、施工时间约束、政策约束和管理约束等。

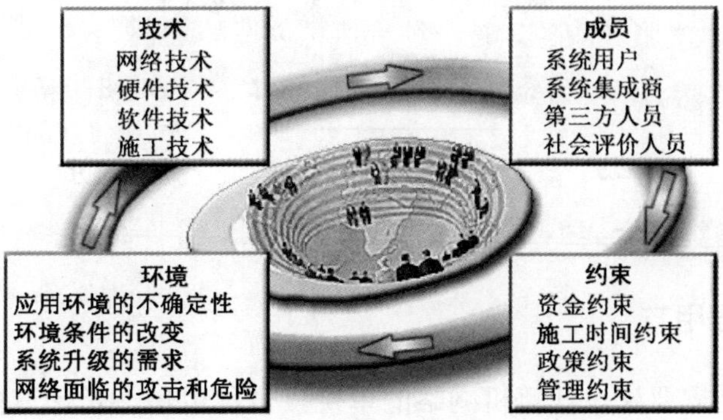

图 1-2　网络系统集成的复杂性体现

1.1.4 网络系统集成的优点

目前，在网络行业，系统集成是一个热门话题。从技术、经济、实用性或时间效益的角度看，网络系统集成具有以下特点。

1. 较高的质量水准

选择具有一流技术水平、质量鉴别体系和资质高的系统集成商，能够保证系统的质量，使得用户承受较小的风险。

2. 网络系统建设速度快

由多年从事系统集成的专家和配套的项目组进行集成，他们有畅通的设备供货渠道，富有处理用户关系的经验，能加快系统建设的速度。

3. 交钥匙解决方案

全权负责处理所有的工程事宜，使用户能够将注意力放在系统的应用要求上。

4. 标准化配置

系统集成商采用他们认为成熟和稳妥的方案，使得系统维护及时、成本较低。

可见，网络系统集成是目前建设网络信息系统的一种高效、经济、可靠的方法。它既是一种重要的工程建设思想，也是一种解决问题的思想方法论。

1.2 网络系统集成的主体结构

网络工程建设是一项复杂的系统工程，工程建设通常有多个主体参与。其主要的主体包括需要建设计算机网络的单位、网络工程设计单位、网络工程施工单位和工程监理单位等。因为网络工程建设不是简单的设备连接，而是一个技术再开发的过程，所以网络工程设计单位和施工单位通常是同一个单位。一般的网络工程采用“三方结构”模型，即网络工程甲方、网络工程乙方和网络工程监理方，如图 1-3 所示。

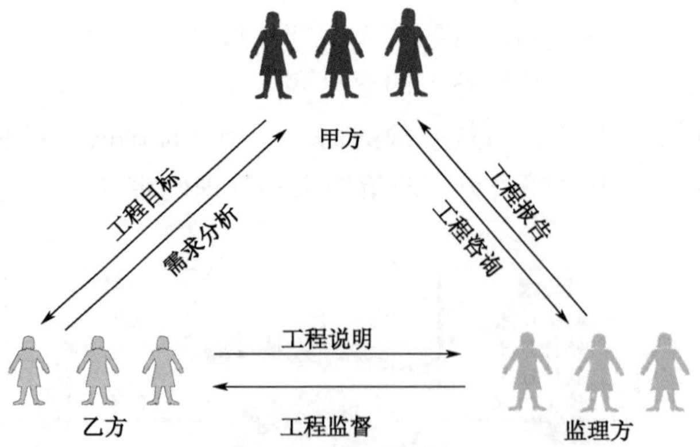

图 1-3 网络工程三方结构

1.2.1 网络工程甲方

网络工程甲方是需要建设计算机网络的单位，也称用户，是计算机网络工程的提出者和投资方，如校园网工程中的学校。甲方的人员组成主要包括行政联络人和技术联络人。行政联络人是甲方的工程负责人，一般由甲方的行政领导担任，负责甲方的组织协调工作。

技术联络人是甲方的工程技术负责人，负责工程中的相关技术问题，乙方和监理方可以与甲方技术联络人协调。甲方的职责是编制标书、组织招标和投标、监督工程、组织专家对计算机网络工程进行可行性方案论证等。

1.2.2　网络工程乙方

网络工程乙方是计算机网络工程的承建者。例如，校园网由 A 公司承建，则 A 公司就是网络工程乙方。有时候，由于网络工程的量比较大，可以由多个公司共同承担网络工程的建设任务，则此时就存在多个乙方。乙方的主要职责是编制投标书、签订工程合同、进行用户需求调查、规划设计、制订实施计划、产品选型、系统集成和合同规定的其他工作等。

1. 经销商、系统集成商、开发商

经销商是指从事一家或数家专业厂商网络产品的增值代理商、分销商或外商的直接分支代表机构，它们仅对其代理的网络产品提供市场推广、营销、售后技术支持等服务。系统集成商是网络系统集成的主要角色，一般都有着丰厚的财力和雄厚的技术力量。而应用开发商则以开发、销售软件为主。

2. 系统集成商的组织结构

一个功能完善的系统集成公司有 20～100 名员工，并划分成几个部门，如图 1-4 所示。

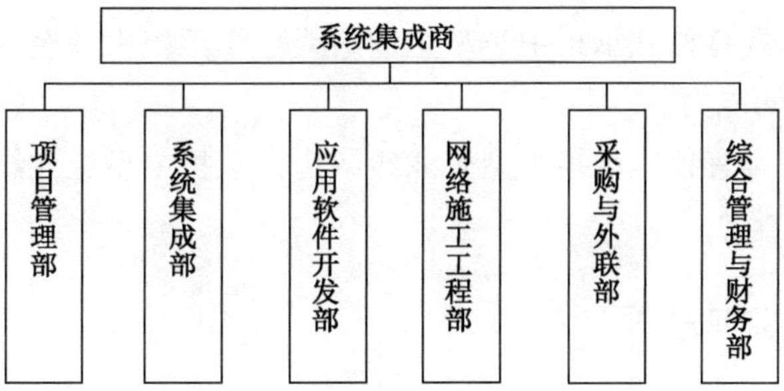

图 1-4　系统集成商的组织机构

（1）项目管理部：解决系统集成项目的非技术性问题，责任人为项目经理，主要负责系统集成项目的目标订立、项目规划、项目跟踪、变更控制、项目复审、项目保证、费用估算、风险评测、项目分包和项目验收等工作。

（2）系统集成部：解决系统集成项目的技术性问题，如网络需求调查分析、网络建设方案设计、网络设备选型、网络设备的安装与调试、网络维护管理、网络应用平台构筑和网络工程测试等。

（3）应用软件开发部：负责应用软件的设计与开发，应用软件疑难问题的分析处理等。

（4）网络施工工程部（可选）：负责网络土木建筑施工、综合布线等，也可外包。

（5）采购与外联部：除政府采购外，一般系统集成项目都附带网络及资源设备的采购。系统集成项目能不能获取好的收益，全靠这个部门。

（6）综合管理与财务部：综合管理人员主要负责文秘、接待、宣传推广等事务工作，为公司提供后勤保障；财务人员配合项目管理部完成系统项目的费用概算、账目处理、账务结算等日常财务管理。

3. 成为合格系统集成商的必备条件

要成为一个合格的网络系统集成商，应该具备下列条件。

（1）具备承担网络系统的分析与设计、软硬件设备选型、工程项目组织管理与协调、系统安装调试与维护的能力。

（2）有一支从事网络系统集成的高水平技术队伍。网络系统集成不是一个公司或几个人就能做的，它需要拥有一批高水平的专业技术人员，而且要有一定的工程经验。

（3）具备完善的网络系统集成调试环境及设备。

（4）有完成网络系统工程建设的经验和业绩。这是网络建设单位最感兴趣的资质。

（5）有充足的资金支持。一般来讲，一个系统集成项目在签约后，系统集成商投资的额度达项目资金总额的 50%～80%，而且工程周期长，在这个过程中要花费大量的人力、物力，这就要求系统集成商具有很强的经济实力。

4．系统集成资质等级评审条件

计算机系统集成商要想获得网络工程项目的建设，必须取得相应的系统集成资质。目前，计算机信息系统集成资质分为 4 个等级，在招标、投标过程中对乙方的资质均有明确规定。

（1）一级资质：具有独立承担国家级、省（部）级、行业级、地（市）级（及其以下）、大中小型企业级等各类计算机信息系统建设的能力。

（2）二级资质：具有独立承担省（部）级、行业级、地（市）级（及其以下）、大中小型企业级或合作承担国家级的计算机信息系统建设的能力。

（3）三级资质：具有独立承担中小型企业级或合作承担大型企业级（或相当规模）的计算机信息系统建设的能力。

（4）四级资质：具有独立承担小型企业级或合作承担中型企业级（或相当规模）的计算机信息系统建设的能力。

1.2.3 网络工程监理方

网络工程监理的目的是帮助用户建设性价比最高的网络系统，在网络工程建设的过程中为用户提供前期咨询、网络方案论证、确定系统集成商、网络质量控制等服务。提供工程监理服务的机构就是监理方，工程监理方的人员组织包括总监理工程师、监理工程师、监理人员等。网络工程监理方的主要职责是帮助用户做好需求分析、选择好的系统集成商、控制工程进度、控制工程质量、做好各项测试工作。

1.3 网络系统集成的体系结构

要想真正地帮助用户实现信息化，必须深入了解用户的业务和管理，建立网络系统集成体系框架和模型，并根据应用模型设计切实可行的系统方案并加以实施。

1.3.1 网络系统集成的体系框架

网络系统集成的体系框架用层次结构描述了网络系统集成涉及的内容，目的是给出清晰的系统功能界面，反映复杂网络系统中各组成部分的内在联系，如图 1-5 所示。

1．环境支持平台

环境支持平台是指为了保障网络系统能够安全、可靠、正常运行所必须采取的环境保障措施，主要考虑计算机网络的结构化布线系统、机房和电源等环境问题。

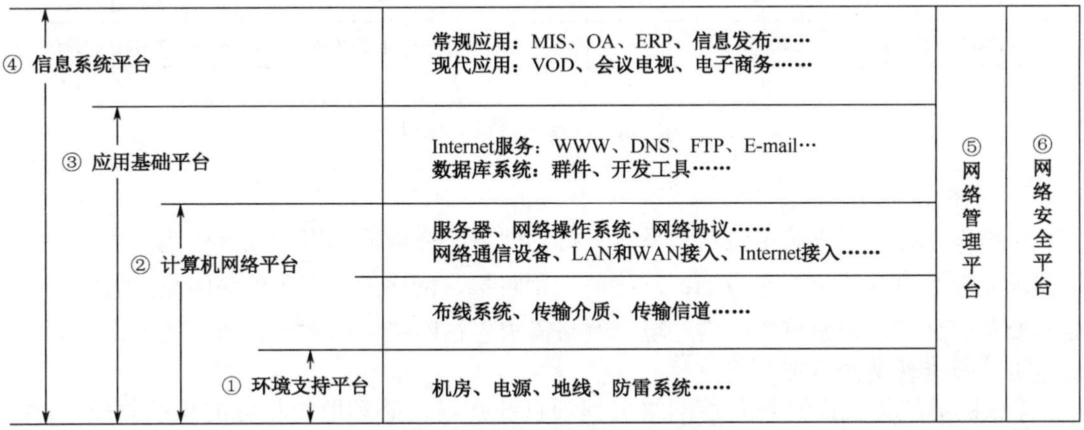

图 1-5　网络系统集成体系架构

2. 计算机网络平台

计算机网络平台主要包括开放的 TCP/IP 网络通信协议、网络传输基础设施、网络通信设备、网络服务器硬件、操作系统和与外部信息基础设施的互联互通。

3. 应用基础平台

Internet/Intranet 基础服务是指建立在 TCP/IP 协议基础和 Internet/Intranet 体系基础之上，以信息沟通、信息发布、数据交换和信息服务为目的的一组服务程序，包括电子邮件（E-mail）、WWW、文件传输（FTP）和域名系统（DNS）等服务。

4. 信息系统平台

信息系统平台容纳各种应用服务，直接面向网络用户。可以选用成熟的网络应用软件，也可以开发适用的应用软件，如用于学校的教学管理系统、企业的 OA 系统等。

5. 网络管理平台

网络管理平台根据所采用网络设备的品牌和型号的不同而有所区别，但大多数都支持 SNMP，其建立在 HP Open View 网关平台的基础上。为了网络管理平台的统一管理，在组建一个网络时，尽量使用同一家网络厂商的产品。

6. 网络安全平台

网络安全贯穿于系统集成体系架构的各个层次。网络的互通性和信息资源的开放性都容易被不法分子利用，随着网络应用的不断增长，使得网络安全更引人关注。作为系统集成商，在网络方案中一定要给用户提供明确的、翔实的解决方案。网络安全的主要内容是防止信息泄露和防范恶意攻击者入侵。

1.3.2　网络系统集成模型

网络系统集成模型如图 1-6 所示，它用来指出设计和实现网络系统的阶段划分和各阶段之间的联系，体现了系统化的工程方法，便于设计和施工，同时强调了技术文档的作用，各部分的反馈联系反映了网络工程实施的灵活性和适应性。网络系统集成模型具有加快网络系统建设速度、分工明确、职责清晰、提供交钥匙解决方案、实现标准化配置、所选取的设备及建设方法具有开放性等特点。

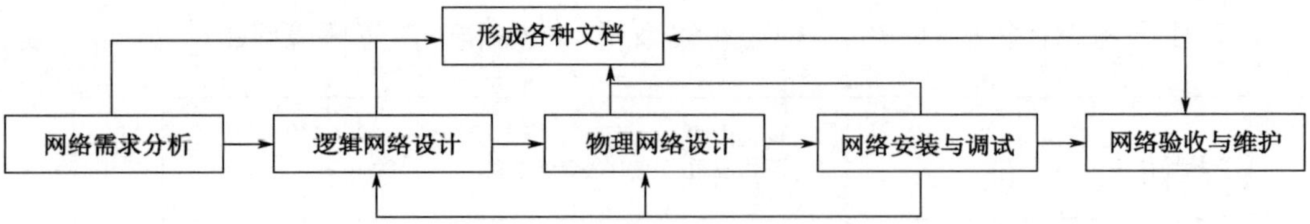

图 1-6 网络系统集成模型

1. 网络需求分析

网络需求分析用来确定该网络系统支持的业务、完成的网络功能、达到的性能等。网络需求分析的内容涉及 3 个方面：网络的应用目标、网络的约束条件与网络的通信特征。这需要全面细致地勘察整个网络环境。网络需求包括网络应用需求、用户需求、计算机环境需求、网络技术需求等。

2. 逻辑网络设计

什么是逻辑网络设计？以生活中做一双布鞋为例，假设要为某一个人做一双布鞋，应先照他的脚画出一个“鞋样”，这个形成“鞋样”的过程就是逻辑网络设计。逻辑网络设计主要有 4 个步骤：确定逻辑设计目标、网络服务评价、技术选项评价、进行技术决策。逻辑网络设计需要确定的内容有：网络拓扑结构是采用平面结构还是层次结构、如何规划 IP 地址、采用何种路由协议、采用何种网络管理方案，以及网络安全方面的考虑。

3. 物理网络设计

什么是物理网络设计？还是以生活中做一双布鞋为例，物理网络设计就是根据“鞋样”去制作鞋子，选择鞋底、鞋面材料，按工序制作鞋子。物理网络设计涉及网络环境的设计、结构化布线系统的设计、网络机房系统的设计、供电系统的设计、网络技术的选择及网络设备的选型等。

4. 网络安装与调试

网络安装与调试是依据逻辑网络设计和物理网络设计，按照设备连接图和施工阶段图进行组网的。在组网的施工过程中进行阶段测试，整理各种技术文档资料，在施工安装、调试及维护阶段作记录，尤其要记录每次出现和发现的问题是什么、问题的原因是什么、问题涉及哪些方面、解决问题所采用的措施和方法及以后如何避免类似的问题发生，为以后建设计算机网络积累经验。

5. 网络验收与维护

网络验收与维护的主要工作内容是给网络端节点设备加电，并通过网络连接到服务器，运行网络应用程序，对网络是否满足需求进行测试和检查。

网络系统集成项目实践（微课）

动手操练：网络系统集成项目实践

下面通过一个简单的案例，介绍设计和实施网络系统集成的基本步骤。后续课程内容将通过多个较为复杂的案例，详细讨论网络设计与实施的过程、步骤和方法。

1. 网络需求描述

小明家的房子是两室一厅，小明和父母都需要在家里使用计算机上网。为了避免冲突，小明家准备购买 3 台 PC（个人计算机）。其中，两台台式 PC 固定在客厅里上网，一台笔记本式 PC（带有无线网卡）需要在家里的任何地方都能够上网。

2. 网络设计

随着 Internet 的普及，家庭或办公室上网的需求不断增加。通常使用住宅小区提供的宽带或者使用 ADSL 宽带（需要安装固定电话）来访问 Internet。提供 Internet 服务的公司称为 ISP（Internet Service Provider，因特网服务提供商），也称为电信运营商。当客户与 ISP 签订了协议并交付了上网费用后，ISP 会派工作人员到客户家中一次性完成上网的配置和连接。但是，如果有两台以上的 PC 需要上网时，最好的方法是组建小型网络。组建网络的过程比较复杂，不仅需要熟悉计算机网络的基本知识，还需要懂得如何运用这些知识并按照有序的步骤设计和实施网络。

（1）需求分析。本案例的需求是家庭网络中的多台 PC 能够访问 Internet。如何实现呢？如果每台 PC 都向 ISP 申请一条上网线缆，花费的成本较高；如果能够通过一条线路共享上网，则能够节约资金。选择共享上网的方式，需要组建家庭局域网并购买必要的网络设备和线缆。

（2）规划网络结构。规划网络结构是指通过网络连接拓扑图来描述网络设备、线缆和将要采取的组网连接方式的过程。规划网络结构的时候，应该先画出草图，待确定使用的设备后，再画出正式的网络连接拓扑图。

图 1-7 所示为使用 PowerPoint 绘制的家庭网络的结构草图。通过网络设备连接多台 PC 组成内部局域网，并使内部网络通过一条外部上网线路连接到 Internet。最终的网络连接拓扑图如图 1-8 所示。

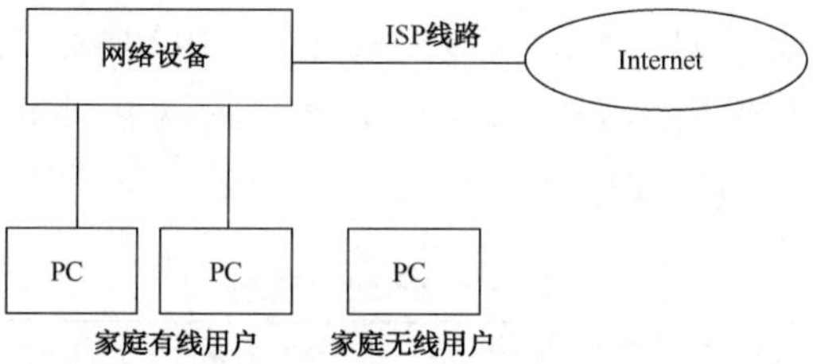

图 1-7　家庭网络的结构草图

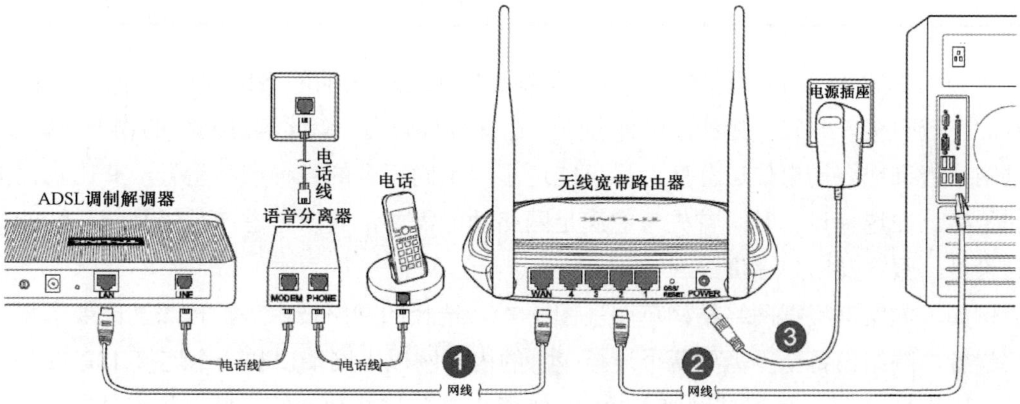

图 1-8　网络连接拓扑图

（3）选择网络技术。技术选择是指根据规划的网络结构确定通过哪些主要的网络技术来实现网络的功能。网络技术有很多，需要根据用户的需求进行选择。例如，本案例中的家庭网络选择以太网或快速以太网技术连接用户 PC，以组成内部局域网（内部网）。如果内部局域网中 PC 使用私有 IP 地址，则选择 NAT（Network Address Translation，网络地址转换）技术连接外部网络的 Internet。如果用户需要使用无线连接到内部局域网，则采用无线局域网技术。

（4）确定广域网（外部网）的连接方式。广域网的连接是指局域网与 Internet 的连接或者局域网之间互连所使用的线路、接口等，这些连接一般需要租用电信运营商的连接线路。连接方式不同，用户的花费、网络设备的选择和配置也不同。选择租用的线路时，需要咨询电信运营商，确认网络所在位置能够提供的连接线路及费用。

例如，家庭网络连接 Internet 的方式一般有两种：小区宽带和 ADSL 宽带。选择哪种连接方式，需要根据费用和功能确定。

小区宽带的使用花费与租用一条 ADSL 宽带线路的费用差不多。但是通过 ADSL 连接，不必支付多台 PC 上网的费用，而且自己的家庭网络与其他家庭网络是隔离的，安全性更高。当然，使用 ADSL 需要安装固定电话，话费包括固定电话的月租和组建家庭网络的费用。经过比较和权衡，小明决定选择 ADSL 连接方式。

（5）规划 IP 地址。规划 IP 地址是指通过规划用户主机、路由设备端口等使用的网络地址、可用主机地址范围、子网掩码、网关等，满足网络的逻辑连接要求。本书只考虑 IPv4 的地址。

例如，家庭网络包含了内部网和外部网。内部网由 PC 和其连接的内部网络端口组成，外部网由外部网络端口和 ISP 接入组成。外部网通过 ADSL 拨号连接 ISP，其端口的 IP 地址由 ISP 自动分配。需要规划的是内部网 PC 和内部网端口的 IP 地址。可选用网段为 192.168.1.0/24，可用主机地址范围为 192.168.1.1～192.168.1.254。其中，将 IP 地址 192.168.1.1/24 分配给网络设备的内部网端口，用于内部网 PC 的网关地址，其他 IP 地址可分配给内部网中的 PC。IP 地址规划见表 1-1。

表 1-1 IP 地址规划

设备	可分配的 IP 地址范围	子网掩码	PC 网关/内部网路由端口 IP 地址	外部网端口 IP 地址
PC	192.168.1.2～192.168.1.254	255.255.255.0	192.168.1.1	—
网关设备	—	255.255.255.0	192.168.1.1	由 ISP 自动分配

（6）选择网络设备。选择网络设备是指按照上述规划的网络结构、选择的网络技术、确定的广域网接入方式、规划的 IP 地址等，选择硬件设备，以此满足网络的物理连接要求。通过网站查询或咨询电信运营商，尽可能地了解不同厂家的各种产品型号，并比较性能参数和价格。在选择设备时，首先考虑满足网络功能需要，其次考虑产品的品牌、性能、质量、价格、服务及用户评价等。

例如，本案例根据网络结构草图（图 1-7）、选择的网络技术等，按照功能要求来选择网络设备。网络设备至少需要两个连接 PC 的内部网以太网端口和一个连接 ISP 的外部网端口，具备 NAT 及无线局域网接入功能。市场上具备这些功能的典型产品为具有无线功能的“宽带路由器”或者“无线宽带路由器”。

设备选择好之后，还要准备必要的网络连接跳线。跳线的具体数量和长度需要根据 PC 的数量和安装位置确定。网络跳线可以直接购买成品，也可以自行制作。

按照选择的网络设备，重新画出网络拓扑结构的设备连接图（图1-8），一台无线宽带路由器的 LAN 端口连接有线 PC，WAN 端口连接 ADSL 调制解调器。通过无线功能连接无线 PC，并与有线 PC 共同组成内部局域网，共享一条 ADSL 线路上网。

最后，列出网络设备及材料清单，见表 1-2。

表 1-2　设备及材料清单

设备名称	型号	描述	数量	单价/元	金额元	品牌
台式 PC	天逸 510S	Intel i3/8G/1TB HDD/Windows 10	2	3800	7600	联想
笔记本式 PC	小新 Pro13	R7-4800U/16G/ 512G/ Windows 10	1	5500	5500	联想
宽带路由器	TL-WDR5620	无线宽带最高支持 1000Mbit/s	1	120	120	D-LINK
网络跳线	UTP	约 3m	2	5	10	
调制解调器	ADSL	由 ISP 提供	1	0	0	
总计					13230	

3. 网络实施

网络设计完成后，就可以按照以下步骤开始进行网络实施了。

（1）订购网络产品。根据设计方案中的设备清单购置需要的网络产品。购置产品时，与产品销售人员打交道，一定要具备一定的购买常识和技巧。购买产品时，最好货比三家，注意选择信誉、服务较好的经销商，并确定保修事宜。同时也应考虑到，随着时间的变化，产品的市场价格可能变化，甚至可能出现缺货或者停产的情况，可根据实际情况适当调整原计划。

（2）安装调试。先测试购买的产品，然后布线连接，并配置网络设备，最后完成网络的整体调试和测试。

例如，家庭网络的安装调试步骤如下：

1）测试设备。对购买的产品逐一加电测试，确保开机后正常运行。

2）布线连接。如图 1-8 所示，使用网络跳线连接网络设备、PC 和 ADSL 调制解调器及电话线等。

3）配置网络设备。无线宽带路由器需要经过适当的设置才能使用，一般通过 Web 方式配置，详细的配置方法可参考厂家提供的使用说明书。主要配置内容如下：

- 设置宽带路由器内部网络端口（LAN）的 IP 地址。按照规划，设为 192.168.1.1，子网掩码为 255.255.255.0。
- 设置 ADSL 拨号方式。选择 PPPoE 连接，设置为自动拨号。
- 设置 DHCP。如果每个家庭用户 PC 都设置了静态的 IP 地址，本步骤可省略。如果希望为家里所有用户 PC 动态分配 IP 地址，可通过 DHCP 服务实现。例如，在宽带路由器的设置中，启用 DHCP 服务，设置 DHCP 服务的 IP 地址段的起始地址为 192.168.1.10，结束地址为 192.168.1.20，子网掩码为 255.255.255.0，网关设为 192.168.1.1（即宽带路由器 LAN 的端口 IP 地址），DNS 地址设为 ADSL 电信运营商提供的 IP 地址。
- 设置无线连接密码。由于无线接入默认是开放式的，即允许任何无线用户连接。为了提高安全性，可在无线宽带路由器中设置接入密码，无线用户在首次接入该网络时需要输入密码。
- 配置用户 PC 的 IP 地址。按照 IP 地址规划（表 1-1），设置每台 PC 的 IP 地址、网关、DNS 等。如果在宽带路由器上已经正确设置了 DHCP，则将 PC 的 IP 地址和 DNS 设置为自动获取即可。

4）测试。测试各 PC 能否连接到 Internet。如果不能，则需要检查线缆连接、ISP 线路、

IP 地址设置、设备设置等，可借助 Ping 命令测试检查。

（3）记录并整理技术文档。全部调试完成后，将必要的技术文档、资料整理并保存好，便于以后重新配置或调整时查阅。

课后检测

1．什么是网络系统集成？试讨论网络系统集成的优点。

2．网络系统集成的内容是什么？

3．请简要叙述计算机信息系统集成资质等级是怎样划分的。

4．请画出网络系统集成的参考模型并描述各层次的主要功能。

5．网络系统集成主体结构中的甲方、乙方、监理方各自的职责有哪些？

6．小李家中有 3 台计算机，一台台式机和两台笔记本电脑，运行的操作系统是 Windows 10，配有 10/100/1000Mbit/s 的以太网网卡，并且已通过某电信公司的 ADSL 接入到 Internet。小李的需求如下：

（1）将 3 台计算机连接起来，能够实现硬件资源的共享（如共享打印机）。

（2）能够共享数据资源，并且能够相互访问。

（3）要求能玩简单的网络游戏。

（4）能够同时上网。

请根据小李的需求，设计出合理的网络解决方案。

7．（　　）是网络需求分析中的一个重要组成部分。

A．成本效益分析　B．成本分析　C．效益分析　D．需求分析

8．网络开发过程包括网络需求分析、逻辑网络设计、物理网络设计、网络安装与调试和网络验收与维护等五个阶段。以下关于网络开发过程的叙述中，正确的是（　　）。

A．网络需求分析阶段应尽量明确定义用户需求，输出需求规范、通信规范

B．在逻辑网络设计阶段，设计人员一般更加关注网络层的连接图

C．物理网络设计阶段要输出网络物理结构图、布线方案、IP 地址方案等

D．安装和维护阶段要确定设备和部件清单、安装测试计划，进行安装调试

9．在网络开发过程的五个阶段中，网络物理结构图和布线方案是在（　　）阶段确定的。

A．网络需求分析　B．逻辑网络设计

C．物理网络设计　D．通信规范设计

10．逻辑网络设计的内容不包括（　　）。

A．逻辑网络设计图

B．IP 地址方案

C．具体的软硬件、广域网连接和基本服务

D．用户培训计划

模块 2　网络需求分析

需求分析是用来获取和确定系统需求和业务需求的方法，是关系到一个网络系统成功与否的重要砝码，如果网络系统应用的需求及趋势分析做得透彻，网络方案就会“张弛有度”，系统架构搭建得好，网络工程实施及网络应用实施就相对容易得多；反之，如果没有就需求与用户达成一致，“蠕动需求”就会贯穿整个项目始终，并破坏项目计划。需求分析是整个网络设计过程中的难点，需要由经验丰富的工程人员来完成，主要完成用户的网络需求调查，了解用户的建网需求，为下一步制定网络方案打下基础。

本模块划分了三个主题：网络需求调查、网络需求分析和编制需求说明书。它们之间的关系是：网络需求调查结束后为网络需求分析提供输入数据，需求说明书（用户认可的网络需求分析文档）是网络需求分析阶段的工作成果。

2.1　网络需求调查

学习提示

网络需求调查与网络需求分析是推动网络工程建设项目的基本动力，网络需求调查与网络需求分析在网络系统集成过程中是必需的。在进行网络需求调查时需要考虑诸多方面的问题，如谁可以提供需求、如何获取需求、收集网络中的哪些需求等。网络需求调查的结果会直接影响网络需求分析，可能带来重复工作、延误工期或资金超支等不利后果。本主题从网络的一般状况需求、性能需求、管理需求、应用需求和安全需求等五方面阐述了如何进行收集需求的过程。

课前评估

请读者独立思考并回答下列问题。

1．网络系统集成过程一般采用 5 个阶段：网络需求分析、逻辑网络设计、物理网络设计、网络安装与调试和网络验收与维护。其中，确定 IP 地址分配方案属于（　　）阶段，明确网络物理结构和布线方案属于（　　）阶段，确定网络投资规模属于（　　）阶段。

2．网络工程是否立项的重要过程是（　　）。

A．需求分析　　B．市场调研

C．用户调查　　D．项目成本

3．网络需求分析中需要编写的文档主要是（　　）。

A．网络工程解决方案设计书　　B．需求调查分析报告

C．可行性研究报告　　D．用户调查报告

4．网络系统生命周期可以划分为 5 个阶段，实施这 5 个阶段的合理顺序是（　　）。

A．需求规范、通信规范、逻辑网络设计、物理网络设计、实施阶段

B．需求规范、逻辑网络设计、通信规范、物理网络设计、实施阶段

C．通信规范、物理网络设计、需求规范、逻辑网络设计、实施阶段

D．通信规范、需求规范、逻辑网络设计、物理网络设计、实施阶段

5．5 阶段周期是较为常见的迭代周期划分方式，将网络生命周期的一次迭代划分为需求规范、通信规范、逻辑网络设计、物理网络设计和实施阶段共 5 个阶段。其中搭建试验平台、进行网络仿真是（　　）阶段的任务。

A．需求规范　　B．逻辑网络设计

C．物理网络设计　　D．实施阶段

6．在进行网络开发过程的 5 个阶段中，IP 地址规划方案及安全方案是在（　　）阶段提交的。

A．需求分析　　B．通信规范分析

C．逻辑网络设计　　D．物理网络设计

7．“打印机总是很忙”意味着什么技术需求？它说明了用户关心什么问题？

2.1.1 网络需求分析与网络需求调查的必要性

1．网络需求调查要解决的问题

网络需求调查主要解决以下几个方面的问题。

（1）建网动因：即回答为什么需要进行相关的网络设计，可以从管理、生产、科研、经营、政治、行政命令、时间方面的需求等来进行回答。

（2）应用需求：所建设的网络应包括传统的通用网络系统、与业务/生产/管理相关的应用系统，以及需要解决的具体实际问题。

（3）网络覆盖范围：包括地理范围、使用者范围和数量，主要回答网络有多大。

（4）建网约束条件：包括政策性条件、规范性约束条件，即定量条件、定性条件和经费约束条件等。

（5）内外网通信条件：回答目前已有或可用的通信条件，目前状况如何。

2．网络需求调查为网络需求分析提供基本素材

在项目开始阶段用户常常不知道它们的真正需求，开发者也不知道。另外，需求本身是一个动态的过程，离开了能动的、变化的系统进程而空谈需求，无异于纸上谈兵。需求调查恰如裁缝的量体裁衣，它直接关系到最终产品的成形，如果一个产品满足了用户的需求，那么无疑是成功的。用户所提出的“需要”特性并不总是与用户利用新系统来处理它们的任务时所需的功能相等价。当收集到用户的意见后，必须分析、整理这些意见，直到理解为止，并把理解的内容写成文档，然后与用户一起探讨，这是一个反复的过程，并且需要花费大量时间。

3．网络需求分析为项目设计提供基本依据

网络需求分析有助于网络设计人员更好地理解网络应用应该具备什么功能和性能，最终设计出符合用户需求的网络。网络需求分析为网络设计人员提供以下依据：

（1）更好地评价网络体系。

（2）能够客观地作出决策。

（3）提供完美的交互功能。

（4）提供网络的移植功能。

（5）合理使用用户的资源。

2.1.2　网络需求调查方法和内容

需求调查与分析的目的是从实际出发，通过现场实地调查，收集第一手资料，取得对整个项目的总体认识，为项目总体规划设计打下基础。初学者认为，获取需求信息的手段无非是调查研究，多问多看即可，但实际情况是系统设计人员与被调查人员之间的沟通交流都可能被对方误解，因此网络工程设计人员必须掌握有效的网络需求调查方法和内容。

1. 需求来源

网络工程技术人员通过以下几个途径获取网络需求信息。

（1）决策者的建设思路：一个项目成功实施的关键，是要首先了解决策者对网络建设的需求，包括网络扩展问题、核心功能问题。

（2）用户提供的历史资料、行业资料和使用状况等资料：一般性的行业需求是方案设计人员应该具备的知识，用户没有耐心详细说明本行业的基本信息；特殊行业有特殊要求，包括一些相关政策，如政府机关中的网络，涉及国家机密的计算机物理上不可与 Internet 连接。

（3）用户技术人员的细节描述：未来网络系统技术指标的来源。

（4）网络使用者对网络的需求：这部分用户对网络技术不会很了解，但是他们的需求应该是最基本、最直接的，也应该尽可能满足。

2. 需求调查的方法

在进行需求调查前，首先制订好调查计划和调查表，然后采用以下方法进行需求调查。

（1）会议和座谈：主要是方案设计人员和用户方的相关人员，包括决策者和技术人员，在一起商讨确定网络的规划，出示书面记录，作为日后方案评估的依据。

编写网络需求问卷调查表

（2）问卷调查：问卷调查通常对数量较多的最终用户提出，询问其对将要建设的网络应用的要求。问卷调查的方式可以分为无记名问卷调查和记名问卷调查。一般都是无记名问卷调查；记名问卷调查通常是因为建设网络必须了解用户的身份。

（3）用户访谈：用户访谈要求工程设计人员与招标单位的负责人通过面谈、电话交谈、电子邮件等方式以一问一答的形式获得需求信息。最好的方法是事先由对方给出一份初步的意见书，然后双方针对意见书中的条款进行磋商。

（4）实地考察：实地考察是工程设计人员获得第一手资料所采用的最直接的方法，也是必需的步骤。

（5）向同行咨询：将获得的需求分析中不涉及商业机密的部分发布到专门讨论网络相关技术的论坛或新闻组中，请同行在网上提供参考和帮助。

3. 需求调查的内容

需求调查的内容涉及一般状况调查、性能需求调查、功能需求调查、应用需求调查和安全需求调查等五部分。在调查时，要求从事调查的工程人员对所负责的设计部分有全面的技术和功能需求的掌握。调查的对象因不同的调查项目可能会有所不同，各种需求调查不仅要从当前实际需要出发，还要了解未来发展的潜在需求状况。

（1）一般状况调查。一般状况调查包括用户网络系统使用环境、企业组织结构、地理分布、发展状况、行业特点、人员组成及分布、现有可用资源、投资预算和用户的期望目标等。表 2-1 列出了几个可供参考的调查项目，调查人员可根据此表对网络管理员、项目负责人、企业总裁等相关人员进行调查。

表 2-1 一般状况调查表

调查项目	调查结果	受调查人签名
企业组织结构（建议到具体功能）		
地理分布（包括各主要部分面积）		
人员组成及分布（包括各部门的人员和位置分布）		
外网连接（外网连接的类型和方式）		
行业特点		
发展状况（分为当前和未来 3～5 年两个方面）		
现有可用资源（包括设备资源和数据资源两部分）		
投资预算（主要部分的细化预算）		
用户的期望目标		
其他项目调查		

（2）性能需求调查。网络性能是指该系统完成任务的有效性、稳定性和响应速率。系统性能需求调查决定了整个系统的性能档次、所采用的技术和设备档次。性能需求涉及很多具体方面，有总体网络接入方面的性能需求、关键设备（交换机、路由器和服务器等）的响应性能需求、磁盘读写性能要求等。表 2-2 为性能需求调查表，可根据具体的部门进行，也可直接调查网络管理员或项目负责人。

表 2-2 性能需求调查表

部门	主职工作	调查项目	需求描述	受调查人签名
		接入速率需求（包括广域网接入速率要求，分不同关键点说明）		
		扩展性需求（从网络结构、服务器组件配置等方面说明）		
		吞吐速率（分不同关键点说明）		
		响应时间（分不同关键点说明）		
		并发用户数支持（对不同服务系统写出具体需求）		
		磁盘读写性能（指出所用磁盘类型和阵列级别）		
		可用性（指出具体部分的可用性需求）		
		误码率(主要指广域网的需求,局域网中主要针对关键应用节点)		
		其他需求		

（3）功能需求调查。网络系统的功能需求调查主要侧重于网络自身的功能，而不包括应用系统。网络自身功能仅指基本功能之外的那些比较特殊的功能，如下所述。

1）是否配置网络管理系统、服务器管理系统、第三方数据备份和容灾系统、磁盘阵列系统、网络存储系统、服务器容错系统。

2）是否需要多域或多子网、多服务器。

3）更多的网络功能需求还体现在具体的网络设备上，如硬件服务器系统，可以选择的特殊功能配置（包括磁盘阵列、内存阵列、内存镜像、服务器集群等）。表 2-3 列出了一些在调查中应注意的主要网络功能需求。

表 2-3　功能需求调查表

功能需求项目		原网络使用情况	新系统的具体需求	受调查人签名
是否需要网络管理系统				
是否需要服务器管理系统				
是否需要第三方数据备份和容灾系统				
是否需要网络存储系统				
是否需要服务器容错系统				
是否需要多域系统				
是否需要多子网系统				
是否需要多个域控制器				
用户共享上网方式和控制级别				
服务器特殊功能需求	是否支持内存镜像和阵列			
	初始磁盘块数和容量配置			
	磁盘阵列类型和级别			
	是否支持服务器集群			
	服务器集群类型			
	其他功能需求			
交换机特殊功能需求	第 3 层路由			
	VLAN			
	QoS			
	第 7 层应用协议支持			
	Web 管理			
	其他功能需求			
路由器特殊功能需求	数据交换			
	网络隔离			
	流量控制			
	身份认证			
	数据加密			
	Web 管理			
	其他功能需求			

（4）应用需求调查。在一定程度上，需求决定一切，所以在组建新网络或改造原有网络前一定要了解企业当前乃至未来 3～5 年内的主要网络应用需求。应用需求调查项目主要包括如下方面。

1）期望使用的操作系统、办公系统、数据库系统是哪些？是否有很多打印和传真业务？

2）主要的内部网络应用有哪些？是否需要使用公司内（外）部的邮件服务？

3）是否需要用到公司内（外）部网站服务？

4）是否需要用到一些特定的行业管理系统？

应用需求调查的通常做法：由网络工程技术人员和网络用户在调查基础上填写应用需

求调查表。设计和填写应用调查表要注意的是“该粗的粗，该细的细”，如涉及应用开发的要“细”，而不涉及应用开发的要“粗”，不要遗漏用户的主要需求。表 2-4 列出了以部门为单位，部门负责人或具体应用人员为被调查对象的主要调查项目。

表 2-4 应用需求调查表

部门	调查项目	当前及未来 3～5 年的应用需求	受调查人签字
	期望的操作系统		
	期望的办公系统		
	期望的数据库系统		
	打印、传真和扫描业务		
	邮件系统的主要应用		
	网站系统的主要应用		
	内网的主要应用		
	外网的主要应用		
	所有的应用系统及要求		
	其他应用需求		

（5）安全管理需求调查。

1）管理需求调查。通常，网络管理的功能主要体现在配置管理、故障管理、性能管理、安全管理和记账管理等几个方面。这些功能在进行需求调查时应加以考虑，但是，由于网络的大小和复杂程度不同，这些功能仅在某种程度上是有用的。大多数的网络需要远程管理，现在已经有很多软硬件产品支持简单的网络管理协议（SNMP），因此，在进行需求调查时，要考虑网络管理系统需要做的工作和系统的自动化程度。

表 2-5 详细描述了这些任务，由网络设计人员、网络管理员、工程师、操作人员、技术人员和桌面维护人员实施。

表 2-5 管理需求表

设计和优化	实施和更新	监控和诊断
定义数据采集	安装	确定阈值
建立基线	配置	监控异常现象
趋势分析	IP 地址管理	管理问题
响应时间分析	操作数据	验证问题
容量计划	安全管理	排除
获得	审计和记账	旁路和解决问题
拓扑结构设计	资产和库存管理	
	用户管理	
	数据管理	

2）安全需求调查。随着网络规模的扩大和开放程度的增加，网络安全问题日益突出，人们对安全性的需求已从一个组织延伸到另一个组织。有的组织对系统的安全性要求很高，如政府代理机构或银行系统往往需要相当高的保密性，这些组织必须要有高质量的安全策略来管理信息的读写操作。表 2-6 为安全需求表。

表 2-6 安全需求表

类别	网络安全需求
安全类型	
Internet 安全	
数据完整性	

2.1.3 网络需求调查实例

编写企业网络调研报告

下面通过一个网络系统集成项目实例来说明网络需求调查的过程及方法。

1. 某企业网络系统项目

某钢铁股份有限公司总部位于重庆市郊区，主要负责生产，有计算机用户 115 人。公司设立了一个分支机构，位于市中心，主要负责销售，有计算机用户 15 人。公司计划实现企业生产和销售的信息化管理，并分期完成。首期投入资金 50 万元用于网络系统的基本建设，完成企业内部计算机用户的网络互连。以后逐步完成网站建设、企业信息系统管理、生产管理和控制等。

虽然首期建设仅需要网络设备互连系统，但是企业的其他系统的建设也需要在设计网络时考虑。按照网络系统设计流程，首先需要进行网络需求分析。下面是本项目收集需求的两次沟通记录。

2. 第一次需求调查过程

（1）制订调查计划。12 月 5 日，拟对该公司管理层自动化部的王部长、网络管理员小胡进行网络需求调查，计划了解如下内容。

1）企业建筑分布和用户的具体分布情况。

2）企业的网络应用需求。

3）网络建设的大致投资预算。

4）原有网络情况，包括网络布线系统、网络设备、计算机等情况。

5）招标情况。

（2）沟通记录。

小胡：企业总部设在市郊区，有 3 幢建筑物，即办公大楼、建筑 A 和建筑 B，人数分别为 60、25 和 30。网络信息中心设在办公大楼，分支机构位于市中心，租用 2 个写字间，共有用户 15 人。

王部长：内部用户日常的网络办公，企业需要建设 Web 网站，需要访问 Internet，要有安全防护措施。员工有时在外出差，需要使用自带的笔记本电脑在外访问内部网络的数据资源。由于企业处于发展阶段，资金并不富裕，投资预算不高，故希望使用性价比较高的网络产品。

小胡：建筑楼内的网络布线过于简单，需要重新布线。计算机由企业单独订购，不需使用本次项目资金购买。有几台早期的交换机，如能利用最好。

王部长：希望能够建立目前最先进的网络，最好采用万兆以太网连接。将来可能会增加一些员工，估计近 3 年内用户数量可能会增加到 300 人。计划采用招标的方式选择供货服务商，要求注册资金在 500 万元以上，且有两年以上网络系统集成经验，类似项目业绩 5 个以上。

（3）现场考察情况。总部的3幢建筑物相距都不超过450 m。但是，建筑物B与办公大楼之间相隔一条高速公路，布线十分困难。需要与客户协商，可否使用无线网络连接。原本有5台交换机，每台有24个10/100BASE-T端口，没有管理功能，不支持VLAN。

3. 第二次需求调查过程

（1）制订调查计划。12月7日，拟对该公司集团副总罗总、自动化部的王部长进行网络需求调查，计划了解如下内容（包括前次未了解到的需求和其他需求）。

1）具体的投资预算。

2）网络设备是否要求为国内或国外的产品，是否对某些厂家比较青睐。

3）确认建筑物B与办公大楼之间可否使用无线网络连接。

（2）沟通记录。

罗总：计划本次投资不超过120万元，主要完成基础网络设施的建设。下一步的投资将实现办公自动化、生产控制自动化等。选用国外质量好、服务好且先进的设备。

王部长：总投资包括计算机、网络布线、网络设备和安装调试等全部费用。已经新购置120台计算机，花费60万元，其余款项用于网络布线和网络设备互连。他认为使用无线连接的安全性得不到保证，不希望使用无线连接。

课后检测

1. 开始的大量计划工作发生在（　　）阶段。

A. 网络分析　　B. 网络设计　　C. 网络集成　　D. 需求收集

2. （　　）阶段不是网络需求收集阶段需要考虑的。

A. 用户需求　　B. 业务需求　　C. 介质类型　　D. 网络需求

3. 未来需求的确定与（　　）有关。

A. 应用需求　　B. 业务需求　　C. 网络需求　　D. 计算平台需求

4. 用户原来只需要局域网，后来提出要访问Internet，原设计受到影响的是（　　）。

A. 费用增加　　B. 工期缩短　　C. 工期延后　　D. 对工期没影响

5. 在需求信息收集阶段，可以使用哪些方法收集用户的需求信息？至少列举3种方法并比较各自的特点和优点。

6. 如果组织需要一个满足未来各种应用的高速局域网络，作为网络工程设计人员首先应该进行的工作是什么？

2.2 需求分析

学习提示

在进行网络需求调查后，从用户管理人员和管理代表那里获得了大量数据。这些独立的需求含有很多信息，需对这些信息进行整理、分析加工，否则它只是一堆数据，显示不出用处。网络系统设计人员对用户需求的理解程度，很大程度上决定了网络系统建设的成败。例如，在为一个公司架设Web服务器时，站点的所有功能都实现了，本地测试也没有什么问题，但是如果不知道客户的系统每天要承受100万独立IP地址的访问，而认为只有1万独立IP地址的访问流量，则这样的设计就是一个“灾难”。需求分析关注的是“做什么”而不是“怎么做”。因此，网络系统设计人员在网络系统建设初期应该对网络环境需求、网络业务需求、网络管理需求、网络安全需求、外部联网等几个方面的问题进行深入的分析。

课前评估

请读者独立思考并回答下列问题。

1．为什么需要各种不同的联网介质？

2．传输速率不同，应用的场合是否一样？

3．在用户看来，价格越低越好。存在这样一个观点：降价是以网络性能、工程质量和服务为代价的，对么?

4．人常说“有多少钱办多少的事”，在选择合作伙伴时要选择招标价格低的，可以节约投资，你怎么看待这个问题？

5．法律、时间、利润、技术是否是影响网络工程项目的约束条件？

2.2.1 问题的确认和描述

首先将调查了解的情况进行分析整理，把主要问题整理出来，明确需要解决的问题。对于访谈形式的需求信息，经常包含一些通信语言，专业性不强，必须用计算机网络的专业术语来描述用户实际存在的问题和需求，这样才是需求分析说明书的具体内容。表 2-7 为问题的确认和描述示例。

表 2-7 问题的确认和描述示例

用户提出的实际问题	用专业术语描述
有很多文件要存储且供大家应用	需要一个大容量的存储器，估算其容量为×××兆字节
很多人要同时使用一个软件	需要软件的多用户版本
用户工作时要交换一些信息	需要在用户之间建立电子邮件服务
公司的计算机要能够上网	公司的网络需要接入 Internet

2.2.2 对需求信息进行分析

本部分主要对一般状况调查、性能需求调查、功能需求调查、应用需求调查和安全管理需求调查等需求信息进行分析。

1．网络环境需求分析

网络环境需求是对企业的地理环境和人文布局进行实地勘察以确定网络规模、地理分布，以便在拓扑结构设计和结构化综合布线设计中作出决策。网络环境需求分析需要明确下列指标：

（1）网络系统建设涉及的物理范围的大小。

（2）网络建设区域建筑群的位置及它们相互间的距离、公路隔离、电线杆、地沟和道路状况等。

（3）每栋建筑物的物理结构：楼层数，楼高，建筑物内的弱电井位置、配电房位置，建筑物的长度与宽度，各楼层房间分布、房间大小及功能等。

（4）各部分办公区的分布情况。

（5）各工作区内的信息点数目和布线规模。

（6）现有计算机和网络设备的数量配置及分布情况。

2. 网络业务需求分析

计算网络通信流量

网络业务需求分析的目标是明确企业的业务类型、应用系统软件种类以及它们对网络功能指标（如带宽、服务质量）的要求。业务需求是企业建网中的首要环节，是进行网络规划与设计的基本依据。网络业务需求分析主要为以下决策提供依据。

（1）确定需要联网的业务部门及相关人员，了解各个工作人员的基本业务流程以及网络应用类型、地点和使用方法。

（2）确定网络系统的投资规模，预测网络应用的增长率（确定网络的伸缩性需求）。

（3）确定网络的可靠性、可用性及网络响应时间。

（4）确定 Web 站点和 Internet 的连接性。

（5）确定网络的安全性及有无远程访问需求。

3. 网络管理需求分析

网络的管理是企业建网不可缺少的方面，网络是否能按照设计目标提供稳定的服务，主要依靠有效的网络管理，高效的管理策略能提高网络的运营效率。因此，在建网之初就应该重视这些策略。网络管理需求分析要回答以下问题：

（1）是否需要对网络进行远程管理，远程管理可以帮助网络管理员利用远程控制软件管理网络设备，使网管工作更方便、更高效。

（2）谁来负责网络管理。

（3）需要哪些管理功能，如是否需要计费，是否要为网络建立域，选择什么样的域模式等。

（4）选择哪个供应商的网管软件，是否有详细的评估。

（5）选择哪个供应商的网络设备，其可管理性如何。

（6）需不需要跟踪和分析处理网络运行信息。

4. 网络安全需求分析

分析企业网络安全需求

网络安全的目标是使用户的网络财产和资源损失最小化。网络系统设计人员需要了解用户业务的安全性要求，同时又需要在投资上进行控制，提供满足用户要求的解决方案。对于用户来说，安全性的基本要求是防止用户网络资源被盗用和破坏，因此网络安全需求分析要明确以下内容：

（1）企业敏感性数据的安全级别及其分布情况。

（2）网络用户的安全级别及其权限。

（3）可能存在的安全漏洞，这些漏洞对本系统的影响程度如何。

（4）网络设备的安全功能要求。

（5）应用系统安全要求。

（6）采用什么样的杀毒软件。

（7）采用什么样的防火墙技术方案。

（8）网络遵循的安全规范和达到的安全级别。

5. 外部联网需求分析

外部联网需求分析涉及以下内容：

（1）是否接入 Internet，内网与外网是否需要隔离。

（2）采用哪种上网方式。

（3）与外部网络连接的带宽要求。

（4）是否要与某个专用网络连接。

（5）上网用户权限如何，采用何种收费方式。

6. 网络扩展性需求分析

网络的扩展性有两层含义：其一是指新的部门能够简单地接入现有网络；其二是指新的应用能够无缝地在现有网络上运行。网络扩展性需求分析要明确以下内容：

（1）企业需求的新增长点。

（2）已有的网络设备和计算机资源。

（3）哪些设备需要淘汰？哪些设备还可以保留？

（4）网络节点和布线的预留比率。

（5）哪些设备（是否模块化结构）便于网络扩展？

（6）主机（CPU 的数量、插槽数量、硬盘容量等）设备的升级性能。

（7）操作系统（升级方式）平台的升级性能。

（8）所采用的网络拓扑结构是否便于添加网络设备、改变网络层次结构？

2.2.3　网络需求数据总结

需求的收集需要经过多次反复、从多方面获得，列出的需求和一些可能的需求往往比较杂乱，需要进行整理、归纳。同时，还要将这些需求按照重要性分类，确定哪些是必须满足的需求，哪些不是必需的，哪些是推荐的。详细的区分方法可以参照 IETF 在 RFC 2119 中对需求重要性分类的关键字描述。关于这些关键字的解释见表 2-8。

表 2-8　需求重要性分类的关键字

需求重要性分类的关键字	解释
must/shall/required，必须/将/要求	必须满足的基本要求和需求
must not/shall not，必不/将不	必须满足的约束和禁止的要求
should/recommended，应该/推荐	非必须满足但可能存在的需求，对网络的功能和性能将是有益的
should not/recommended not，不应该/不推荐	非必须满足但存在的需求，不值得实现或可能无法实现
may/optional，可以/可选	可以满足但不是必需的需求，可选

2.2.4　网络需求分析实例

将 2.1.3 小节中收集的需求按重要性进行分类，并进一步补充，列入电子表格，见表 2-9。其中，有一些是客户未提到但需要说明的需求。在设计网络之前，需要与用户确认不确定的需求和建议。

表 2-9　需求重要性分类

需求重要性分类	需求内容
必须/将/要求	（1）用户 115 人，连接快速以太网，能够互相访问，除生产部以外，能够访问 Internet （2）用户分布在 3 栋建筑物里，人数分别为 60、25、30 （3）网络信息中心设在主楼，核心设备能够支持 300 个用户 （4）总部需要与分支机构实时连接 （5）出差在外地的移动用户能够连接到内部网络 （6）重新设计并完成网络布线

续表

需求重要性分类	需求内容
必不/将不/约束	（1）布线及网络系统的成本不超过 120 万元 （2）注册资金在 500 万元以上，且有两年以上网络系统集成经验，类似项目业绩 5 个以上
应该/推荐	（1）建议使用千兆核心设备，百兆连接到桌面，核心设备支持三层交换 （2）建议使用可网管的网络设备，支持 VLAN，便于管理 （3）建议设备支持 IPv6，便于将来的网络升级 （4）建议购买防火墙设备，保护内部网络的安全，并将 Web 服务器置于非军事区 （5）推荐使用 VPN，移动用户通过 Internet 访问内部网络，提高安全性 （6）目前国内的网络产品质量也不错，性价比较高，建议使用国内产品，节约成本 （7）建议建筑 B 与主楼之间使用无线网络连接，并设置安全密钥连接 （8）建议建筑物之间的布线使用多模光纤，节约设备端口成本 （9）原有交换机已经淘汰，价值较低，性能较差，建议报废不用
不应该/不推荐	不推荐使用万兆连接网络，成本过高，千兆连接能够满足企业需求
可以/可选	（1）购买网络管理软件，便于管理 （2）建筑之间的布线连接增加单模光纤，便于以后干线升级到万兆网络

2.2.5 项目可行性分析

根据客户的需求并根据系统集成单位自身的具体情况，组织项目小组讨论，确认该项目的可行性，做到心中有数。可行性包括满足约束条件、技术性能和指标及可能的困难和利润。可行性分析不仅有助于设计网络，还能对参加该项目的竞争提供帮助。

1. 满足约束条件的可行性分析

首先要看约束条件（如网络投资约束、政策和时间约束等）能否满足，如果不能满足，可以与用户进一步沟通，探讨是否可以调整约束条件。如果不能满足客户提出的约束条件且不能协商调整约束条件，应尽快放弃。如果约束条件能够满足，可再分析技术的可行性。

2. 技术的可行性分析

技术的可行性分析包括两个方面：一方面是网络需求所要求的技术特点和性能指标的分析，另一方面是在技术上能否实现的分析。通常用户会在招标文件中列出技术性能指标的最低要求，并要求填写技术偏离表。如果没有，则由设计者分析确定。

（1）技术特性分析。技术特性包括可用性、可扩展性、适应性、经济性、安全性、可管理性等，这些都属于定性条件，用程度衡量，没有确定值，最佳的程度是趋于 100%。但是，每项都趋于 100%是不可能的，因为每个特性都受到成本、技术、环境等多个条件或因素的限制。其中，可用性最重要，应尽可能接近 100%，其他特性可根据需要适当降低。分析这些特性能否满足用户需求的最低程度。

（2）性能指标分析。性能指标主要包括带宽、吞吐量、延迟等，针对特定网络应用，分析这些性能指标需要达到的最低量化值。

（3）技术实现分析。查阅现有的技术标准及符合标准的技术产品资料，分析是否能满足或超过性能指标的最低要求。

3. 可能的困难和利润

设计网络还要考虑一些人为因素带来的困难及可能的利润。新设计的网络结构会改变用户的工作习惯，应尽量使网络方便用户使用，减少用户的抵触情绪。所设计项目完成后的预期效果应当能够为客户带来经济效益，也能为提供服务的公司带来利润，这应该在设计之前进行初步的评估。

动手操练：网络需求案例分析

请认真阅读下列背景材料，结合所学知识，回答下面所列问题，注意答题要简明扼要。

某大中型企业集团拟在生产园区建立一套无线网络，覆盖半径大约为 1.6km，要求能够支持高速数据传输、无缝漫游以及多种类型数据业务等。集团总经理责成信息中心主任老刘负责此事。老刘找到曾经承担集团内部网络系统工程的系统集成商 A 公司，提出了集团的需求。A 公司管理层开会研究后委派项目经理小陈积极跟进，与老刘密切联系。小陈经过网上搜索，发现外企 B 公司最近推出了一种基于 WiMAX 技术的无线网络系统比较符合需求，国外也有类似成功案例。小陈亲自到 B 公司的国内代理 C 公司进行了实地考察，并在 C 公司进行了产品演示实验，感到效果良好。随后，小陈和老刘沟通后，A 公司正式与 C 公司签订了采购合同，并很快进行了系统的安装部署。

可是当无线网络系统正式投入运行后不久，就出现了一系列问题，例如：无线网络覆盖存在盲区，不支持某些类型的数据业务，联网用户较多时数据传输率急剧下降，偶尔发生莫名其妙的断网现象等。更麻烦的是，当地无线电管理部门认为他们没有取得无线电频带使用执照，要求该集团立即停止运行该无线网络，并且要对他们进行处罚。此时，C 公司传来消息，称 B 公司因内部原因即将退出中国市场，继续提供该系统的技术支持服务比较困难。

（1）小陈未进行充分的项目可行性研究以致项目出现危机，请指出具体体现在哪些方面？

（2）应用需求收集工作通常可从应用类型自身的特性、应用对资源的访问等角度来完成。结合你的项目经验，请简述开展应用需求收集工作时应考虑哪些主要因素？

（3）假设你被 A 公司任命为该项目的项目经理，请简要叙述你将采取哪些措施来应对目前的项目困境。

课后检测

1．某大学拟建设无线校园网，委托甲公司承建，甲公司的张工带队进行需求调研，将获得的主要信息有哪些？

2．下面关于网络工程需求分析的论述中，正确的是（　　）。

A．任何网络都不可能是一个能够满足各项功能需求的万能网

B．必须采用最先进的网络设备，获得最高的网络性能

C．网络需求分析是独立于应用系统的需求分析

D．网络需求分析时可以先不考虑系统的扩展性

3．以下关于网络规划需求分析的描述中，错误的是（　　）。

A．对于一个新建的网络，网络工程的需求分析不应与软件需求分析同步进行

B．在业务需求收集环节，主要需要与决策者和信息提供者进行沟通

C．确定网络预算投资时，需将一次性投资和周期性投资均考虑在内

D．对于普通用户的调查，最好是用设计好的问卷形式

4．网络需求分析包括网络总体需求分析、综合布线需求分析、网络可用性和可靠性分析、网络安全需求分析，此外还需要进行（　　）。

A．工程造价估算　　　　B．工程进度安排

C．硬件设备选型　　D．IP 地址分配分析

5．某金融网络要求网络服务系统的可用性达到 5 个 9，也就是大于 99.999%，那么每年金融网络系统停机时间小于（　　）方能满足需求。

A．5 分钟　　B．10 分钟　　C．60 分钟　　D．105 分钟

6．某单位建设一个网络，网络设计人员在经过充分的需求分析工作后，完成了网络的基本设计。但是，由于资金受限，网络建设成本超预算，此时，设计人员正确的做法是（　　）。

A．为符合预算，推翻原设计，降低网络设计标准重新设计

B．劝说该单位追加预算，完成网络建设

C．将网络建设划分为多个周期，根据当前预算，设计完成当前周期的建设目标

D．保持原有设计，为符合预算降低设备性能，采购低端设备

7．某部队拟建设一个网络，由甲公司承建。在撰写需求分析报告时，与常规网络建设相比，最大不同之处是（　　）。

A．网络隔离需求　　B．网络性能需求

C．IP 规划需求　　D．结构化布线需求

8．了解网络用户的需求可以从哪些方面着手？

9．网络需求分析的主要内容有哪些？

10．网络安全需求分析涉及的主要内容有哪些？

2.3　编制需求说明书

编写企业网络分析说明书

学习提示

如果没有编写出用户认可的需求分析文档，项目人员就很难确定项目何时结束，这将给项目带来极大的风险。需求说明书（也称网络需求分析报告）是需求分析阶段的工作成果，是网络系统集成过程中第一个可以传阅的主要文件，也是下一阶段通信规范分析工作和以后项目验收的检验标准。

课前评估

请读者独立思考并回答下列问题。

1．网络系统设计过程中，需求分析阶段的任务是（　　）。

A．依据逻辑网络设计的要求，确定设备的具体物理分布和运行环境

B．分析现有网络和新网络的各类资源分布，掌握网络所处的状态

C．根据需求规范和通信规范，实施资源分配和安全规划

D．理解网络应该具有的功能和性能，最终设计出符合用户需求的网络

2．网络生命周期各个阶段均需产生相应的文档。下面的选项中，属于需求规范阶段文档的是（　　）。

A．网络 IP 址分配方案　　B．设备列表清单

C．集中访谈的信息资料　　D．网络内部的通信流量分布

3．假定你是一名系统分析人员，用户对你精心设计的网络需求分析报告不满意，你要怎样处理？

4．网络建设的可行性分析报告的主要内容有哪些？

5．网络设计需求说明书的主要内容有哪些？

2.3.1 数据准备

（1）将原始数据制成表，各个表可以反映它们之间的内在联系。提炼需求的过程不需要使用费用高的统计分析软件包，因为需求分析并不那么严格，使用价格低廉、使用方便的办公电子表格或数据库即可。

（2）把大量的手写调查问卷或表格信息转换成电子表格或数据库。这部分工作的工作量也是可观的，但作为网络设计人员，应该把更多的时间花在技术性的问题上，所以，可以向管理人员或公司职员求助，或雇佣临时工来完成数据的录入。

（3）对于需求收集阶段产生的各种资料，都应该编辑目录并归档，便于后期查阅。不管数据是以何种方式收集的（手写调查或联机调查），都应该进行备份。

2.3.2 需求说明书的编制

编制需求说明书时，应注意对需求信息进行有条理的组织，文档的大标题和小标题之间的序号应该很明确，清晰的需求说明书体现了一个系统设计人员的素质。不同的网络，其设计文档也各不相同。但总体来说，需求说明书应该包括综述、需求分析阶段总结、需求数据总结、按优先级排队的需求清单、申请批准部分。

1．综述

在任何网络设计文档的前面都应该对一个项目的重要性作简要的概述，这对于忙碌的管理人员来说意义重大。综述中的内容如下：

（1）对项目的简单描述。

（2）设计过程中各个阶段的清单。

（3）项目各个阶段的状态，包括已完成阶段和正在进行的阶段。

2．需求分析阶段总结

简单回顾本阶段所要完成的工作。列出所接触过的群体和个人名单，表明收集信息的途径和方法（面谈、集中访谈、调查等）。统计出总的面谈、调查次数。说明该过程中受到的限制和约束，如调查不得不简短，无法接触关键人物，被调查者答卷不认真等。

3．需求数据总结

认真总结从数据收集中得到的信息。可以根据情况，使用各种不同方法来表示收集到的信息。建议把多种方法结合起来使用，效果会更佳。总结数据需求时，需要注意以下5点。

（1）描述简单直接。对管理人员应该提供信息的整体模式，而不是具体的细节。应该注意尽量用简单易懂的语言，少用专业术语，如果不得不用，则要用通俗的语言进行解释。

（2）说明来源和优先级。说明哪些是业务需求，哪些是用户需求，哪些是应用需求等。对高优先级的需求做标注，标明其来源。例如，对防火墙的需求应该来自网络管理员，而不应该来自一般的员工。

（3）尽量多用图片。图片说明问题具有直观、易懂的特点，因此可以尽量多地使用图片，使读者更容易明白数据模式，数字表格不如图片的效果好。

（4）指出矛盾的需求。在分析需求信息时，经常会发现一些需求之间存在矛盾。在需求说明书中应该对这些矛盾进行说明，以使管理人员能够找出解决方法。如果管理人员给出目标和优先级，也可以给出解决问题的建议。

（5）需求数据总结表。需求数据总结表见表 2-10。

表 2-10 需求数据总结表

<table>
<tr><th>项目名称</th><th></th><th>项目类型</th><th></th><th>项目规格</th><th></th></tr>
<tr><td rowspan="2">用户名称</td><td rowspan="2"></td><td rowspan="2">用户技术员</td><td>姓名</td><td>职务</td><td>电话</td></tr>
<tr><td></td><td></td><td></td></tr>
<tr><td colspan="6">用户网络现状概述</td></tr>
<tr><td colspan="6">拟建项目需求详细说明（附信息点分布图、建筑物位置图等）</td></tr>
<tr><td>设备需求</td><td></td><td></td><td></td><td></td><td></td></tr>
<tr><td>序号</td><td>产品</td><td>优选品牌</td><td></td><td></td><td></td></tr>
<tr><td>1</td><td>交换机</td><td></td><td></td><td></td><td></td></tr>
<tr><td>2</td><td>路由器</td><td></td><td></td><td></td><td></td></tr>
<tr><td>3</td><td>硬件防火墙</td><td></td><td></td><td></td><td></td></tr>
<tr><td>4</td><td>服务器</td><td></td><td></td><td></td><td></td></tr>
<tr><td colspan="6">布线产品需求：</td></tr>
<tr><td colspan="6">系统软件需求：</td></tr>
<tr><td colspan="6">应用需求：</td></tr>
<tr><td colspan="6">备注：</td></tr>
</table>

4. 按优先级排队的需求清单

对需求数据进行整理总结后，按需求数据的重要性和优先级列出数据的优先级清单。例如，打印机的可用性优先级别最高，工作空间的优先级别最低等。

5. 申请批准部分

在编制需求说明书时，应该说明在进行下一步工作之前需要得到批准的原因，注明管理人员签字的地方、网络设计小组的负责人签字的地方。

2.3.3 修改需求说明书

需求收集阶段可能由于没有足够多的用户参与、用户需求不断增加或用户需求模棱两可等原因而产生不合格的需求说明，因此，在编制需求说明书的时候，也要考虑怎样设计修改说明书。需求说明书中一般揭示了不同群体需求之间存在的矛盾，可能由管理层解决这些矛盾，给出所有相关人员一致同意的意见；也可能是大家协商，共同找出解决这些矛盾的方案。如果的确需要修改需求说明书，最好不要修改原来的数据和信息，可以考虑在需求说明书中附加一部分内容，说明修改的原因，解释管理层的决定，然后给出最终的需求说明。

课后检测

1. 网络设计需求说明书的主要内容有哪些？

2. 某政府机构拟建设一个网络，委托甲公司承建。甲公司的张工程师（简称张工）带队进行需求调研，在与委托方会谈过程中记录了大量信息，主要内容有：用户计算机数量为 80 台；业务类型为政务办公，在办公时不允许连接 Internet；分布在一栋四层楼房内；

最远距离约 80 米；该网络通过专用光纤与上级机关的政务网相连；网络建设时间为 3 个月。张工据此撰写了需求说明书，与常规网络建设的需求说明书相比，该说明书的最大不同之处应该是（ ① ）。为此，张工在需求说明书中特别强调应增加预算，以采购性能优越的进口设备。该需求说明书（ ② ）。

①A．网络隔离需求　　B．网络速度需求
C．文件加密需求　　D．邮件安全需求

②A．恰当，考虑周全
B．不是很恰当，因现有预算足够买国产设备
C．不恰当，因无须增加预算也能采购到好的进口设备
D．不恰当，因政务网的关键设备不允许使用进口设备

3．某机构拟建设一个网络，委托甲公司承建。甲公司的赵工程师（简称赵工）带队进行需求调研，在与委托方会谈过程中记录了大量信息，经过整理，归纳出如下主要内容：用户计算机数量为 97 台；业务类型为办公；需要连接 Internet；分布在一栋楼房的 3 层内（另附位置图一张）；最远距离为 78 米；需要的网络服务为邮件、Web；网络建设时间为 3 个月。

在编制需求说明书时，发现缺少了一些很重要的信息，其中包括（ ① ）。为此，赵工再次与委托方进行交谈，获得所需信息后，开始撰写需求说明书。该说明书的目录如下：一、业务需求；二、用户需求；三、应用需求；四、计算机需求；五、网络需求；六、使用方式需求；七、建设周期；八、经费预算。关于该说明书的评价，恰当的是（ ② ）。

①A．估计的通信量　　B．计算机的性能
C．经费预算　　D．应用系统的运行平台

②A．使用方式需求应合并到业务需求或用户需求中
B．应用需求应合并到业务需求中
C．经费预算部分应删除
D．是一个比较好的说明书，无须调整

模块 3　网络工程设计

通过深入细致的网络调查，完成网络需求分析，形成一份详尽的网络需求说明书，并通过用户方组织的评审后，就进入到网络工程设计。网络工程设计就是要明确采用哪些技术规范，构筑一个满足哪些应用需求的网络系统，从而为用户要建设的网络系统提供一套完整的实施方案。网络工程设计是一个把网络需求目标向技术解决方案映射的过程，是网络工程项目实施的重要依据，是网络系统集成的核心内容，其涉及两个层面：物理层面的网络设计，包括综合布线系统设计、设备选型等；逻辑层面的网络设计，主要工作是选择一种能实现网络需求的技术。

本模块主要讨论网络系统集成中逻辑网络设计的相关内容，其中，网络安全设计是逻辑网络设计的重要内容，考虑到网络安全设计非常重要且覆盖内容较多，因此将在模块 4 中单独讨论网络安全设计部分。另外，物理网络设计相关内容也将在模块 5 中单独进行讨论。

本模块划分了 5 个主题：网络工程设计概述、网络技术选择、网络拓扑结构设计、网络地址规划与设计和网络系统路由设计。本模块涵盖了网络工程大部分内容，且技术原理和工程实践性强。

3.1　网络工程设计概述

学习提示

本主题讨论两个方面的内容：网络工程设计的目标与原则，网络体系结构设计。网络工程建设目标关系到现在和将来几年用户方的网络信息化水平及网络应用系统的成败，因此，在网络工程设计之前应对设计原则进行平衡，并确定各项原则在方案设计中的优先级。网络体系结构设计指确定计算机网络的层次结构及每层所使用的协议的过程。就局域网而言，它所覆盖的层次主要包括物理层和数据链路层，其中设计的重点是物理层和 MAC 子层；而广域网的物理线路和传输服务属于电信公共网络，不属于计算机网络物理层设计范围。计算机网络用户所要做的工作是选择一种接入方式和租用某种传输服务，但是出于计算机网络互联的需要，还需设计高层的协议及互联通信技术。

课前评估

请读者独立思考并回答下列问题。

1．通过深入细致的调查，完成网络需求分析，形成一份详尽的网络需求说明书后，是否可以进入网络工程设计阶段？为什么？

2．在网络工程设计中，逻辑设计阶段的任务是（　　）。

A．依据逻辑设计要求，确定设备的物理分布与运行环境

B．分析现网和新网的资源分布，掌握网络运行的状态

C．根据需求规范和通信规范，完成资源分配和安全计划

D．了解网络应有的功能和性能，设计出符合用户需求的网络

3．TCP/IP 模型、OSI 参考模型有哪些层次，每一层的主要功能是什么？TCP/IP 模型每一层上有哪些典型协议？

4．局域网的体系结构会涉及哪些层次？为什么？

3.1.1　网络工程设计的目标与原则

1．网络工程设计的目标

每个单位及其网络都是唯一的，因此设计目标是不相同的；设计目标要竭力去匹配网络需求说明书中的内容；网络工程设计中包含两类目标：组织目标和技术目标。

（1）组织目标：有助于对网络中使用的产品和技术进行定位，见表 3-1。

表 3-1　网络工程设计组织目标举例

目标	现状	措施
增强竞争力	其他公司有响应速度更快的基于网络的销售/客户管理系统	加强网络建设，使用具有销售跟踪和合作伙伴关系跟踪的应用系统
降低运行成本	数据不统一，多次输入，维护工作量大	数据统一平台建设，提高数据的可用性
增加客户支持	无订单跟踪技术支持	引入基于网页客户支持技术的订单跟踪
增加新的服务	电话/传真定购；电话/传真确认	安全的基于网页的定购，安全的基于网页的确认

（2）技术目标：保证网络数据的可访问和关键应用的运行，见表 3-2。

表 3-2　网络工程设计技术目标举例

技术指标	重要性比重	说明
吞吐量	25%	中心节点（网络核心与汇聚设备和企业级服务器设备）最为重要
可靠性	25%	链路质量、设备稳定性、环境干扰控制最为重要
安全性	15%	公司商务机密（客户、订单信息等）、关键交易数据必须安全
可扩展性	20%	当响应能力、吞吐量降低或规模扩大时可以方便地再分解网络、提高带宽、增加端口
可管理性	10%	保证维护方便：可靠性、安全性、可扩展性
先进性	5%	对以后技术的支持

2．网络工程设计的基本原则

网络工程设计基本原则的确定对网络工程的设计和实施具有重要的指导意义。

（1）实用性原则。计算机设备、服务器设备和网络设备在技术性能逐步提升的同时，价格却在逐年下降，不可能也没必要实现所谓的“一步到位”。因此，在网络工程设计中应把握“够用”和“实用”原则，网络系统应采用成熟可靠的技术和设备，达到实用和经济的有效结合。

（2）开放性原则。网络系统应采用开放的标准和技术，如 TCP/IP 协议、IEEE 802 系列标准等，以利于未来网络系统的扩展和在需要时与外部网络的互通。

（3）高可用性/可靠性原则。无论是事业单位还是私营企业，网络系统的可靠性都是网络工程的生命线。例如，证券、金融、铁路、民航等行业的网络系统应确保有很高的平均无故障时间和尽可能低的平均故障率，在这些行业的网络工程设计中，高可用性和系统

可靠性应被优先考虑。

（4）安全性原则。在网络工程设计中，既要考虑信息资源的充分共享，又要注意信息的保护和隔离。在企业网、政府行政办公网、国防军工部门内部网、电子商务网站等网络工程设计中应重点体现安全性原则，确保网络系统和数据的安全运行。而在社区网、城域网和校园网中，安全性的考虑相对较弱。

（5）先进性原则。建设一个现代化的网络系统，应尽可能采用先进而成熟的技术，应在一段时间内保证其主流地位。网络系统应采用当前较先进的技术和设备，符合网络未来发展的潮流。但是，太新的技术也存在缺点：一是不成熟；二是标准还不完备、不统一；三是价格高；四是技术支持力量跟不上。

（6）可扩展性原则。为了满足用户目前的需求和用户业务不断增长的需求，网络总体设计不仅要考虑近期目标，也要为网络的进一步发展留有扩展的余地，因此，网络工程设计应在规模和性能两方面具有良好的可扩展性。

想一想

图 3-1 所示为某组织的网络拓扑结构设计图，请分析该网络拓扑结构是如何体现网络工程设计的基本原则的。

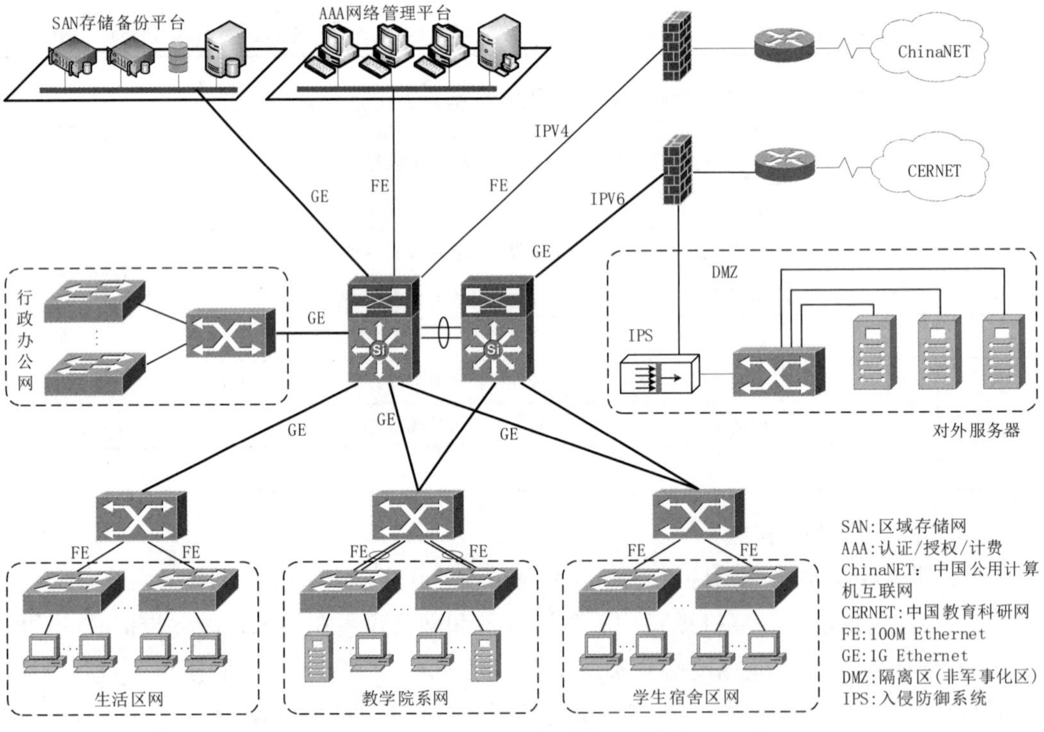

图 3-1 网络拓扑结构设计图

（7）网络设计的其他原则。

1）“核心简单，边缘复杂”原则。在进行网络设计时，应当保证核心层结构简单，但性能要求高；接入层一般结构复杂，但性能要求低于核心层。

2）“弱路由”原则。路由器容易成为网络瓶颈，因此应传输尽量少的信息。一般在连接外网时使用路由器，而内网中尽量使用 3 层交换机。

3）“80/20”原则。在进行局域网设计时，应当保证一个子网数据流量的80%是该子网内的本地通信，只有20%的数据流量发往其他子网。

4）“影响最小”原则。因网络结构改变而受到影响的区域应被限制到最小。

5）“2用2备2扩”原则。由于主干光纤布线困难，因此在主干光纤布线时应考虑2芯光纤正常使用，2芯光纤用于链路备份，2芯光纤留给系统以后的扩展。

6）“技术经济分析”原则。网络设计通常包含许多权衡和折中，成本与性能通常是最基本的设计权衡因素。

7）“成本不对称”原则。设计局域网时，对线路成本考虑相对较少，对设备性能考虑较多，追求较高的带宽和良好的扩展性。

3.1.2　网络体系结构设计

1. 物理层设计

计算机网络物理层设计的任务主要包括以下几个方面。

（1）确定在网络的不同位置使用何种传输介质。计算机网络中使用的传输介质主要有双绞线（UTP/STP）、同轴电缆（粗缆/细缆）、光纤（单模/多模）和无线传输介质（红外线、蓝牙、微波、射频无线电）等。不同传输介质具有不同的传输特性，其中，传输距离和传输速率是影响传输特性的两个主要因素。例如，UTP双绞线的传输距离被限制在100m内，5类UTP双绞线的最高数据传输速率为100Mbit/s。常用传输介质的分布见表3-3。

表3-3　传输介质分布

传输介质	分布位置
双绞线	桌面布线 同一楼层布线 楼层间互连
光纤	楼与楼之间互连 楼层交换机互连 桌面布线（用在极少数高性能计算场所）

（2）确定物理层标准。目前，局域网组网工程中主要采用以太网技术，以太网的物理层标准成员见表3-4。

表3-4　以太网的物理层标准成员

MAC标准	802.3	802.3a	802.3i	802.3j
物理层标准	10BASE-5	10BASE2	10BASE-T	10BASE-F
MAC标准	802.3u	802.3u	802.3u	802.3x&y
物理层标准	100BASE-FX	100BASE-TX	100BASE-T4	100BASE-T2
MAC标准	802.3z	802.3ab	802.3ae	802.3ae
物理层标准	1000BASE-X	1000BASE-T	10G BASE-LR/LW	10G BASE-ER/EW

从表3-4中可以看到，物理层标准包括两方面的指标：数据速率和传输介质。数据速率包括10Mbit/s、100Mbit/s、1Gbit/s和10Gbit/s；传输介质包括双绞线、同轴电缆（10BASE-5，10BASE-2）和光纤。物理层标准分布见表3-5。

表 3-5 物理层标准分布

物理层标准	分布位置
10 BASE-T	桌面
100 BASE-TX	桌面 楼层交换机互连
100 BASE-FX	楼层交换机互连 桌面（极少数高性能计算场所）
1G BASE-CX	楼层交换机互连 楼与楼之间互连
1G BASE-SX	服务器与交换机互连 楼层交换机互连
1G BASE-LX	楼与楼之间互连 园区之间互连
10G BASE	园区之间互连

2. MAC 子层设计

因为逻辑链路控制子层（LLC）提供的数据服务对不同的 MAC 子层是一致的，所以计算机网络的数据链路层设计主要体现在 MAC 技术的选择上。局域网可以分为共享式以太网和交换式以太网。这两种网络的区别就在于 MAC 方式的不同。共享式以太网的 MAC 方式支持多个工作站争用同一信道，如 802.3 以太网、802.4 令牌总线网、802.5 令牌环网、FDDI 网等。交换式以太网中的工作站使用点到点信道，不存在信道争用问题。

MAC 子层的设计包括以下内容：确定 MAC 标准，选择 802.3 以太网系列还是选择其他的计算机网络；确定采用共享式还是交换式。这两方面很重要，因为它们决定了选择什么样的设备和设计什么样的硬件平台。当前，计算机网络 MAC 子层的设计趋势是交换式。一个全交换式的园区计算机网络如图 3-2 所示。

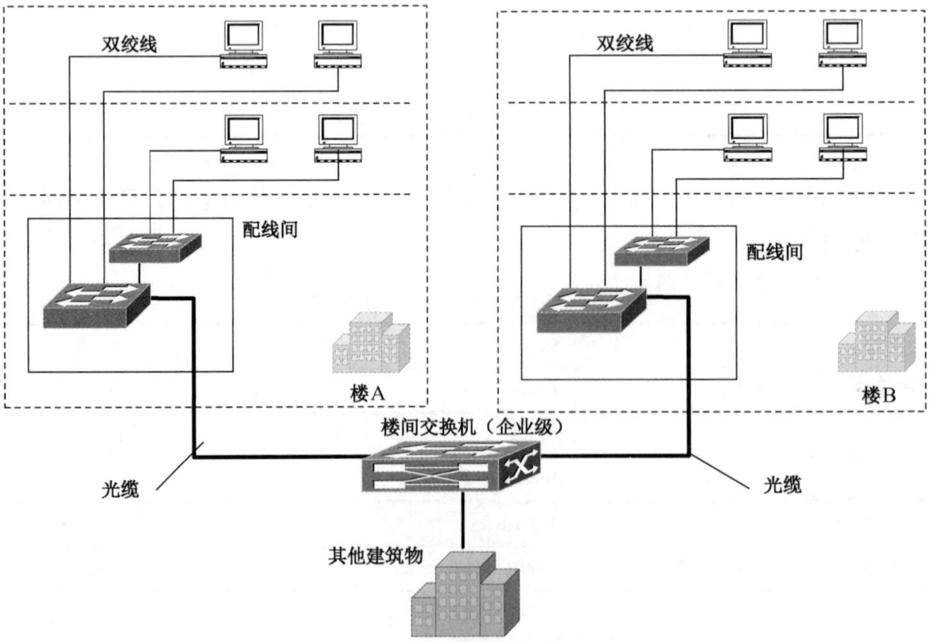

图 3-2 全交换式园区计算机网络

交换式计算机网络设计的核心内容是确定各个级别交换机的配置。目前，这一点很容易实现，因为交换机的供应商已经专门设计了各个级别的交换机。设计者需要做的工作是给出计算机网络交换机需具备的性能指标细节，以及对现有产品的评估和比较。

3．网络层设计

当计算机网络中存在多个子网要相互通信时，需要使用路由器来实现网络互连，主要解决以下3个问题。

（1）帧格式转换：在网络之间进行数据帧格式的转换，其转换原理如图3-3所示。

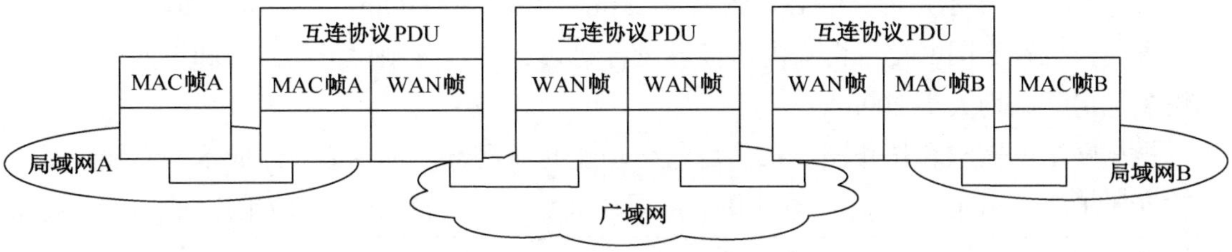

图3-3　数据帧格式的转换

（2）路由选择：选择IP数据包的最优传输路径。

（3）地址解析：进行IP地址与MAC地址之间的映射。

另外，网络层设计需要确定以下3个方面的协议。

- 互联协议：常见的第3层协议，如IP、IPX或Apple Talk等。
- 路由协议：路由协议的作用是生成互联协议进行路由选择时使用的路由表。常用的路由协议有静态路由协议、RIP、OSPF、BGP等。
- 地址解析协议：常用的有ARP/RARP、BOOTP、DHCP等。

目前，互联协议多采用IP协议，而传输层协议采用TCP和UDP。TCP/IP协议栈因Internet的广泛应用而成为互联网协议的主导。

课后检测

1．以太网中使用（　　）机制来检测冲突。

2．无线局域网中使用（　　）机制避免冲突　。

3．当千兆以太网使用UTP作为传输介质时，限制单根电缆的长度不超过（ ① ）m，其原因是千兆以太网（ ② ）。

①A．100　　B．925　　C．2500　　D．40000

②A．信号衰减严重　　B．编码方式限制

C．与百兆以太网兼容　　D．采用了CSMA/CD

4．现有802.11n的WLAN，速率为300Mbit/s，包括2台计算机，1个AP。若2台计算机数据传输的概率相同，则每台计算机实际传送用户数据的最大理论速度最接近（　　）MB/s。

A．1.4　　B．6.7　　C．9.3　　D．18.7

5．局域网A为采用CSMA/CD工作方式的10Mbit/s以太网，局域网B为采用CSMA/CA工作方式的11Mbit/s WLAN。假定A、B上的计算机、服务器等设备配置相同，网络负载大致相同，现在分别在A、B上传送相同大小的文件，所需时间分别为T_a和T_b，以下叙述正确的是（　　）。

A．T_a大于T_b　　B．T_a小于T_b

C．T_a和T_b相同　　D．无法判断T_a和T_b的大小关系

6．将 10Mbit/s、100Mbit/s 和 1000Mbit/s 的以太网设备互联在一起组成局域网络，则其工作方式可简单概括为（　　）。

A．自动协商，1000Mbit/s 全双工模式优先

B．自动协商，1000Mbit/s 半双工模式优先

C．自动协商，10Mbit/s 半双工模式优先

D．人工设置，1000Mbit/s 全双工模式优先

7．如图 3-4 所示，信息中心距图书馆 2km，距教学楼 300m，距实验楼 200m，图书馆的汇聚交换机置于图书馆主机房内，楼层设备间共 2 个，分别位于第二层和第四层，距图书馆主机房距离均大于 200m。

根据网络的需求和拓扑图，在满足网络功能的前提下，本着最节约成本的布线方式，传输介质 1 应采用（　　），传输介质 2 应采用（　　），传输介质 3 应采用（　　），传输介质 4 应采用（　　）。

A．单模光纤　　B．多模光纤　　C．基带同轴电缆　　D．宽带同轴电缆

E．1 类双绞线　　F．5 类双绞线

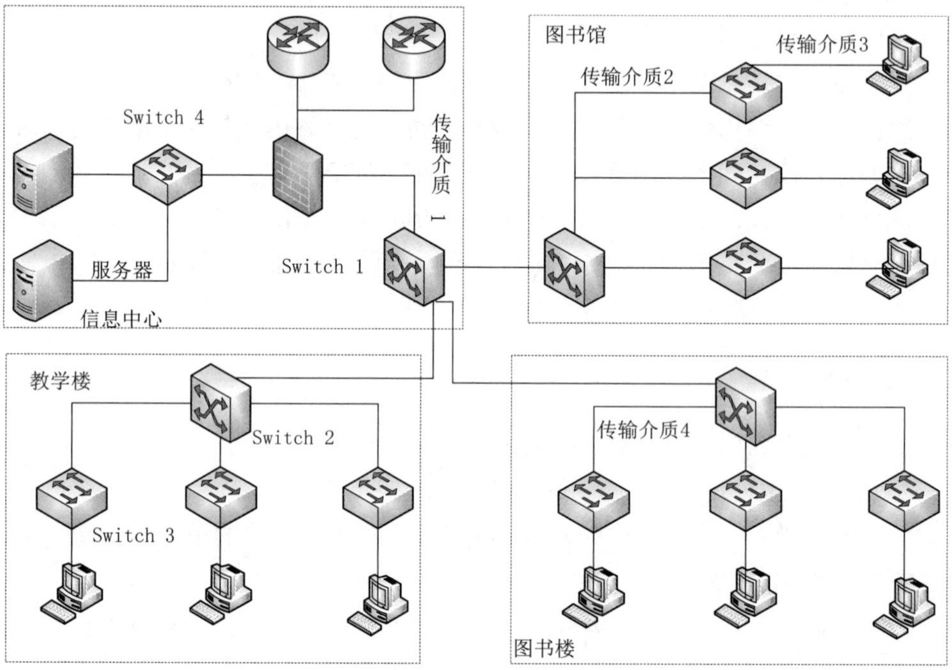

图 3-4　某校园网拓扑结构

3.2　网络技术选择

学习提示

由于大中型网络结构比较复杂，网络功能的实现需要运用很多网络技术。在网络设计中需要描述选择哪些技术，以及运用这些技术解决什么问题。选择适合组织网络系统需求特点的主流网络技术，不仅能保证组织网络的高性能，还能保证组织网络的先进性和扩展性，能够在未来向更新的技术平滑过渡，保护组织的投资。

技术通过具体的协议来实现，不同网络层次上要运行不同的协议。要实现网络需求的具体功能，需要选择合适的协议来实现。本主题针对网络技术的选择要素、以太网系列技术选择、VLAN 设计（二层广播隔离技术）、STP 设计（二层环路避免技术）、链路聚合设计（提高链路级可靠性技术）和冗余网关设计（提高设备级可靠性技术）等内容展开讨论，并对这些主流网络技术的典型应用场景进行了详细分析。

课前评估

请读者独立思考并回答下列问题。

1. 如要组建一个以太网，需要购买什么类型的网卡和网线，请说明理由。

2. 分别写出 10/100/1000/10000Mbit/s 以太网使用的协议、双工模式和传输介质。

3. 以太网交换机的每一个端口都可以看作一个广播域还是冲突域？

4. 局域网最常见的标准是什么？

5. 尽可能列举你知道的网络技术。

6. 网络中需要广播，但过量广播会影响网络的使用，请回顾一下隔离广播可以采取哪些技术措施？

7. 假定在一个 IPv4 网络中只有两个主机 HA 和 HB，HA 和 HB 在同一个 LAN 内，并且没有划分 VLAN。如果 HA 和 HB 需要直接通信，则需满足（　　）。

　A．HA 和 HB 必须在同一子网内

　B．HA 和 HB 必须在不同子网内

　C．HA 和 HB 无论在不在同一个子网内都可以

　D．HA 和 HB 必须使用相同的操作系统

8. VLAN 实施的前提条件是（　　）。

　A．使用 CSMA/CD 协议　　B．基于二层设备实现

　C．基于二层交换机实现　　D．基于路由器实现

9. 一台思科交换机和一台华三交换机相连，互连端口都工作在 VLAN Trunk 模式下，这两个端口应该使用的 VLAN 协议分别是（　　）。

　A．ISL 和 IEEE 802.10　　B．ISL 和 ISL

　C．ISL 和 IEEE 802.1Q　　D．IEEE 802.1Q 和 IEEE 802.1Q

10. 在二层链路中如果没有冗余链路会带来什么问题？

11. 交换机之间如果存在冗余链路，则增强了网络的何种性能？是否会带来新的问题？在交换机上能够观察到什么现象？

12. 增加链路带宽的方法有哪些？

13. 网络中的冗余链路可以实现哪些功能？

14. 二层环路和三层环路会带来什么危害？它们之间的区别是什么？如何解决这一问题？

3.2.1　网络技术选择的要素

选择适合网络系统集成工程项目的网络技术时，需要考虑如下要素。

1. 初期成本估计

在需求分析阶段已经确定了网络系统集成项目的资金预算，但这只是一个估计值，而成本费用会直接影响网络技术的选择，尤其是在逻辑设计阶段有更好的技术解决方案时，成本费用就会超过已确定的筹款标准。

2. 网络服务评估

在作出技术选择之前，需要考虑网络应该提供的服务内容，网络服务的多样性决定了不同需求提供的服务是不同的，同时还需要考虑网络管理和网络安全这两项关键的网络服务。网络安全计划必须与政府机关的政治文化相适应，也就是说，安全程序不必严格或复杂到干扰人们的工作。如果忽视了用户的工作方式和团体氛围，安全程序必然是失败的。人们总是趋向于走阻力小的路，如果安全程序变成一个绊脚石，员工在完成工作时，就会想方设法地回避它。

3. 技术选项评价

根据需求和现有网络情况，每种网络技术都有自己的特征。例如，广播通信可以提高通信效率，但是广播通信方式的技术选择不当或配置不当会对网络的性能造成很大影响；不同网络需求下选择的网络连接方式不一样，需要稳定传输速率的选用面向连接的协议，不需要判定服务级别的选用无连接的协议；网络设计要适应当前或未来需求，必须保证网络及其应用程序具有可扩展性等。

3.2.2 以太网技术系列技术

以太网技术发展十分迅速，现在几乎所有的局域网都采用以太网技术。相对于带宽为10Mbit/s 的以太网标准，带宽为 100Mbit/s 的以太网称为快速以太网，带宽高于 1000Mbit/s 的以太网称为高速以太网。在树型拓扑结构的大中型局域网中，为了提高末端节点的带宽，在干线上需要提供更大的带宽。以太网技术已经能够在网络干线连接的交换机端口上实现 1000Mbit/s（吉比特以太网）的带宽，甚至可以到达 10Gbit/s（万兆以太网），近年来已经出现了 40 吉比特以太网、100 吉比特以太网等。

1. 以太网技术指标

常见以太网技术指标见表 3-6。

表 3-6 常见以太网技术指标

项目	10BASE-5	10BASE-2	10BASE-T	10BASE-F
传输介质	同轴粗缆	同轴细缆	双绞线	光纤
缆线电阻	50Ω	50Ω	100Ω	—
数据速率	10 Mbit/s	10 Mbit/s	10 Mbit/s	10 Mbit/s
信号传输方式	基带	基带	基带	基带
网段的最大长度	500m	185m	100m	2000m
最大网段数量	5	5	5	2
最大网络跨度	2500m	925m	500m	4000m
网段上的最大工作站数目	100 台	30 台	1024 台	无限制
拓扑结构	总线型	总线型	星型	点对点
网线上的连接端	9 芯 D 型 AUI	BNC T 型接头	RJ-45	ST、SC、FC 光纤
介质挂接方法	MAU 连接同轴电缆	网卡中	网卡中	网卡中
优点	用于主干最好	便宜	易于维护	最宜在楼间使用

2. 快速以太网技术指标

快速以太网技术指标见表 3-7。

表 3-7　快速标准以太网技术指标

项目	100BASE-T4	100BASE-TX	100BASE-FX	100BASE-T2
信号传输技术	8B6T	4B5B	4B5B	PAM5X5
传输介质	3 类以上 UTP	5 类以上 UTP 或 STP	SMF/MMF	3 类以上 UTP
接口	RJ-45	RJ-45	ST、SC	RJ-45
最长介质段	100m	100m	2000m/40000m	100m
所需传输线数目	4 对	2 对	1 对	2 对
发送线对数	3 对	1 对	1 对	1 对
拓扑结构	星型	星型	星型	星型
中继器数量	2	2	2	2
全双工支持	否	是	是	是
最大冲突域范围	205m	205m	228m/412m	205m
网卡上的连接端口	RJ-45	RJ-45	ST、SC、FC	RJ-45
信号频率	25MHz	125MHz	125MHz	25MHz

3. 高速以太网技术指标

高速以太网技术指标见表 3-8。

表 3-8　高速以太网技术指标

项目	1000BASE-SX	1000BASE-LX	1000BASE-CX	1000BASE-T
信号传输技术	8B10B	8B10B	8B10B	PAM-5
传输介质	MMF/SMF	MMF/SMF	STP	5 类 UTP
线对	1	1	1	4
接口	SC	SC	SC、DB9	RJ-45
最长介质段	275m/550m	550m/5000m	25m	100m
拓扑结构	星型	星型	星型	星型

1998 年 IEEE 802.3 提出了千兆以太网技术标准 802.3z，向下兼容 10BaseT 和 100BaseT，方便千兆以太网平滑升级。标准中包含 2 个关于光介质和 2 个铜介质规范，其中 1000BaseSX（短波长，850nm，2～550m），1000BaseLX（长波长，1350nm，2～5000m）所能传输的距离取决于带宽，实际中更多注意的是规范的下限而不是上限。在平均运行条件下，可以达到的距离为下限距离乘以 3 或 4。另外，多厂家合作定义一个规范 1000BaseLH（长距离），并采用千兆接口连接器（GBIC），努力与 1000BaseLX 实现互操作。

4. 万兆以太网技术指标

万兆以太网技术于 2002 年 7 月在 IEEE 通过，它提供了 4 种接口，分别是 850nm 局域网接口、1310nm 宽频波分复用（WWDM）局域网接口、1310nm 广域网接口和 1550nm 广域网接口，见表 3-9。

表 3-9　万兆位以太网技术指标

项目	10GBASE-LX4	10GBASE-SR	10GBASE-LR	10GBASE-ER	110GBASE-LX4	10GBASE-SR	10GBASE-LR
波长	1310nm	850nm	1310nm	1550nm	850nm	1310nm	1550nm
光缆	MMF/SMF	MMF	SMF	SMF	MMF	SMF	SMF

续表

项目	10GBASE-LX4	10GBASE-SR	10GBASE-LR	10GBASE-ER	110GBASE-LX4	10GBASE-SR	10GBASE-LR
网络	局域网	局域网	局域网	局域网	广域网	广域网	广域网
传输距离	300m	35m	10000m	300m	10000m	10000m	40000m

IEEE 802.3ae 标准定义了 7 种新的传输介质，其标准通式为 10G BASE-[媒体类型] [编码方案] [波长数]，即 10G BASE-[E/L/R] [X/R/W] [4]。媒体类型中 S 为短波长（850nm），用于在 MMF 中进行短距离（35m）数据传输；L 为长波长（1310nm），用于在校园网的建筑物之间或大厦之间进行数据传输，使用 SMF 时可以支持 10km 距离，使用 MMF 时可以支持 300m 距离；E 为特长波长（1550nm），用于广域网或城域网中的数据传输，使用 SMF 时可以支持在 40km 内传输。在编码方案中，X 为局域网物理层中的 8B/10B 编码，R 为局域网物理层中的 64B/66B 编码，W 为广域网的物理层中的 64B/66B 编码。最后的“4”表示波长数，如果不使用波分复用，则波长数为 1。

广播域动画

3.2.3 VLAN 设计

VLAN 动画

网络性能是组织生产力的重要因素，用于改善网络性能的其中一项技术是将大型的广播域细分成较小的广播域。根据设计，路由器会拦截某个接口的广播流量。但是，路由器的 LAN 接口数量通常有限，主要作用是在网络之间传输信息，而不是向终端设备提供网络访问。提供接入到 LAN 的角色通常保留给接入层交换机，可以在二层交换机上创建虚拟局域网（VLAN）来减小广播域的规模。

VLAN 通常融入到网络设计中，为组织网络提供支持。尽管 VLAN 主要用在交换式局域网中，但是现代的 VLAN 能够跨 MAN 和 WAN 实施。由于 VLAN 将网络分段，因此需要三层设备允许流量从一个网段路由到另一个网段，可以使用路由器或三层交换机来实现此路由过程和控制各网段（包括由 VLAN 创建的网段）之间的流量，从而扩大 LAN 的规模和覆盖范围。

1. VLAN 实现途径

建立 VLAN 的条件是交换机要有相应的 VLAN 管理及协议。交换式以太网中实现 VLAN 主要有 4 种途径，见表 3-10，其中基于端口的 VLAN 划分方法应用较为普遍。

表 3-10 实现 VLAN 的主要方式

划分方法	类型	优点	缺点	应用范围
基于端口的 VLAN	静态 VLAN	划分简单，性能好，大部分交换机支持，交换机负担小	手工设置较烦琐；用户变更端口时，必须重新定义	应用广泛
基于 MAC 的 VLAN	动态 VLAN	用户位置改变时不用重新配置，安全性好	所有用户都必须配置，交换机执行效率降低	一般
基于协议的 VLAN	动态 VLAN	管理方便，维护工作量小	交换机负担较重	应用较少
基于 IP 组播的 VLAN	动态 VLAN	可扩大到广域网，很容易通过路由器进行扩展	不适用于局域网，效率不高	应用较少

2. VLAN 的分类

网络中有很多和 VLAN 相关的术语：默认 VLAN、管理 VLAN、本征 VLAN、业务 VLAN 和语音 VLAN 等，这些术语是按照网络流量的类型和 VLAN 所执行的功能进行定义的。

（1）管理 VLAN：用于管理功能。一般交换机的管理 VLAN 默认为 VLAN 1，可以创建新的 VLAN 作为管理 VLAN，实现远程管理交换机、IOS 升级与备份、测试交换机之间链路是否正常。

（2）本征 VLAN：用于未标记的流量，可以在交换机的 Trunk 接口上对本征 VLAN 进行设置。交换机上并非所有的流量都需要标记，一些用于管理用途的流量是没办法打标签的（如 STP），默认的本征 VLAN 为 VLAN 1。在使用本征 VLAN 时，需要注意如果本征 VLAN 不一致，可能会引起流量乱窜，给网络设计带来问题。

（3）业务 VLAN：交换机上的终端都位于一个特定的 VLAN 中。

（4）语音 VLAN：用于标记语音流量的 VLAN。通常情况下，交换机的接口限制在一个 VLAN 中。如果交换机的接口被用于传输数据和语音，则该接口可同时被划分到业务 VLAN 和语音 VLAN 中。

3. 本地 VLAN 和端到端 VLAN

VLAN 流量可以在本地交换机或跨交换机传输，并终结于三层接口。在交换机上部署 VLAN 有两种方式：本地 VLAN 和端到端 VLAN。

（1）本地 VLAN。本地 VLAN 把 VLAN 的通信限制在一台交换机中，也就是把一台交换机的多个端口划分为几个 VLAN，如图 3-5 所示。

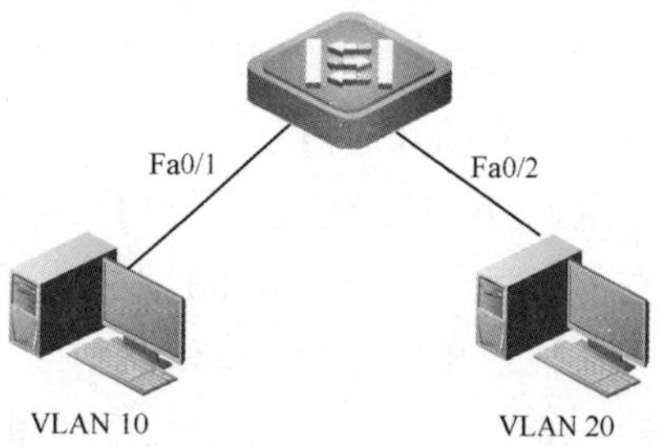

图 3-5 本地 VLAN

本地 VLAN 不进行 VLAN 的标记，交换机通过查看 VLAN 与端口的对应关系来区别不同 VLAN 的帧。在本地 VLAN 模型中，如果用户想访问到它们所需的资源，那么二层交换就需要在接入层来实施，而路由选择则需要在分布层和核心层实施。使用本地 VLAN 设计模型具有增强网络的可扩展性、隔离网络的故障域等优势。

（2）端到端 VLAN。在端到端 VLAN 模型中，各 VLAN 遍布整个网络的所有位置，网络中所有交换机都必须定义这些 VLAN，若其中的交换机上没有属于这些 VLAN 的活动端口，则 VLAN 的信息由中继链路（Trunk）来传输，如图 3-6 所示。在中继链路中，交换机要给某个 VLAN 的数据帧封装 VLAN 标识，并通过交换机或者路由器的快速以太网接口来传输。

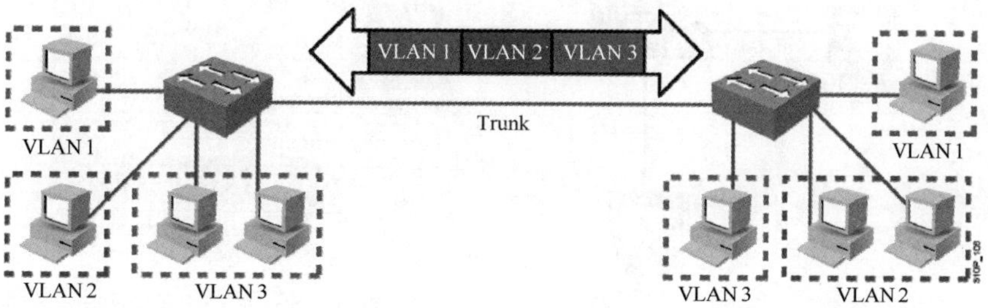

图 3-6 端到端 VLAN

4. VLAN 间的通信

没有三层设备的帮助，二层交换机无法在 VLAN 之间转发流量。VLAN 间的通信是使用三层设备将网络流量从一个 VLAN 转发至另一个 VLAN 的过程。

路由器实现 VLAN 间的路由

（1）用路由器实现 VLAN 间的路由。图 3-7 所示为用路由器实现 VLAN 间路由的模型。图 3-7 中，路由器 R1 分别使用 2 个以太网接口连接到交换机 S1 的 2 个不同 VLAN 的接口中，由路由器 R1 把 2 个 VLAN 连接起来，主机 PC1 和 PC2 的网关分别配置成路由器 R1 接口 G0/0 和 G0/1 的 IP 地址，这样可以实现 VLAN 间的路由。

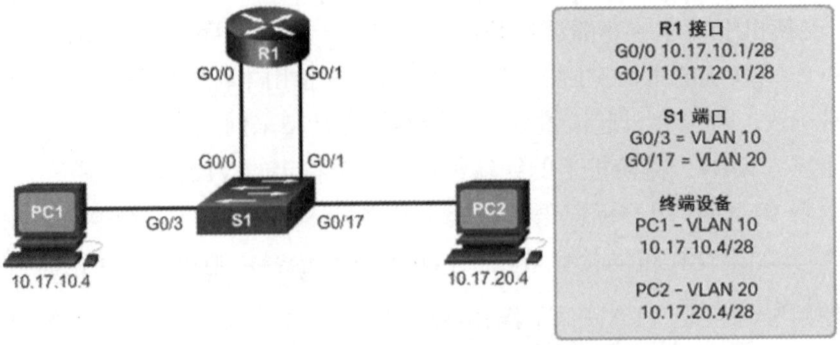

图 3-7 用路由器实现 VLAN 间路由的模型图

试一试

按图 3-7 规划的网络拓扑、VLAN 及 IP 地址，在路由器和交换机上配置，使 PC1 和 PC2 之间能相互通信。

单臂路由实现 VLAN 间的路由

（2）用 802.1Q 和子接口实现 VLAN 间的路由。为了避免物理端口和线缆的浪费，简化连接方式，可以使用 802.1Q 封装子接口，通过一条物理链路实现 VLAN 间的路由，这种方式被形象地称为“单臂路由”。交换机端口的链路类型有 Access 和 Trunk，其中 Access 链路仅允许一个 VLAN 的数据帧通过，而 Trunk 链路能够允许多个 VLAN 数据帧通过。单臂路由正是利用 Trunk 链路能够允许多个 VLAN 数据帧通过而实现的，如图 3-8 所示。从图 3-8 中可以看出，VLAN 间传递流量的设备正是路由器，在 Trunk 链路上，每个数据帧都会“穿越”两次：第一次是交换机将数据帧发送给路由器，第二次是路由器将数据帧返回至目的 VLAN。

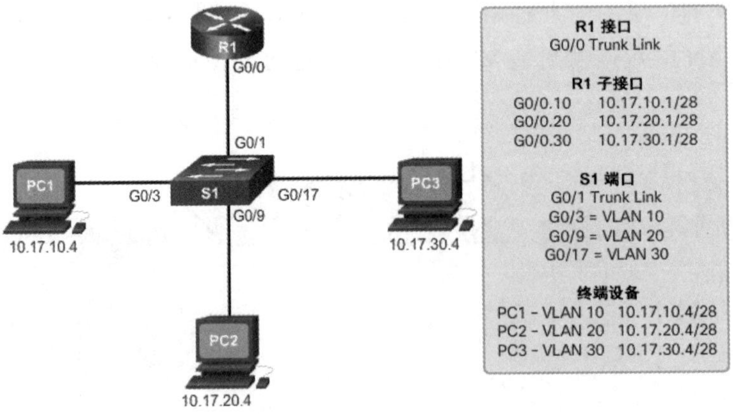

图 3-8 用 802.1Q 和子接口实现 VLAN 间路由的模型图

试一试

按图 3-8 规划的网络拓扑、VLAN 及 IP 地址，在路由器和交换机上配置，使 PC1、PC2 和 PC3 之间能相互通信。

物理接口和子接口都可以用于执行 VLAN 间的路由，但两者之间在端口限制、效率、使用端口属性、成本和复杂性等方面存在区别，见表 3-11。

表 3-11 交换机物理接口和子接口之间的区别

物理接口	子接口
每个 VLAN 占用一个物理接口	每个 VLAN 占用一个子接口
无带宽争用	存在带宽争用
连接到接入模式交换机端口	连接到中继模式交换机端口
成本高	成本低
连接配置较复杂	连接配置较简单

（3）使用 SVI 实现 VLAN 间的路由。采用“单臂路由”方式进行 VLAN 间的路由时，数据帧在 Trunk 链路上往返传输，从而产生了一定的转发延迟；同时，路由器是基于软件转发 IP 报文的，如果 VLAN 间路由数据量较大，就会消耗路由器大量的 CPU 和内存资源，从而降低转发性能。

SVI 实现 VLAN 间的路由

图 3-9 所示的网络拓扑图采用折叠核心层次结构，用户终端都处在单独的 VLAN 中，每个 VLAN 是一个独立的广播域，也是一个单独的子网。因此，通常将汇聚层交换机配置为每个接入交换机 VLAN 用户终端的网关。这意味着每个汇聚层交换机必须有匹配每个接入交换机上 VLAN 的 IP 地址，这可以通过使用交换机虚拟接口（SVI）或路由端口来实现。

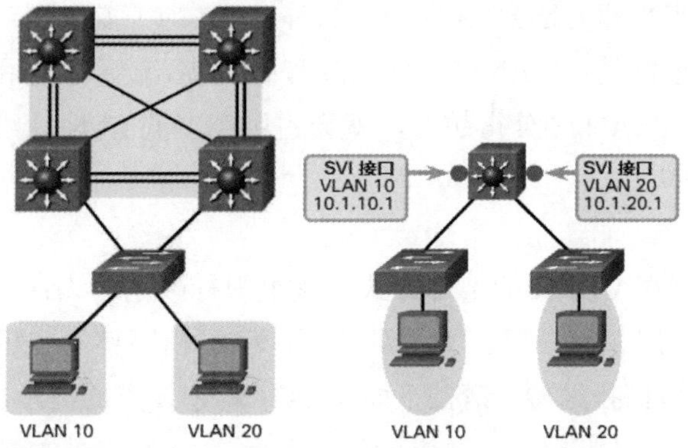

图 3-9 在三层交换机上使用 SVI 实现 VLAN 间的路由

SVI 接口是交换机上基于 VLAN 创建的逻辑三层接口，可以配置 IP 地址，如图 3-9 所示。三层交换机上 SVI 的操作（交换和路由）是基于硬件的，不需要外部链路，所以比单臂路由器要快很多，延迟非常低。

需要注意的是，在交换机上可以给 VLAN 接口配置 IP 地址，但在二层交换机和三层交换机上配置的 IP 地址的用途是有本质区别的：二层交换机上配置 VLAN 接口的 IP 地址，是用作该交换机的管理 IP 地址；在三层交换机上给 VLAN 接口配置 IP 地址，是作为该 VLAN 用户终端的网关。

想一想

如何创建 SVI 接口和删除 SVI 接口？归纳 SVI 有哪些用途。

5. VLAN 划分原则

一般情况下，在企业网络中推荐采用按“地理位置+部门类型+应用类型”三者结合的规划模式对 VLAN 进行划分，见表 3-12。同时，为实现对网络设备进行安全有效的管理，建议将网络设备的管理地址作为一个单独的 VLAN 进行规划。

表 3-12 VLAN 的划分依据

划分依据	举例
按业务类型划分	数据、语音、视频
按部门类型划分	工程部、市场部、财务部
按地理位置划分	总公司、北京分公司、重庆分公司
按应用类型划分	服务器、网络设备、办公室、教室

6. VLAN 规划建议

（1）不能将 VLAN 1 作为业务 VLAN、管理 VLAN、本征 VLAN 来使用。

（2）业务 VLAN ID 间保持间距，方便以后创建相近的 VLAN。

（3）为每一个 VLAN 规划 VLAN 描述符，增强可读性。

（4）每个 VLAN 内支持的终端数目不宜超过 64 个。

（5）不宜划分过多的 VLAN。

（6）在 Trunk 链路上做 VLAN 修剪，提高网络安全性和性能。

对于某些应用，VLAN 的数量可能超过 4096 个。例如，建设一个城域网，这个城域网可以为数百个企业提供互连，规划的 VLAN 数量就可能超过 4096 个，这种情况下可以使用 VLAN 二次封装技术（即 QinQ）来解决；另外，ISP 为了安全需要，为每一个端口划分一个 VLAN，会导致全网的 VLAN 数目不够用，这种情况下可使用私有 VLAN（Private VLAN）等技术解决；VLAN 划分得越多，就会占用越多的 IP 地址，这种情况下可以使用 Super VLAN 技术来解决。

7. VLAN 规划要点

某组织拟采用端到端 VLAN 的部署方式，该组织行政划分为：办公室、财务部和销售部，分布在楼内的第二层和第三层。为了满足不同楼层相同部门主机之间的通信需求，设计如图 3-10 所示的网络拓扑结构。请按下面 VLAN 规划要点的提示，完成 VLAN 的规划，并以表格的方式呈现。

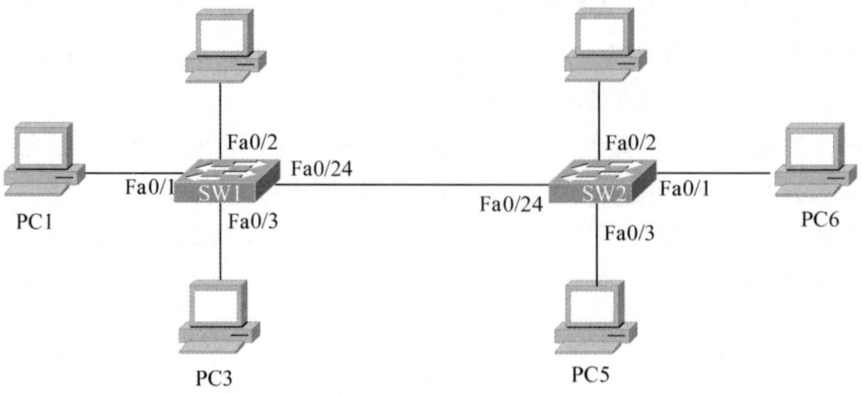

图 3-10 VLAN 规划拓扑结构

（1）确定在局域网中需要创建的 VLAN 个数，每个 VLAN 的 ID、名称、类型、对应的 IP 网络号。

（2）确定交换机的哪些端口为 Trunk，Trunk 封装协议是什么，Trunk 允许哪些 VLAN 数据帧通过，哪个 VLAN 作为 Trunk 上的本征 VLAN。

（3）确定交换机的哪些端口为接入端口，该接入端口指派给哪个 VLAN。

结合 VLAN 规划要点和网络拓扑图，得出 VLAN 规划的详细结果，见表 3-13。

表 3-13　VLAN 规划的详细结果

VLAN-ID	VLAN 名称	Access	Trunk	使用网段	网关地址	用途
10	bangong	Fa0/1	Fa0/24（只允许 VLAN 10、VLAN 20、VLAN 30、VLAN 99、VLAN 100 的流量通过）	192.168.10.0/24	192.168.10.1	办公室用户
20	caiwu	Fa0/2		192.168.20.0/24	192.168.20.1	财务部用户
30	xiaoshou	Fa0/3		192.168.30.0/24	192.168.30.1	销售部用户
100	Manage	—		172.16.100.0/24	172.16.100.1	设备管理
99	Native	—		—	—	

动手操练：VLAN 的部署与实践

VLAN 的部署与实践（微课）

VLAN 的部署方式可以采用本地或端到端的部署方式，三层交换机的 SVI 接口所配置的 IP 地址既可用于网关，也可用于设备的三层互连，因此 VLAN 的部署非常灵活，广泛用于企业园区网络中。

在如图 3-11 所示的网络拓扑图中，PC1 与 PC3 分别接入 AS-SW1 的 Fa0/10 接口，位于 VLAN 10 中；PC2 与 PC4 分别接入 AS-SW1 和 AS-SW2 的 Fa0/20 接口，位于 VLAN 20 中。

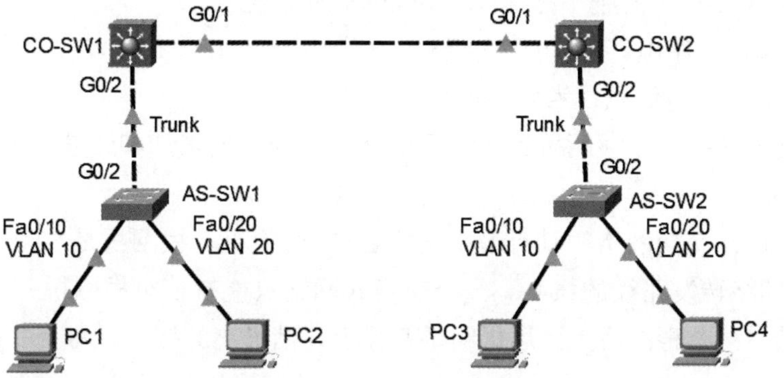

图 3-11　VLAN 部署方式

（1）如果采用本地 VLAN 部署方式。需要在 AS-SW1 和 CO-SW1、AS-SW2 和 CO-SW2 上分别创建 VLAN 10 和 VLAN 20，将 AS-SW1 和 CO-SW1、AS-SW2 和 CO-SW2 之间的链路设置为 Trunk，并在 CO-SW1 和 CO-SW2 上分别设置 SVI VLAN 10 和 SVI VLAN 20 接口的 IP 地址，作为 PC1、PC2、PC3 和 PC4 的网关，此时 PC1 和 PC2、PC3 和 PC4 之间便能相互通信。可以发现交换机 AS-SW1 上的 VLAN 流量终结于 CO-SW1，交换机 AS-SW2 上的 VLAN 流量终结于 CO-SW2。PC1 与 PC3、PC2 与 PC4 之间无论是在相同网段，还是在不同的网段都是不能通信的，原因就在于本地 VLAN 的流量终结于三层设备。

（2）将 CO-SW1 和 CO-SW2 的链路设置为 Trunk，可以解决 PC1 与 PC3、PC2 与 PC4 之间相同网段的通信问题，这种部署方式是典型的端到端 VLAN 部署方式。

（3）如果 PC1、PC3、PC2、PC4 在不同网段，那么它们之间的通信需要三层连通才能实现。具体操作是：在 CO-SW1 和 CO-SW2 上设置 SVI VLAN 10 和 SVI VLAN 20 接口的 IP 地址为 PC1、PC2、PC3 和 PC4 的网关地址，需要注意的是：在 AS-SW1 和 AS-SW2、CO-SW1 和 CO-SW2 上都创建了 VLAN 10 和 VLAN 20，但这些相同的 VLAN 没有必然联系，只是将其划分到不同的网段而已；然后分别在 CO-SW1 和 CO-SW2 上创建 SVI VLAN 30 接口并配置 IP 地址，作为三层设备 CO-SW1 和 CO-SW2 的互连接口；最后分别在 CO-SW1 和 CO-SW2 上配置路由。

3.2.4 STP 设计

STP 动画

在网络中，通常要设计冗余链路和冗余设备来避免单点故障引起的网络失效问题。但是，冗余链路的存在会使交换网络形成环路，导致网络广播风暴和 MAC 地址学习错误等严重问题。

交换网络环境中的二层交换机能够根据 MAC 地址表转发数据帧，但它没有记录任何关于该数据帧的转发记录，因而无法依靠自身来解决冗余链路带来的环路问题，必须使用生成树协议（STP）来解决。STP 是一个二层链路管理协议，具有链路备份功能。启用了 STP 的交换机通过有选择地堵塞冗余链路，生成无环路的拓扑（通过定义根桥、根端口、指定端口、路径开销等一系列操作来实现），以达到消除网络二层环路的目的。

生成树协议包括最初在 IEEE 802.1d 中定义的 STP、IEEE 802.1w 中定义的能快速收敛的 RSTP 和 IEEE 802.1s 中定义的能适应多 VLAN 复杂环境的 MSTP 等。

1. STP 基本术语

（1）网桥 ID（8 字节）=网桥优先级（2 字节）+网桥 MAC（6 字节），默认优先级为 32768，值为 0～65535；值越小越优先，为 4096 的倍数。

（2）端口 ID（2 字节）=端口优先级（1 字节）+端口 ID（1 字节），默认优先级为 128，值为 0～255；值越小越优先，为 8 的倍数。

（3）根路径开销：非根网桥到达根网桥路径上开销的累加和。其值越小优先级越高，与带宽大小有关。

（4）根网桥：交换网络中具有最小网桥 ID 的交换机。根网桥是 STP 选举的参考点，以及所形成无环路转发路径的核心。一个交换式网络只能有一个根网桥。

（5）根端口：非根网桥上到达根网桥路径上开销最小的接口。每个非根网桥只有一个根端口。

（6）路径开销：路径开销用来衡量网桥之间的距离，以网桥之间的接口链路带宽为参考依据，见表 3-14。

表 3-14 常见路径开销

链路带宽	成本（修订前）	成本（修订后）
10Gbit/s	1	2
1000Mbit/s	1	4
100Mbit/s	10	19
10Mbit/s	100	100

（7）指定端口：每个交换网段中具有最小根路径开销的端口。每个网段只有一个指定端口。

2. STP 的工作过程

（1）交换 BPDU。为了描述方便，本节中术语“网桥”与“交换机”不作区分。在 STP 网络中，交换机之间必须进行一些信息交流，这些信息交流单元称为 BPDU，是一种二层报文，目的 MAC 地址是多播地址 0180.c200.0000，所有支持 STP 的交换机都会收到 BPDU 并对它进行处理，BPDU 的报文类型有以下两种。

STP 的工作过程动画

1）配置 BPDU，根网桥用于计算生成树和维护生成树拓扑的报文。

2）拓扑变更告知（TCN）BPDU，用于通知网络拓扑的变更。

初始化时，每台交换机生成以自己为根网桥的配置 BPDU，如图 3-12 所示。网络收敛后，每个参与 STP 的交换机每隔 2s 在自己的每个端口发送一次 BPDU，根交换机向外发送配置 BPDU，其他的交换机对该配置 BPDU 进行转发。配置 BPDU 包含用于控制交换机上 STP 操作的相关参数，如图 3-13 所示。

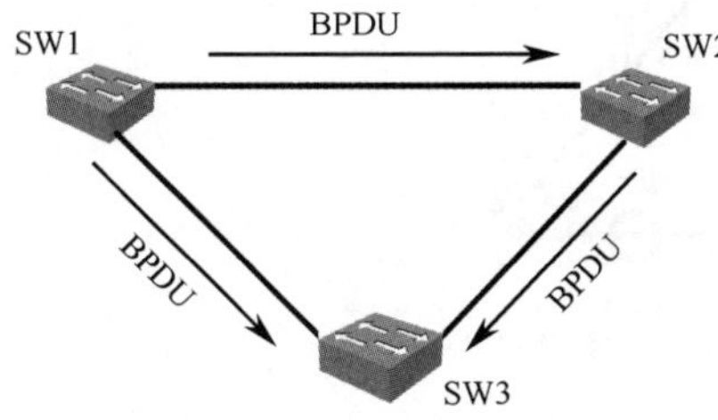

图 3-12　配置 BPDU

项目	字节
协议ID	2
版本号	1
报文类型	1
标记域	1
根网桥ID	8
根路径成本	4
发送网桥ID	8
端口ID	2
报文老化时间	2
最大老化时间	2
Hello 时间	2
转发延迟	2

图 3-13　配置 BPDU 包含的相关参数

（2）选举根网桥。根网桥是 STP 的核心，它的所有端口都转发数据，判断根网桥就是通过 BPDU 来完成的，依据其中的网桥 ID 参数，如果网桥 ID 值最小，就被选择为根网桥，如图 3-14 所示。为了便于作为公共参考点，根网桥应位于二层网络的中央。通常，选用汇聚层交换机或者靠近服务器的交换机作为根网桥，这样 STP 工作的效率会更高。

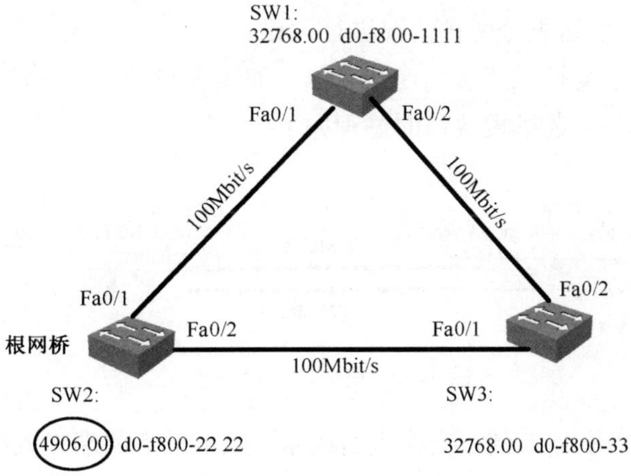

图 3-14　根网桥选举

想一想

STP 执行自动选举根网桥后，可能导致劣质的交换机成为根交换机，严重影响整个交换网络的性能。在如图 3-15 所示的网络拓扑结构中，如果要让性能较好的 SW2 成为根交换机，该如何实现？

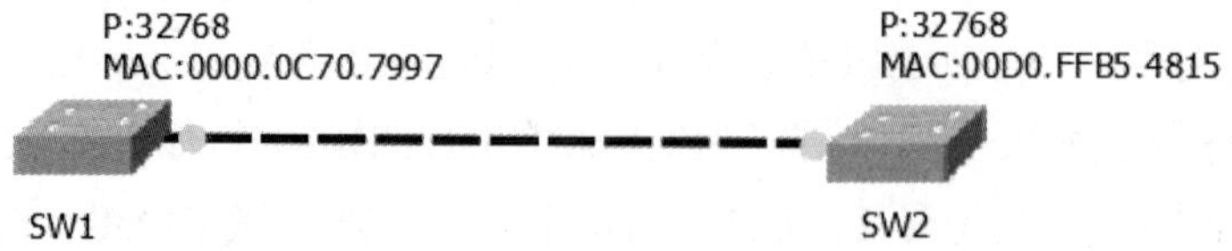

图 3-15　根交换机选举操作

（3）选举根端口。根网桥被选举出来后，需要在非根网桥上选举出一个根端口，根端口通常处于转发状态。根端口的选择顺序依次是：根路径成本最小，发送网桥 ID 最小，发送端口 ID 最小，接收端口 ID 最小。根端口的选举过程如图 3-16 所示。

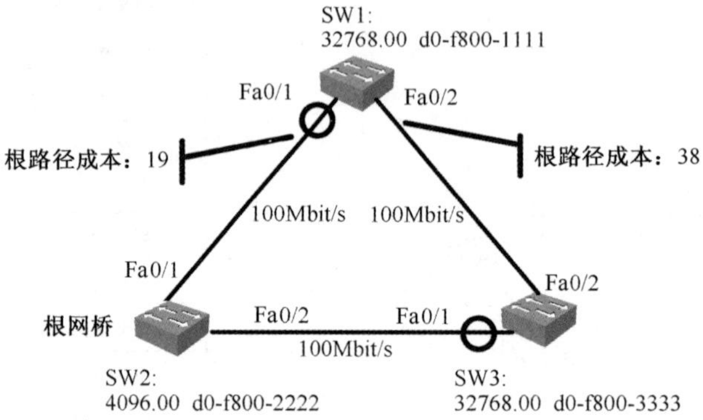

图 3-16　根端口选举

练一练

根端口选举实例分析

选举根端口时可能会出现平局现象，因此要制定打破平局的规则，才能最终选出根端口。需要注意的是，非根交换机可能不止一个，非根交换机可能与根交换机直接相连，也有可能不直接相连，所以这里分两种情况进行讨论。

1）非根交换机与根交换机直接相连的情况。如图 3-17 所示，SW1 是根交换机，SW2 是非根交换机。在 SW2 上选举根端口的过程如下。

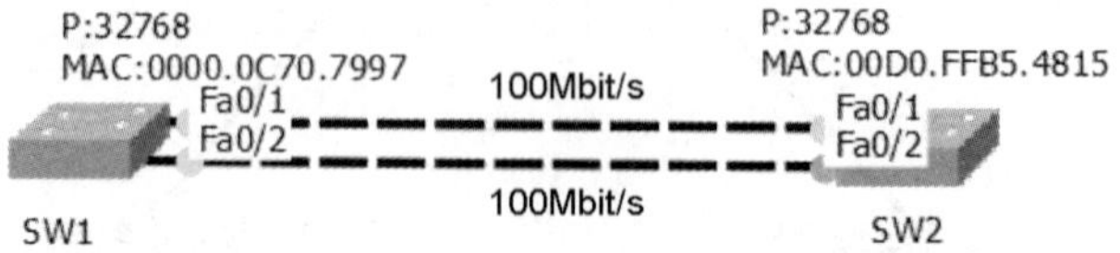

图 3-17　根端口选举操作

a．比较非根交换机上端口到根交换机的成本，成本最小的端口就成为根端口。相当于比较链路带宽，链路带宽相同，就会出现平局，这里成本均为 19。

b. 在根交换机上比较和非根交换机相连的端口的优先级，默认为 128，取值范围是 0～255，为 8 的倍数，与根交换机上值最小的端口相连的非根交换机的端口，就成为根端口，如果根交换机上的端口优先级一样，就成为平局，这里端口优先级均为 128。

c. 比较根交换机上端口 ID 的大小。端口 ID 越小就越优先，与根交换机上端口 ID 最小的端口相连的非根交换机的端口，就成为根端口，这时不会出现平局现象，毕竟交换机上的端口 ID 不可能相同，选举结果为 SW2 的 Fa0/1 成为根端口。

请进一步思考，如果要使 SW2 的 Fa0/2 端口成为根端口，如何操作？

2）非根交换机与根交换机不直接相连的情况。如图 3-18 所示，SW2 是根交换机，非根交换机是 SW1、SW3 和 SW4。非根交换机 SW1 和 SW4 与根交换机 SW2 直连时，据前面的步骤确定非根交换机 SW1 上的根端口是 Fa0/1，非根交换机 SW4 上的根端口是 Fa0/2。非根交换机 SW3 与根交换机不直接相连，其上根端口的确定可以采用如下步骤。

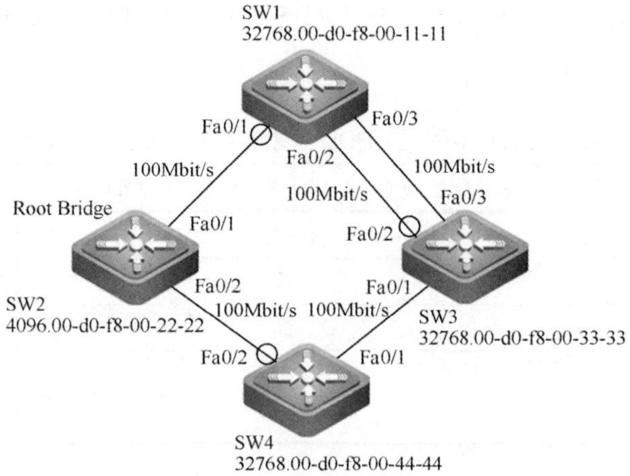

图 3-18 根端口选举操作

a. 在 SW3 上比较到达根交换机 SW1 链路的成本。一条链路是 SW3→SW1→SW2，其 Cost 为 19+19；另外一条链路是 SW3→SW4→SW2，其成本为 19+19，出现平局。

b. 比较与其相邻交换机的网桥 ID，显然 SW1 的网桥 ID 小于 SW4 的网桥 ID，SW3 上的根端口产生在与 SW1 相连的端口上。但 SW1 和 SW3 之间存在冗余链路，按照前面的规则，可以确定出 SW3 上的根端口是 Fa0/2。

（4）选举指定端口。每个网段中选取一个指定端口，用于向根交换机发送流量和从根交换机接收流量。指定端口的选举顺序依次是：根路径成本最小，所在交换机的网桥 ID 最小，端口 ID 最小。指定端口的选举过程如图 3-19 所示。

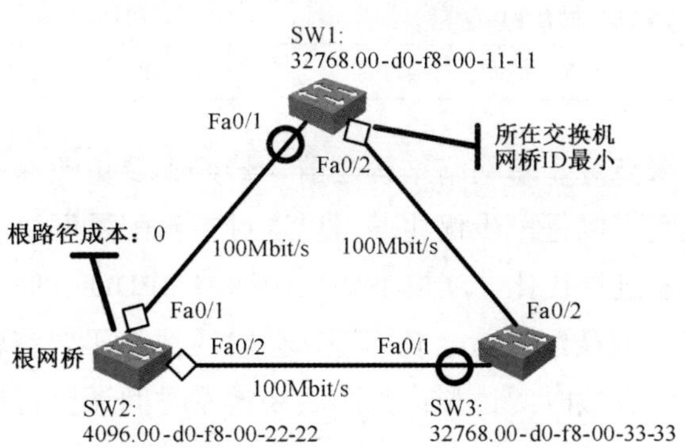

图 3-19 指定端口选举

在根交换机 SW2 与非根交换机 SW1 和 SW3 直接相连的链路中，显然根交换机 SW2 上的端口到其自身的成本为 0（最小），故根交换机 SW2 上连接非根交换机的端口 Fa0/1 和 Fa0/2 是指定端口。在与根交换机非直接相连的链路中，如 SW1 和 SW3 之间形成的链路中，因根路径成本相同。因此比较网桥 ID，值越小越优先。从图 3-19 中可以看出，SW1 的网桥 ID 相对较小，其与非根交换机 SW3 相连的端口即为指定端口。

（5）选举阻塞端口。交换机上既不是根端口，也不是指定端口的端口，为阻塞端口。如图 3-19 中，非根交换机 SW3 上与 SW1 相连的端口 Fa0/2 既不是根端口，也不是指定端口，即为阻塞端口。

3. STP 端口状态

STP 定义了 5 种端口状态：Disabled、Blocking、Listening、Learning 和 Forwarding。其中，Listening 和 Learning 状态为中间状态，为避免在临时环路中，端口处于中间状态时，端口不能接收和发送数据。STP 各端口状态对配置 BPDU 收发、MAC 地址学习及数据的收发处理不同，见表 3-15。

表 3-15　STP 各端口状态对配置 BPDU 收发、MAC 地址学习及数据的收发处理

STP 端口状态	是否发动配置 BPDU	是否进行 MAC 地址学习	是否收发数据
Disabled	否	否	否
Blocking	否	否	否
Listening	是	否	否
Learning	是	是	否
Forwarding	是	是	否

4. STP 的计时器

STP 网络收敛是一种重要的网络操作，指当网络拓扑改变时（如某个交换机失效），交换机重新计算 STP 的过程。STP 选举完成后，网络不可能总是稳定的，有可能某个交换机失效了，这时它就不会每隔 2s 发送 BPDU 信息了，其相邻的交换机检测到这一点时，STP 开始重新计算过程。在这个过程内，交换机就会经历重新计算 STP 的过程，在收敛过程中，交换机是不能转发数据的，因此时间就变得重要起来。表 3-16 为 STP 的 3 个重要计时器。

表 3-16　STP 的计时器

计时器	功能	默认时间
Hello	发送 BPDU 的时间间隔	2s
Max Age	BPDU 的存储时间	20s
Forward Delay	监听和学习状态的持续时间	30s（其中监听 15s，学习 15s）

需要注意的是，在未充分了解网络结构之前，最好不要更改这些计时器。如果网络管理员认为网络的收敛时间可以进一步优化，可以通过重新配置网络直径来自动调整转发延迟和最大老化时间计时器进行优化，建议不要直接调整 BPDU 计时器。当某个交换网络的直径超过 7 台交换机时，默认配置就会有问题，此时应注意不要将转发延迟时间调整得过长，否则会导致生成树的收敛时间过长；也不要将转发时间调整得过短，否则在拓扑变更的时候会引入短暂的环路。

动手操练：STP 的部署与实践

STP 的部署与实践（微课）

（1）STP 的规划。

1）确定网络中是否存在冗余链路。

2）确定交换网络直径不超过 7。

3）确定性能好的交换机为根交换机。

4）确定 STP 配置版本。

5）确定冗余链路的工作方式是主备还是负载均衡。

6）根据网络需求调整 STP 参数。

（2）搭建网络拓扑图。搭建如图 3-20 所示的网络拓扑图。

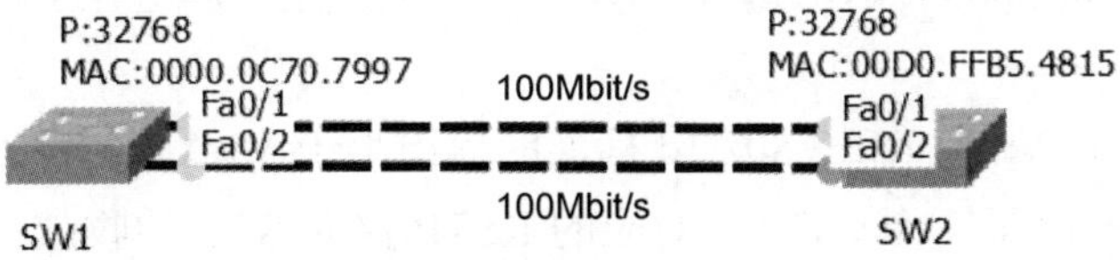

图 3-20　STP 部署与实践

思科设备默认会开启 STP，故收敛后会解除环路，所有端口处于转发状态或阻塞状态，可以执行 show spanning-tree 命令查看端口状态。以上过程属于 STP 的自动选举过程，带来的问题是劣质交换机可能成为根交换机，如 SW1 可能就是劣质交换机。那么如何让性能较好的 SW2 交换机成为根交换机呢？

（3）基本要求。在 SW1 和 SW2 上划分 2 个 VLAN：VLAN 10 和 VLAN 20。现规划冗余链路工作在负载均衡方式，VLAN 10 业务流量通过 SW1(Fa0/1)→SW2(Fa0/1)链路传输，VLAN 20 业务流量通过 SW1(Fa0/2)→SW2(Fa0/2)链路传输。

（4）实现思路。要实现非根交换机上的流量转发至根交换机，非根交换机上的端口必须处于转发状态。就本任务而言，非根交换机 SW1 上的两个端口都应成为根端口才可行。但在默认配置下，因为要解除环路，所以非根交换机 SW1 上的两个端口其中之一处于阻塞状态，也就是工作在主备方式，并可实现自动切换。如果要让 SW1(Fa0/1)→SW2(Fa0/1)成为主链路，可以在接口配置模式下执行 spanning-tree cost 命令指定成本低于 19。注意，修改成本是在非根交换机上操作的。

本任务需要冗余链路工作在负载均衡方式，故采用上述方法不可行。考虑到端口优先级也可以改变端口的转发状态，并且可以基于不同的业务流量来进行调整。根据任务要求，在根交换机 SW2 的 Fa0/1 接口配置模式下，指定 VLAN 10 流量的端口优先级为 0，VLAN 20 流量端口优先级使用默认值 128；在 Fa0/2 接口配置模式下，指定 VLAN 20 流量的端口优先级为 0，VLAN 10 流量端口优先级使用默认值 128。这样操作后，非根交换机 SW1 的 Fa0/1 就成为 VLAN 10 的转发端口，对 VLAN 20 是阻塞的；非根交换机 SW1 的 Fa0/2 就成为 VLAN 20 的转发端口，对 VLAN 10 是阻塞的，这样就实现冗余链路上不同 VLAN 流量的负载均衡。

（5）配置结果验证。配置完成后，在根交换机上执行 show spanning-tree 命令，在非根交换机上执行 show spanning-tree interface fastEthernet 0/1 和 show spanning-tree interface fastEthernet 0/2 命令，对输出结果进行验证分析。

想一想

本例中，为什么调整端口的优先级要在根交换机上操作？在非根交换机上操作是否可行？

5. RSTP 的引入

当网络拓扑发生变化时，STP 可以消除二层网络中的环路并为网络提供冗余性，但在网络临时失去连通性并没有作任何处理时，网络需要经过 2 倍的转发延迟才能恢复连通性，相对于三层协议 OSPF 或 VRRP 秒级的收敛速度，STP 的延迟无疑成为影响网络性能的一个瓶颈。为解决 STP 收敛速度慢的问题，IEEE 在 STP 的基础上进行了改进，推出了 RSTP，其 IEEE 标准为 802.1w。RSTP 消除环路的基本思想和 STP 保持一致，具备 STP 的所有功能，支持 RSTP 的网桥和 STP 的网桥一同运行。

6. MSTP 的引入

MSTP 动画

（1）STP/RSTP 的缺陷。IEEE 802.1d 标准的提出早于 VLAN 的标准 802.1Q，因此 STP 中没有考虑 VLAN 的因素。而 802.1w 对应的 RSTP 仅对 STP 的收敛机制进行了改进，和 STP 一样同属于单生成树协议，在计算 STP/RSTP 时，网桥上所有的 VLAN 都共享一棵生成树，无法实现不同 VLAN 在多条 Trunk 链路上的负载分担，造成带宽的极大浪费，如图 3-21 所示。

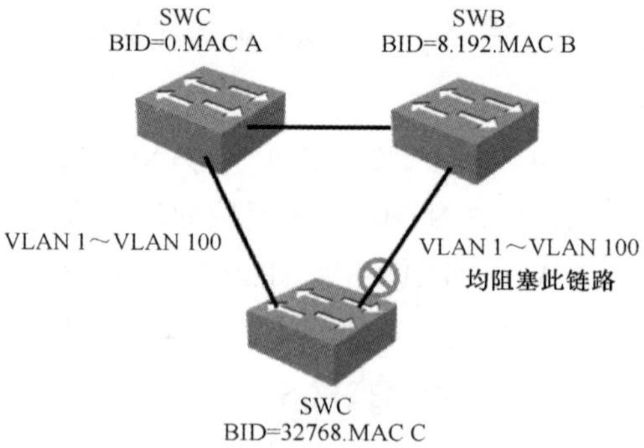

图 3-21　STP/RSTP 的缺陷

（2）MSTP 的基本思想。上述缺陷是生成树协议自身无法克服的，如果要实现 VLAN 间的负载分担，就需要使用 MSTP。MSTP 在 IEEE 802.1s 标准中定义，它既可以实现快速收敛，又可以弥补 STP 和 RSTP 的缺陷。MSTP 基于实例计算出多棵生成树，每一个实例可以包含一个或多个 VLAN，每一个 VLAN 只能映射到一个实例。网桥通过配置多个实例，可以实现不同 VLAN 之间的负载分担，如图 3-22 所示。

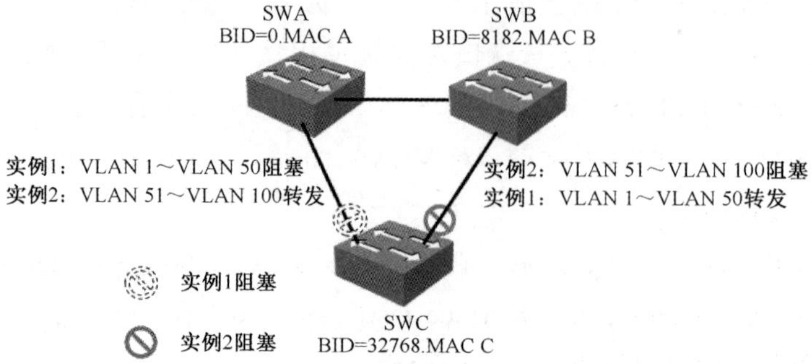

图 3-22　MSTP 实现负载分担

（3）MSTP 的基本概念。如图 3-23 所示，为了确保 VLAN 到实例的一致性映射，协议必须能够准确地识别区域的边界，交换机需要发送 VLAN 到实例的映射摘要，还要发送配置版本号和名称。

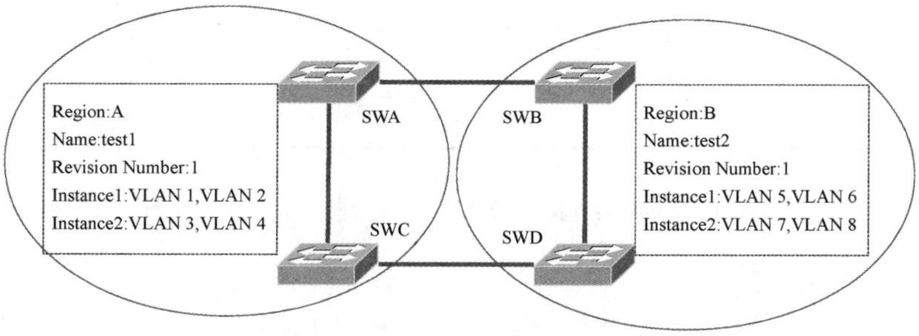

图 3-23　MSTP 区域

1）具有相同的 MST 实例映射规则和配置的交换机属于一个 MST 区域，属于同一个 MST 区域的交换机的以下配置必须相同。

2）MST 配置名称（Name）：用 32B 的字符串来标识 MST 区域的名称。

3）MST 修正号（Revision Number）：用 16B 的修正值来标志 MST 区域的修正号。

4）VLAN 到 MST 实例的映射：在每台交换机里，最多可以创建 64 个 MST 实例，编号为 1～64，实例 0 是强制存在的。在交换机上可以通过配置将 VLAN 和不同的实例进行映射，没有被映射到 MST 实例的 VLAN 默认属于实例 0。实际上，在配置映射关系之前，交换机上所有的 VLAN 都属于实例 0。

动手操练：MSTP 的部署与实践

MSTP 的部署与实践（微课）

（1）MSTP 的规划。

1）确定所选择的生成树模式为 MSTP。

2）根据网络需求确定是否需要划分 MST 区域，并确定每个 MST 区域的名称、修正号以及 VLAN 与生成树实例的映射关系。

3）确定每个生成树实例使用哪台交换机作为生成树实例的根网桥。

（2）网络拓扑结构。如图 3-24 所示，实现接入层交换机 AS1 上 VLAN 流量的均衡转发，其中 VLAN 10 和 VLAN 20 的流量走交换机 AS1 和 DS1 之间的链路，VLAN 30 和 VLAN 40 的流量走 AS1 与 DS2 之间的链路。MSTP 具体规划结果见表 3-17。

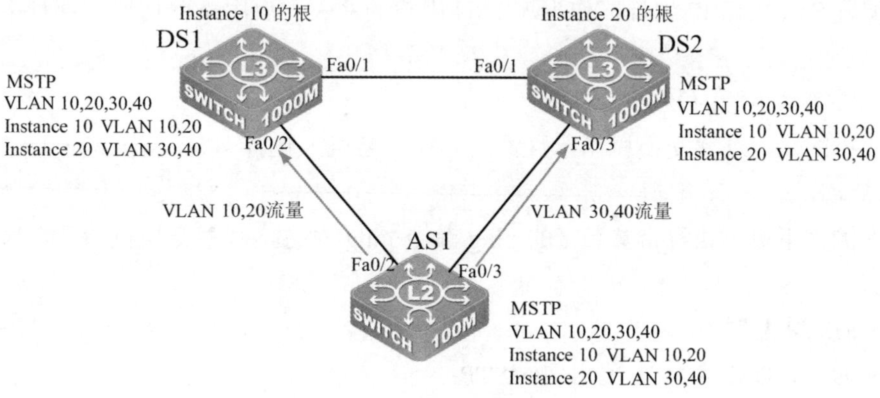

图 3-24　MSTP 规划拓扑图

表 3-17 MSTP 规划结果

MST 区域名	版本号	修订号	生成树实例	映射到实例的 VLAN	生成树实例的根网桥/优先级	生成树实例的次根网桥/优先级
			10	VLAN 10	DS1/4096	DS2/8192
				VLAN 20		
			20	VLAN 30	DS2/4096	DS1/8192
				VLAN 40		

（3）IP 地址及 VLAN 规划。结合 MSTP 的规划，最终的 IP 地址和 VLAN 规划如图 3-25 所示。

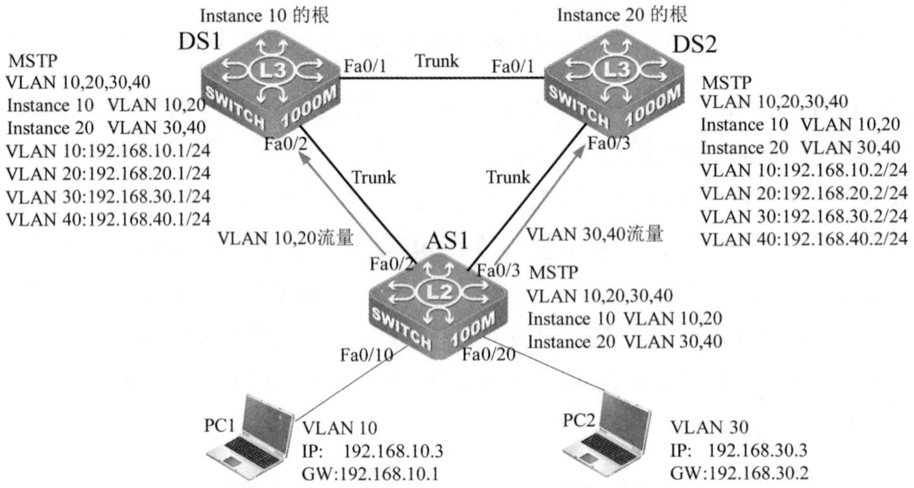

图 3-25 VLAN 及 IP 地址规划拓扑图

（4）配置前的准备工作。因 Packet Tracer 7.3 不支持 MSTP 特性的配置，本案例在实施的时候需使用思科或锐捷的网络设备：

1）准备足够数量的交叉线、直连线、配置线。

2）准备超级终端软件（操作系统上没有安装，需在网上下载，并能登录设备）。

3）清空设备原有配置，避免已有配置对本次配置的影响。

（5）基本配置。

1）按拓扑图为各交换机命名。

2）创建 VLAN，将端口划分至对应 VLAN，设置交换机之间的链路类型为 Trunk。

3）配置 SVI 接口 IP 地址，作为 VLAN 用户的网关，启用路由功能，查看路由表是否正常。

4）配置测试主机的 IP 通信参数。

5）连接网线，观察交换机指示灯情况。在交换机上执行 show spanning-tree 命令查看 STP 是否启用。

6）在测试主机上执行带参数 t 的 ping 命令 ping 对方，观察交换机指示灯情况，得出什么结论？

（6）MSTP 配置。

1）在 DS1、DS2 和 AS1 上启用 MSTP：

```
spanning-tree enable
```

```
spanning-tree mode mstp
spanning-tree mst configuration
instance 10 vlan 10,20
instance 20 vlan 30,40
```

2）配置 DS1 为实例 10 的根交换机：

```
span mst 10 priority 4096
span mst 20 priority 8192
```

3）配置 DS2 为实例 20 的根交换机：

```
span mst 10 priority 8192
span mst 20 priority 4096
```

（7）MSTP 配置结果分析。

1）在 DS1 和 DS2 上执行 show spanning-tree 命令查看实例 10 和实例 20 的根交换机分别是哪一个。

2）在 DS1、DS2 和 AS1 上执行 show spanning-tree 命令查看为转发状态的端口有哪些。

3）分析从 PC1 上发出的数据到达 PC2 经过的路径是什么。当 AS1 与 DS2 之间的链路断掉后，PC1 还能 ping 通 PC2 吗？此时如果要 PC1 还能 ping 通 PC2，该怎么处理？

4）以上在进行 MSTP 配置的时候，为什么没有对其名称、版本号、修正号进行配置？

3.2.5　链路聚合设计

在 STP 网络中，不管使用多少条链路将交换机级联，最终得到的带宽都将是一条链路的带宽。如果希望多条级联链路的带宽能够累加，那么可以使用链路聚合技术来实现。链路聚合的主要功能是将两个交换机的多条链路捆绑形成逻辑链路，而其逻辑链路的带宽就是所有物理链路带宽之和，如图 3-26 所示。使用链路聚合后，当其中的一条链路发生故障时，网络仍然能够正常运行，并且当发生故障的链路恢复后能够重新加入到链路聚合中；链路聚合还能在各端口上运行流量均衡算法，起到负载分担的作用，解决交换网络中因带宽不足引起的网络瓶颈问题。

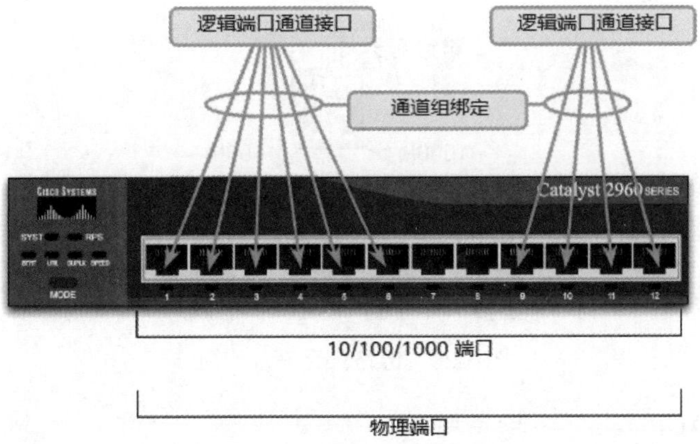

图 3-26　链路聚合操作

1. STP 与链路聚合是否冲突

在网络中同时使用 STP 与链路聚合技术时不会产生任何冲突，当将多条物理链路捆绑形成一条逻辑链路后，STP 就认为这是一条链路，也就不会产生环路，因此不能阻断链路聚合中的任何一个物理接口。

2. 链路聚合技术

链路聚合是链路带宽扩展的一个重要途径，符合 802.3ad 标准。它可以把多个端口的带宽叠加起来，如全双工快速以太网端口形成的逻辑链路带宽可以达到 800Mbit/s，吉比特以太网接口形成的逻辑链路带宽可以达到 8Gbit/s。

当链路聚合中的一条成员链路断开时，系统会将该链路的流量分配到链路聚合中的其他有效链路上，系统还可以发送 Trap 来告警链路的断开。链路聚合中一条链路收到的广播或多播报文，不会转发到其他链路，因此，尽管链路聚合也存在冗余链路，但它不会引起广播风暴。图 3-27 为典型的链路聚合配置。

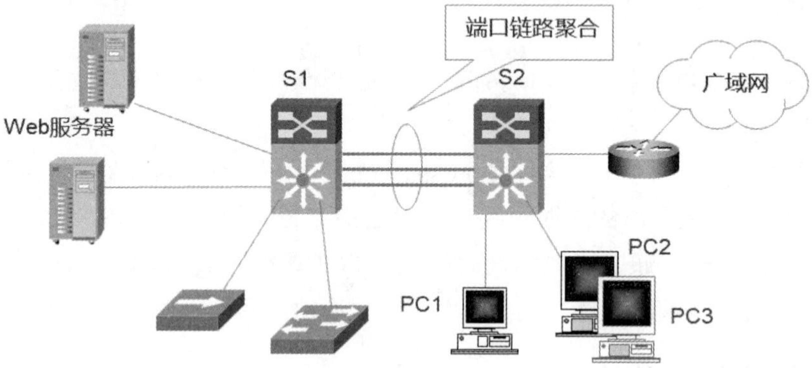

图 3-27 典型的链路聚合配置

3. 流量平衡

链路聚合还可以根据报文的 MAC 地址或 IP 地址进行流量平衡，即把流量平均地分配到聚合端口的成员链路中。如图 3-28 所示的网络拓扑中，如果不使用链路聚合，汇聚交换机和核心层交换机之间就会出现带宽瓶颈问题，使用链路聚合后，不但可以解决这一问题，还可以实现链路的流量平衡，提高链路的利用率。

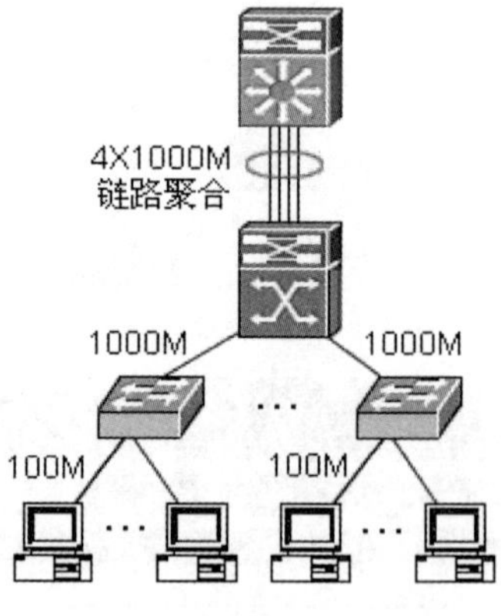

图 3-28 链路聚合流量均衡

4. PAgP 和 LACP

PAgP（Port Aggregation Protocol，端口聚集协议）和 LACP（Link Aggregation Control Protocol，链路聚集控制协议）都是用于动态创建链路聚合的。不同的是，PAgP 是思科专有协议，而 LACP 是 IEEE 802.3ad 定义的国际标准协议。

无论是 PAgP 还是 LACP，都是通过在交换机的级联接口之间互相发送数据包来协商创建链路聚合的。交换机接口收到对方要求建立 PAgP 或者 LACP 的数据后，如果允许，交换机会动态地将物理端口捆绑形成链路聚合。

5. 链路聚合方式

如果将链路聚合设置为 On 或者 Off 模式，则不使用动态协商的 PAgP 或 LACP，而是手工配置链路聚合；如果将模式设置为 Auto 或 Desirable，则使用 PAgP；如果将模式设置为 Passive 或 Active，则使用 LACP，如图 3-29 所示。

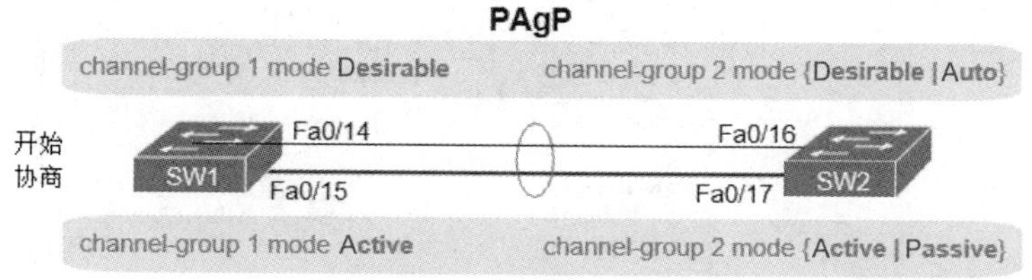

图 3-29　链路聚合的组合配置

6. 链路聚合应用

下面分别针对第二层接口（无 Trunk）、第二层接口（有 Trunk）和第三层接口的情况介绍链路聚合的使用。

（1）第二层接口（无 Trunk）。当希望交换机的级联接口作为普通的二层接口使用，而不希望有 Trunk 流量时，则可以使用第二层的链路聚合。采用这种方式的链路聚合，应该首先将交换机的成员接口设置为第二层模式。

（2）第二层接口（有 Trunk）。当希望交换机的级联接口作为二层链路聚合，并且能够运行 Trunk 时，则可以使用带 Trunk 的第二层链路聚合来实现。采用这种方式的链路聚合，应首先将交换机的接口设置为第二层模式，并且配置好 Trunk，然后配置链路聚合。

（3）第三层接口。当希望交换机之间能够通过第三层接口相连时，即像两个路由器通过以太网接口相连一样，可使用链路聚合来提高访问速度。

动手操练：链路聚合的部署与实践

链路聚合的部署与实践（微课）

（1）链路聚合规划要点。

1）确定链路聚合交换机有哪些成员端口。

2）根据网络需求确定链路聚合是二层还是三层链路聚合。

3）根据需求确定采用手工方式还是动态聚合方式。

4）如果是动态聚合方式，首先确定均是思科设备还是思科设备与非思科设备互连，依次确定使用的动态聚合协议，并确定相应的模式。

（2）链路聚合案例。本案例在“MSTP 的部署与实践”基础上，进行链路聚合的规划与配置工作。如图 3-30 所示的网络拓扑结构中，由于 DS1 与 DS2 之间的链路需要承载大量的流量，如果购买千兆或者万兆交换机来提高端口速率，则这种方法成本太高，不符合企业实际需求，因此使用链路聚合方式，具体规划结果见表 3-18。

表 3-18　链路聚合规划结果

设备名	以太网通道端口	以太网通道链路类型	包含的物理端口	使用的管理协议	工作模式
DS1	aggregateport　1	Trunk	Fa0/1，Fa0/5	LACP	Active
DS2	aggregateport　1	Trunk	Fa0/1，Fa0/5	LACP	Active

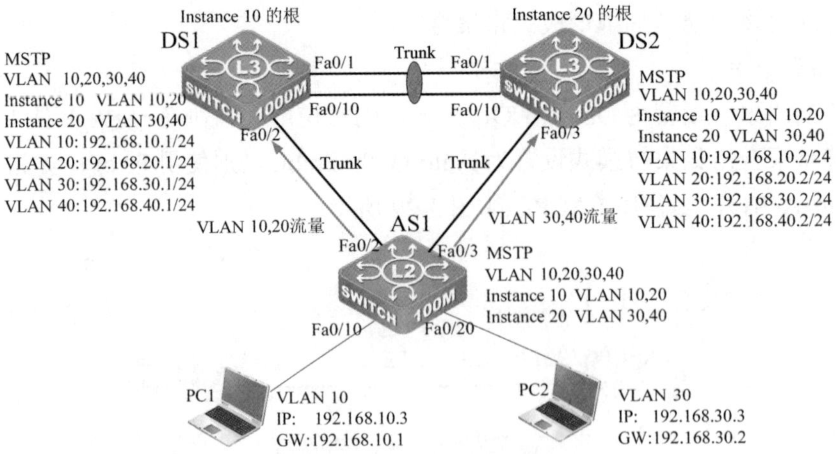

图 3-30 链路聚合规划拓扑

（3）链路聚合配置。在 DS1 和 DS2 上配置二层接口（有 Trunk）链路聚合的步骤是完全相同的，这里只给出在 DS1 上的完整配置命令：

```
DS1 (config)#interface port-channel 1  //创建通道逻辑端口，并进入通道逻辑端口子接口模式，进行相关参数的配置
DS1(config-if-range)#switchport trunk encapsulation dot1q  //封装 802.1Q
DS1(config-if-range)#switchport mode trunk  //设置为 Trunk
DS1(config)# interface range Fa0/1,Fa0/10  //进入到组端口子模式
DS1(config-if-range)#switchport trunk encapsulation dot1q  //封装 802.1Q
DS1(config-if-range)#switchport mode trunk  //设置为 Trunk
DS1(config-if-range)#channel-protocol  lacp  //指定建立的动态聚合协议
DS1(config-if-range)#channel-group 1 mode active  //把交换机的物理接口添加到通道组中，并设置通道协商模式
```

（4）配置结果验证。在 DS2 上完成同样的配置后，可以执行 show etherchannel summary 命令查看所建链路聚合的配置信息，如聚合组号、协商模式、协商协议、聚合的物理端口及链路的工作状态等信息。

3.2.6 冗余网关设计

一般情况下，终端上只配置单个默认网关，此网关在网络拓扑发生变化时不会改变。如果默认网关无法连接，本地设备无法从本地网段向其他网段发送数据包，即使有用作该网段默认网关的冗余路由器，也没有动态更新的方法让这些设备能够获取新的默认网关，如图 3-31 所示。图 3-31 中，当 R1 宕机后，虽然 R2 也可以作为 PC1 的网关设备，但需要手动设置默认网关，这极大地影响了用户使用网络的体验效果。

在双核心的层次化网络结构中，为了减少作为网关的路由器（或三层交换机）出现故障导致用户无法访问网络服务的情况，可考虑使用冗余网关技术。常用的冗余网关协议包括虚拟路由冗余协议（VRRP）、热备份路由协议（HSRP）和网关负载均衡协议（GLBP）。限于篇幅，本书只讨论 VRRP。

1. VRRP 简介

VRRP 是一种容错协议，在提高可靠性的同时，简化了主机的配置。VRRP 报文通过指定的组播地址 224.0.0.18 进行发送。VRRP 通过交互报文的方法将多台物理路由器模拟成一台虚拟路由器，网络上的主机与虚拟路由器进行通信，一旦 VRRP 组中的某台物理路由器失效，则其他路由器将自动接替其工作，如图 3-32 所示。

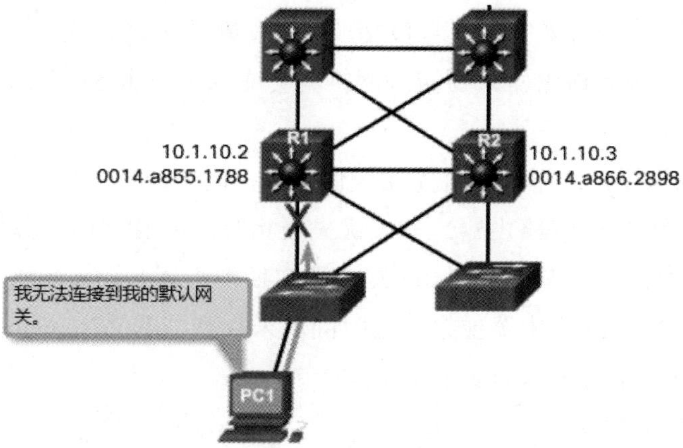

图 3-31　默认网关故障

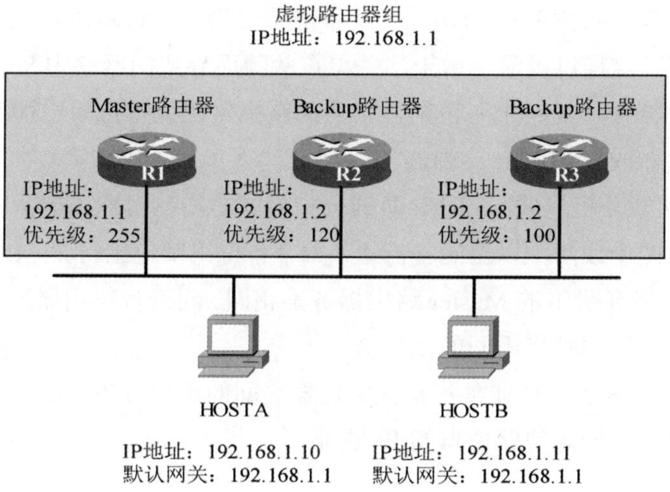

图 3-32　VRRP

（1）VRRP 组：由具有相同组 ID（1～255）的多台路由器组成，对外虚拟成一台路由器，充当网关；一台路由器可以参与到多个组中，充当不同的角色，实现负载均衡。

（2）IP 地址拥有者：接口 IP 地址与虚拟 IP 地址相同的路由器。

（3）虚拟 MAC 地址。一个虚拟路由器拥有一个虚拟 MAC 地址，其格式为 00-00-5E-00-01-[组号]。当虚拟路由器（Master 路由器）回应 ARP 请求时，回应的是虚拟 MAC 地址，而不是接口的真实 MAC 地址。

（4）Master 路由器和 Backup 路由器。Master 路由器是 VRRP 组中实际能够转发数据包的路由器，Backup 路由器是 VRRP 组中处于监听状态的路由器，Master 路由器失效时由 Backup 路由器替代。

（5）优先级：VRRP 中根据优先级来确定参与备份组中的每台路由器的地位。优先级的取值是 0～255，数值越大表明优先级越高，优先级的默认值为 100，但是可配置的值为 1～254，优先级 0 为系统保留，优先级 255 保留给 IP 地址拥有者。

（6）接口监视。VRRP 开启 Track 功能，监视某个接口，并根据所监视接口的状态动态地调整本路由器的优先级。

（7）抢占模式。工作在抢占模式下的路由器，一旦发现自己的优先级比当前的 Master

路由器的优先级高，就会对外发送通告报文，导致重新选举，并取代 Master 路由器。抢占模式用于保证高优先级的路由器只要接入网络就会成为主路由器。默认情况下，抢占模式都是开启的。

（8）VRRP 的选举。选举时，首先比较优先级，优先级高者获胜，成为该组的 Master 路由器，失败者成为 Backup 路由器；如果优先级相等，则 IP 地址大者获胜。在 VRRP 组内，可以指定各路由器的优先级。Master 路由器定期发送 Advertisement，Backup 路由器接收 Advertisement。Backup 路由器如果一定时间内未收到 Advertisement，则认为 Master 已 Down，重新进行下一轮的 Master 路由器选举。

2. VRRP 的应用

（1）VRRP 主备模式。VRRP 工作在主备模式时，仅由 Master 路由器承担网关功能。当 Master 路由器出现故障时，其他 Backup 路由器会通过 VRRP 选举出一个路由器接替 Master 路由器的工作，如图 3-32 所示。只要备份组中仍有一台路由器正常工作，虚拟路由器就仍然正常工作，这样可以避免由于网关单点故障而导致的网络中断。

VRRP 主备方式中仅需一个备份组，不同的路由器在该备份组中拥有不同的优先级，优先级最高的路由器成为 Master 路由器。

（2）VRRP 负载分担模式。VRRP 负载分担模式是指多台路由器同时承担业务，因此负载分担方式需要两个或两个以上的备份组，每个备份组都包括一个 Master 路由器和若干个 Backup 路由器。各备份组的 Master 路由器各不相同。同一台路由器同时加入多个 VRRP 备份组，在不同备份组中具有不同的优先级。

如图 3-33 所示，为了实现业务流量在路由器之间的负载分担，需要将局域网内主机的默认网关分别配置为不同虚拟路由器的 IP 地址。

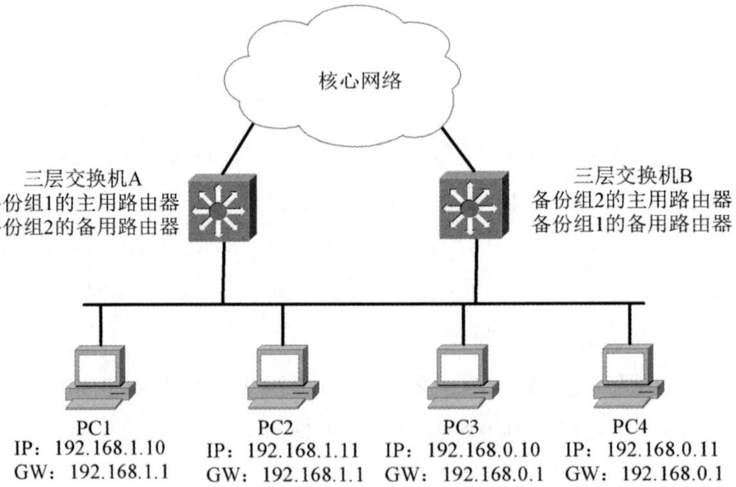

图 3-33 VRRP 负载分担

（3）VRRP 与 MSTP 的结合。采用 MSTP 只能做到链路备份，无法做到网关备份。将 MSTP 与 VRRP 结合可以同时做到链路备份与网关备份，极大地提高了网络的健壮性。需要注意的是，在实施 MSTP 和 VRRP 时，要保持各 VLAN 的根网桥和 Master 路由器在同一台三层交换机上，如图 3-34 所示。

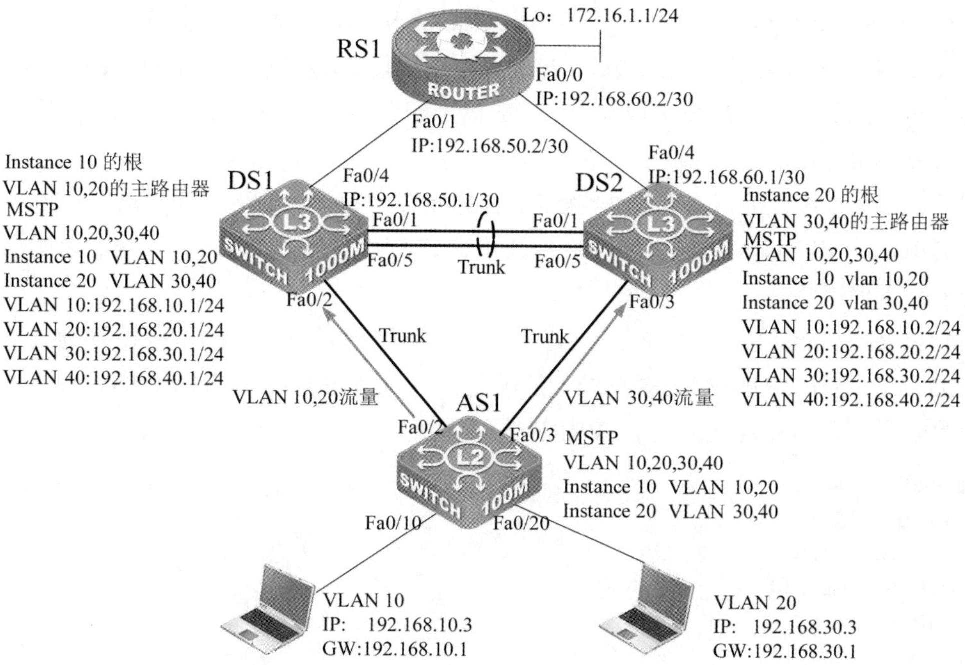

图 3-34　VRRP 与 MSTP 结合

动手操练：MSTP+VRRP 的部署与实践

MSTP+VRRP 为高校、大中型企业网络提供了解决方案，通过有效部署 MSTP 和 VRRP，可以确保主备网关上流量的负载均衡，或当由于某些原因导致主备切换时，用户终端不会受到任何的影响，真正做到低层网络变化对上层业务的透明。

MSTP+VRRP 的部署与实践（微课）

（1）VRRP 的规划要点。

1）根据需求确定路由设备是需要加入到一个 VRRP 备份组还是需要加入到多个 VRRP 备份组中。如果采用多备份组，可以实现流量分担功能。

2）确定 VRRP 备份组的 VRID、虚拟路由器的 IP 地址、加入到 VRRP 备份组中每个路由器接口的 IP 地址。

3）确定加入 VRRP 备份组中每个路由器的优先级，以控制哪个路由器为主用路由器。

4）确定是否需要跟踪路由器的转发出口，如果需要跟踪，需要定义跟踪的对象，当跟踪对象失效时，确定需要将路由器 VRRP 优先级降低的值。

（2）MSTP+VRRP 配置案例。本案例采用如图 3-34 所示的拓扑结构。在前面的案例中，已经对 VLAN、MSTP 和链路聚合进行了详细规划，这里只给出 VRRP 的规划结果，见表 3-19。

表 3-19　VRRP 规划结果

VLAN ID	默认网关（虚拟路由器 IP）	备份组号	Active 路由器/优先级值	VRRP 路由器/优先级值	DS1 的 SVI 地址	DS2 的 SVI 地址	VRRP 监听接口
10	192.168.10.254	10	DS1/120	DS2/100	192.168.10.1	192.168.10.2	DS1 的 Fa0/4
20	192.168.20.254	10	DS1/120	DS2/100	192.168.20.1	192.168.20.2	DS1 的 Fa0/4
30	192.168.30.254	20	DS2/120	DS1/100	192.168.30.1	192.168.30.2	DS2 的 Fa0/4
40	192.168.40.254	20	DS2/120	DS1/100	192.168.40.1	192.168.40.2	DS2 的 Fa0/4

（3）网络基本配置。按照如图 3-34 所示规划的 VLAN 及 IP 地址，在交换机、路由器上进行 VLAN 的创建及划分；配置接口 IP 地址；网络使用动态路由协议 OSPF，运行 OSPF 的交换机和路由器的接口都在区域 0 中。完成以上配置后，在终端上应能够 ping 通 RS1 回环接口 Lo0 的 IP 地址。

然后，在交换机上完成 MSTP 与链路聚合的配置，确保 VLAN 10 与 VLAN 20 的流量通过 DS1 转发，VLAN 30 与 VLAN 40 的流量通过 DS2 转发，且 DS1 和 DS2 之间的链路聚合处于正常使用状态。

（4）VRRP 的配置。VRRP 的配置是在接口配置模式下进行的，根据规划结果，在 DS1 和 DS2 上完成 VRRP 相关规划参数的配置。以下是在 DS1 上 VRRP 的配置（读者可以参考此配置，在 DS2 上完成相应 VRRP 的配置）：

```
int vlan 10
vrrp 10 ip 192.168.10.254
vrrp 10 priority 120
vrrp 10 track Fa0/4 30
vrrp 10 preempt
int vlan 20
vrrp 10 ip 192.168.20.254
vrrp 10 priority 120
vrrp 10 track Fa0/4 30
vrrp 10 preempt
int vlan 30
vrrp 20 ip 192.168.30.254
int vlan 40
vrrp 20 ip 192.168.40.254
```

（5）配置结果验证。在 DS1 和 DS2 上执行 show vrrp brief 命令，对照规划表查看 VRRP 的运行状态是否一致；将 DS1 和 RS1 之间的链路断开，测试 PC1 能否 ping 通 RS1 的回环接口的 IP 地址。

课后检测

1．试分析在如图 3-35 所示的网络拓扑结构中，PC1 与 PC2 能否通信，并说明理由。

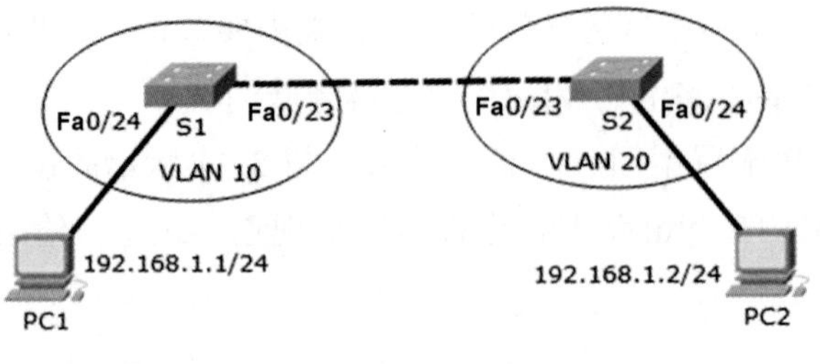

图 3-35　VLAN 间通信网络拓扑结构

2．某网络系统设计人员在规划 VLAN 时，用户向其提出将用户的一台计算机同时划分到两个不同的 VLAN，网络系统设计人员的解决方案是（　　）。

A．告诉用户这一要求不能满足

B．将用户计算机所连接的交换机端口设置成分属两个不同的 VLAN

C．在用户计算机上安装两个网卡，分别连接到不同的交换机端口

D．让网络自动修改 VLAN 配置信息，使该用户的计算机周期性地变更所属的 VLAN，从而连接到两个不同的 VLAN

3．用户要求以最低的成本达到划分 VLAN 的目的，且不能以 MAC 地址作为依据，最可能采用的方法是（　　）。

A．采用具有 VLAN 功能的二层交换机，按端口划分 VLAN

B．采用无网管功能的普通交换机，按 IP 地址划分 VLAN

C．采用具有 IP 绑定功能的交换机，按 IP 地址划分 VLAN

D．采用具有 VLAN 功能的三层交换机，按端口划分 VLAN

4．图 3-36 中的中间交换机没有连接任何 PC，无须创建 VLAN 10 和 VLAN 20，能否保证互连交换机上 PC 间的正常通信，说明理由。

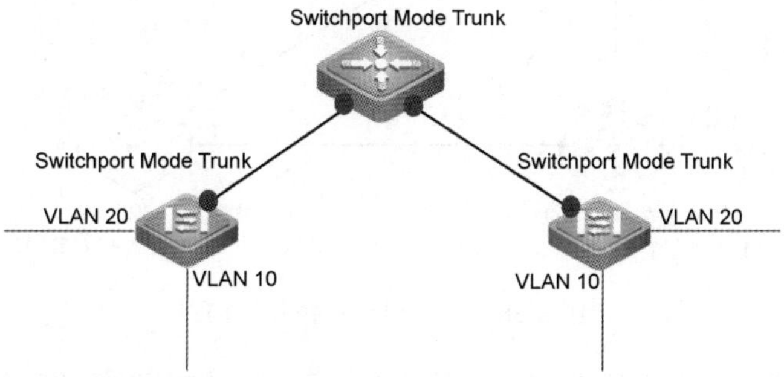

图 3-36　VLAN 间通信网络拓扑结构

5．在生成树协议中，收敛的定义是指（　　）。

A．所有端口都转换到阻塞状态

B．所有端口都转换到转发状态

C．所有端口都处于转发状态或侦听状态

D．所有端口都处于转发状态或阻塞状态

6．采用以太网链路聚合技术将（　　）。

A．多个逻辑链路组成一个物理链路　B．多个逻辑链路组成一个逻辑链路

C．多个物理链路组成一个物理链路　D．多个物理链中组成一个逻辑链路

7．试分析图 3-37 中，PC1 为何能与 PC2 通信，却不能与 PC3 通信。

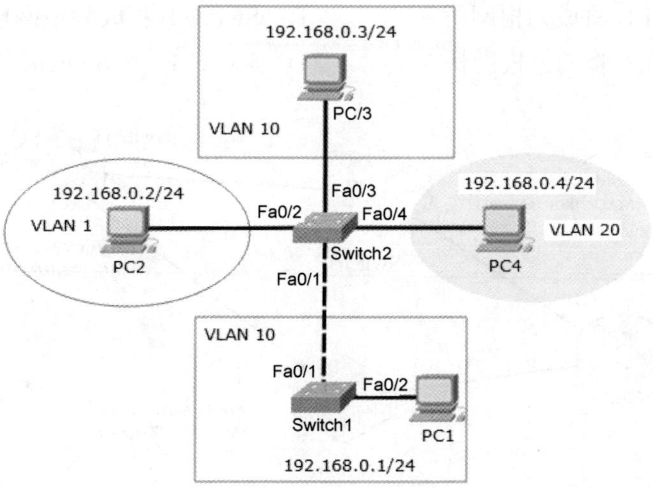

图 3-37　VLAN 间通信网络拓扑结构

8．在 STP 生成树中，断开的链路并不是随意的，而是通过设备、接口、链路优先级等决定的。在如图 3-38 所示的连接方式中，（　　）链路是作为逻辑链路断开而备份使用的。

A．SW1 和 SW2 之间的链路　　B．SW1 和 SW3 之间的链路

C．SW2 和 SW3 之间的链路　　D．任意断开一条皆可

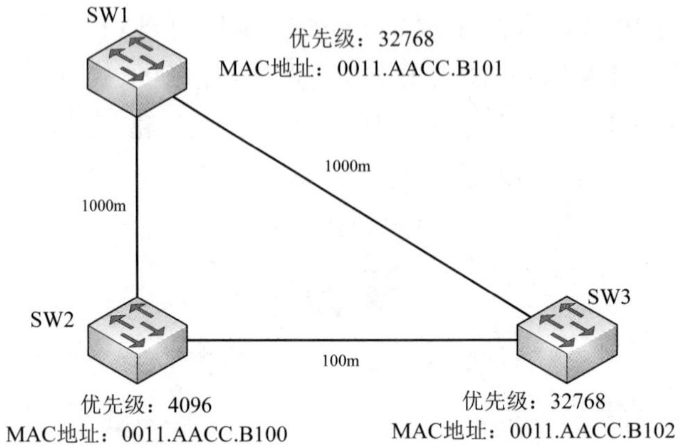

图 3-38　生成树运行拓扑结构

9．如图 3-39 所示，交换机 S1 和 S2 均为默认配置，使用两条双绞线连接，（　　）接口的状态是阻塞状态。

A．S1 的 Fa0/1　　B．S2 的 Fa0/1

C．S1 的 Fa0/2　　D．S2 的 Fa0/2

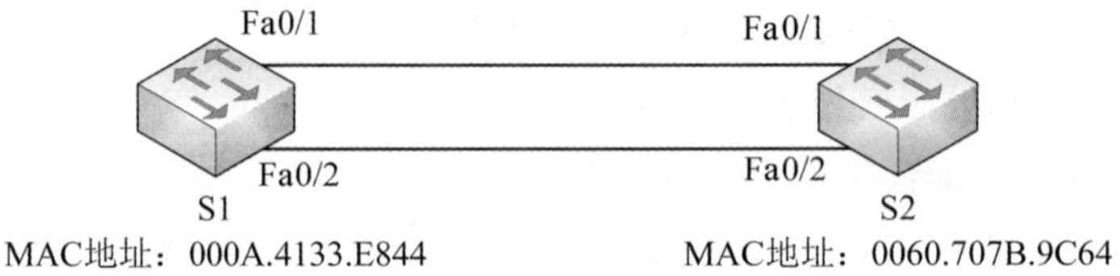

图 3-39　STP 运行状态图

10．如图 3-40 所示，生成树根网桥选举的结果是（　　）。

A．Switch1 将成为根网桥　　B．Switch2 将成为根网桥

C．Switch3 将成为根网桥　　D．Switch1 和 Switch2 将成为根网桥

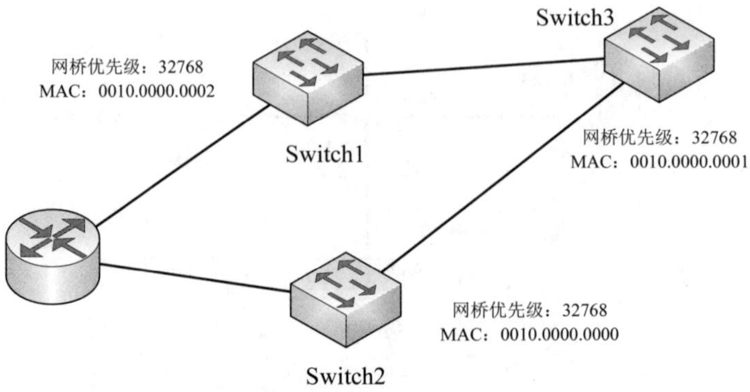

图 3-40　STP 运行状态图

11．如图 3-41 所示为链路聚合网络配置图，分析其使用链路聚合的理由。

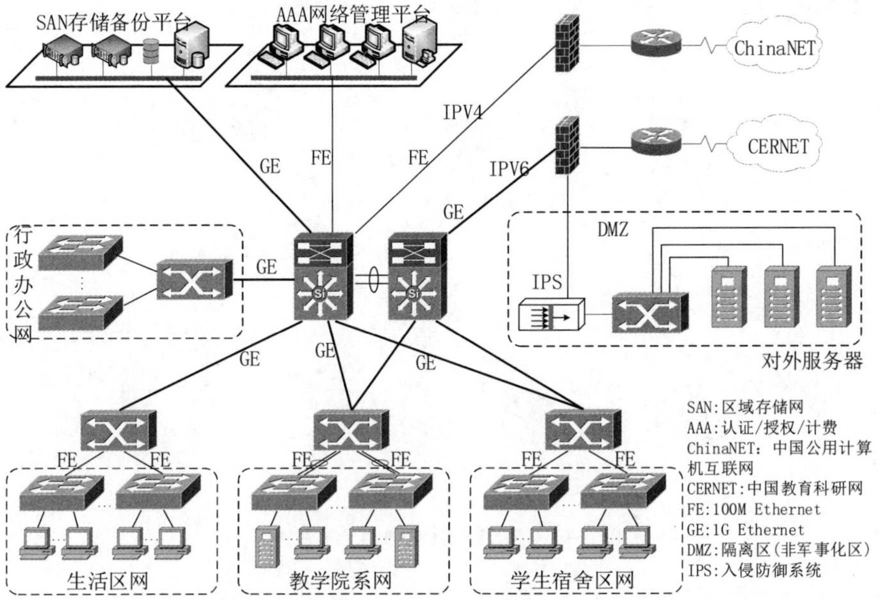

图 3-41　链路聚合网络配置图

12．在图 3-42 中的（ ① ）（ ② ）（ ③ ）处填写相关名称。

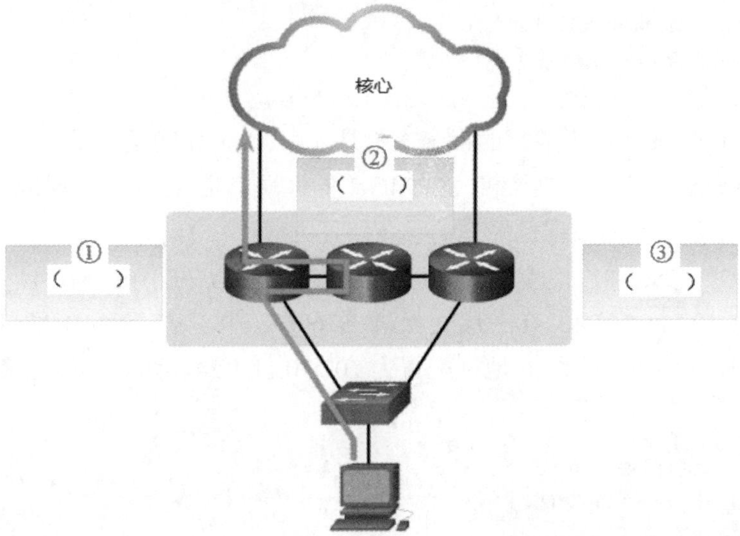

图 3-42　VRRP 网络拓扑结构

13．某组织的网络拓扑结构如图 3-43 所示，4 台交换机都启用了 MSTP 生成树模式，其中 S7606-1 的相关配置如下所示。两台 S2924G 交换机也配置了相同的实例、域名称和版本修正号。

S7606-1 的相关配置如下：

```
S7606-1(config)#spanning-tree mst 1 priority 4096        //默认值是 32768
S7606-1(config)#spanning-tree mst configuration
S7606-1(config-mst)#instance 1 vlan 10,12
S7606-1(config-mst)#instance 2 vlan 9,11
S7606-1(config-mst)#name region 1
57606-1(config-mst)#revision 1
```

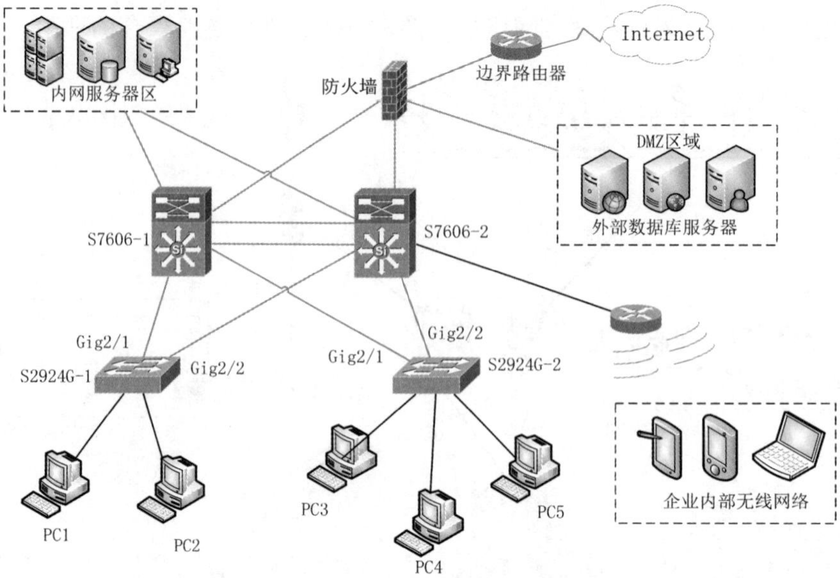

图 3-43　MSTP 配置网络拓扑结构

S7606-2 的相关配置如下：

```
S7606-2(config)#spanning-tree mst 2 priority 4096
S7606-2(config)#spanning-tree mst configuration
S7606-2(config-mst)#instance 1 vlan 10,12
S7606-2(config-mst)#instance 2 vlan 9,11
S7606-2(config-mst)#name region 1
S7606-2(config-mst)#revision 1
```

（1）请问 instance 2 的生成树的根交换机是（　　），原因是（　　）。

（2）就 instance 1 而言，交换机 S2924G-1 的根端口是（　　），原因是（　　）。

（3）PC1 发给 PC5 的数据包经过的设备路径为（　　）。

在三层交换机 S7606-1 中，VLAN 10 的 IP 地址配置为 202.10.10.1/24，VLAN 11 的 IP 地址配置为 202.10.11.254/24。在三层交换机 S7606-2 中，VLAN 10 的 IP 地址配置为 202.10.10.254/24，VLAN 11 的 IP 地址配置为 202.10.11.1/24。两台三层交换机的 VRRP 配置如下：

```
S7606-1(config)#interface vlan 10
S7606-1(config-if)#vrrp 10 ip 202.10.10.1
S7606-1(config-if)#vrrp 10 preempt
S7606-1(config)#interface vlan 11
S7606-1(config-if)#vrrp 11 ip 202.10.11.1
S7606-2(config)#interface vlan 10
S7606-2(config-if)#vrrp 10 ip 202.10.10.1
S7606-2(config) # interface vlan 11
S7606-2(config-if)#vrrp 11 ip 202.1011.1
S7606-2(config-if)#vrrp 11 preempt
```

（4）PC2 主机中设置的网关 IP 为 202.10.10.1，在网络正常运行的情况下，PC2 访问 Internet 的数据转发路径是（　　）。

（5）假设三层交换机 S7606-1 需要临时宕机 1h 进行检修及升级操作系统。请问这 1h 内 PC2 在没有修改网关 IP 地址的情况下，是否能访问 Internet？请结合交换机 S7606-1 宕机后发生的变化说明原因。

14．某企业的网络拓扑结构如图 3-44 所示。随着企业网络的不断发展，研发中心的上网计算机数急剧增加，在高峰时段研发中心和核心交换机之间的网络流量非常大，在不对网络进行大的升级改造的前提下，网管人员采用了以太信道（或端口聚合）技术来增加带宽，同时也起到了（　　）和（　　）的作用，保证了研发中心网络的稳定性和安全性。在两台交换机之间是否形成以太信道，可以用协议自动协商。目前有两种协商协议：一种是（　　），是 Cisco 私有的协议；另一种是（　　），是基于 IEEE 802.3ad 标准的协议。

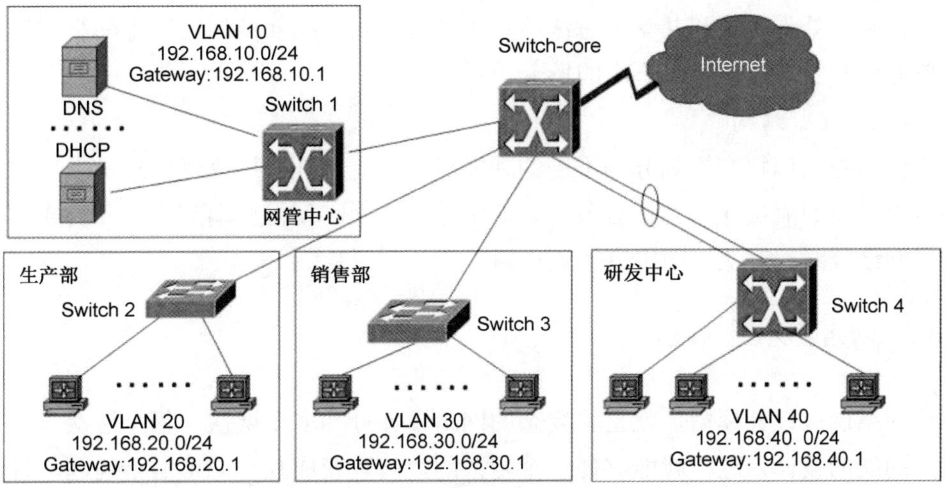

图 3-44　网络拓扑结构

3.3　网络拓扑结构设计

学习提示

网络拓扑结构是指忽略了网络通信线路的距离远近和线缆粗细程度，忽略通信节点大小和类型后，仅仅用点和直线来描述网络的图形结构。网络拓扑结构设计是网络工程设计工作的核心内容，网络拓扑结构像建筑物的基本框架，其重要性和地位是不言而喻的，可以从技术、性能、可靠性、可扩展性、安全、服务质量和投资成本等多个方面分析和讨论，本主题从技术、性能、可扩展性等方面进行设计。

课前评估

请读者独立思考并回答下列问题。

1．网络体系结构与网络拓扑结构是否相同？为什么？

2．网络拓扑结构描述的是网络设备与计算机节点之间的何种关系？

3. 常见的网络拓扑结构有哪些？用于局域网的拓扑结构有哪些？用于广域网的拓扑结构有哪些？

4．网络拓扑结构是如何反映安全问题的？

5．网络拓扑结构会影响到网络建设的哪些要素？

3.3.1 网络拓扑结构类型

优良的网络拓扑结构是网络稳定可靠运行的基础，一般将网络拓扑结构分为总线型、环型、星型、树型和网状型。如果从网络行业应用的角度来看，网络拓扑结构可分为平面拓扑结构和层次化拓扑结构。

1. 平面拓扑结构

在平面拓扑结构的局域网中，每台计算机都处于平等的位置，两者间的通信不用经过别的节点，它们处于竞争和共享的总线结构中。这种网络拓扑结构适用于网络规模不大、管理简单方便和安全控制要求不高的场合。

2. 层次化拓扑结构

层次化拓扑结构将网络划分为不同的功能层次，能够准确地描述用户需求。它的特点是终端节点发出的流量在达到核心节点之前要进行汇聚，使得终端节点之间的通信一般要经过上层网络线路，对上层网络有依赖作用。

3.3.2 网络层次设计模型

所谓网络层次设计模型，就是将复杂的网络设计分为多个层次，每个层次只着重于某方面特定功能的设计，这样就能够使一个复杂的大问题变成几个简单的小问题。目前的网络分层设计模型采用三层网络设计模型，三层网络的层次依次分为核心层、汇聚层及接入层，如图 3-45 所示。

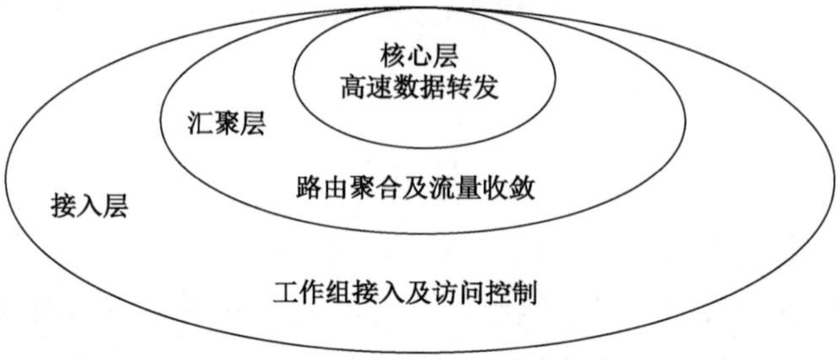

图 3-45 三层网络设计模型

1. 接入层

接入层主要为最终用户提供访问网络的能力，将用户主机连接到网络中，提供最靠近用户的服务。接入层容易影响设备工作的稳定性（环境温度变化大、灰尘多、电压不稳定等）。网络接入层设备一般为价格低廉的二层交换机，分散在用户工作区附近，设备品种繁多、地点分散，容易使网络管理工作变困难。接入层设备价格比较便宜，容易出现质量问题，对网络的稳定性影响很大。

2. 汇聚层

汇聚层的主要功能是汇聚网络流量，屏蔽接入层的变化对核心层造成的影响，汇聚层构成核心层与接入层之间的界面，如图 3-46 所示。

汇聚层交换机多选用三层交换机，可以在全网体现分布式路由思想，减轻核心层交换机的路由压力，有效地实现路由流量的均衡。例如，根据楼宇内子网规模和应用需求，决定选择汇聚层交换机的类型，对于网络规模较大的子网，应选择较高性能的模块化三层交换机；而对于规模较小的子网，则选择固定端口三层交换机。

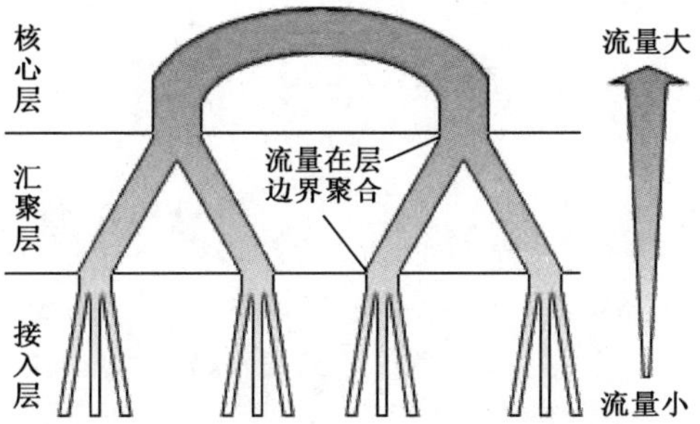

图 3-46　汇聚层流量聚合与发散模型

在实际工作中，汇聚层交换机的下行链路端口速率可以与接入层保持一致，上行链路端口速率相对于下行链路端口速率应大一个数量级。在企业网设计中，为降低成本，多采用光纤接口和电缆接口的交换机，而在城域网中，由于流量大，汇聚层多采用全光口交换机。

3. 核心层

核心层的主要功能是实现数据包高速交换，是所有流量的最终汇聚点和处理点，因此核心层的结构必须简单高效，对核心设备的性能要求十分严格。同时，不要在核心层执行网络安全策略，核心层的所有设备应具有充分的可到达性，在核心层交换机上不应该使用默认的路径到达内部网络，使用聚合路由能够减少核心层路由表的大小。

（1）核心层网络技术选择。核心层网络技术要根据需求，分析地理距离、信息流量和数据负载的轻重而定。一般而言，主干网用来连接建筑群和服务器群，可能会容纳网络上40%～60%的信息流，是网络大动脉。连接建筑群的主干网一般以光纤作为传输介质，典型的主干网络技术主要有千兆以太网等。

具体选择何种网络技术，一定要对整个网络的性能进行综合考虑，不但上层（核心层、汇聚层）的技术要好，下层（接入层）的技术也不能太差，通常按"千—千—百""千—百—百""万—千—千""万—千—百"的原则来进行设计，即核心层如果是千兆以太网，则汇聚层和接入层选用至少是百兆的以太网；如果核心层是万兆以太网，则汇聚层选用至少是千兆的以太网，接入层选用至少是百兆的以太网。这不仅要求各层的交换机端口达到这个要求，还要求用户端的网卡及传输介质都达到这个要求。

（2）核心层拓扑结构选择。核心层网络拓扑结构可以根据不同的应用需求，采用单星、双星和多星网络拓扑结构。单星结构常用于小规模局域网设计，优点是结构简单、投资少，适用于网络流量不大、可靠性不高的场合。双星结构解决了单点故障失效问题，不仅抗毁性强，还可采用链路聚合技术，如快速以太网的 FEC（Fast Ethernet Channel）、千兆以太网的 GEC（Gigabit Ethernet Channel）等技术，可以允许每条冗余连接链路实现负载分担。图 3-47 对双星结构和单星结构进行了对比，双星结构会比单星结构多占用两倍的传输介质和光端口，除要求增加核心交换机外，二层交换机的上连接接口也要求有两个以上的光端口。核心层上有 3 个节点时，网络拓扑结构将连成环形；核心层上有 4 个节点时，连成全网形模型，主要用于大型园区网和城域网设计，网络可靠性高，但建设成本也高。

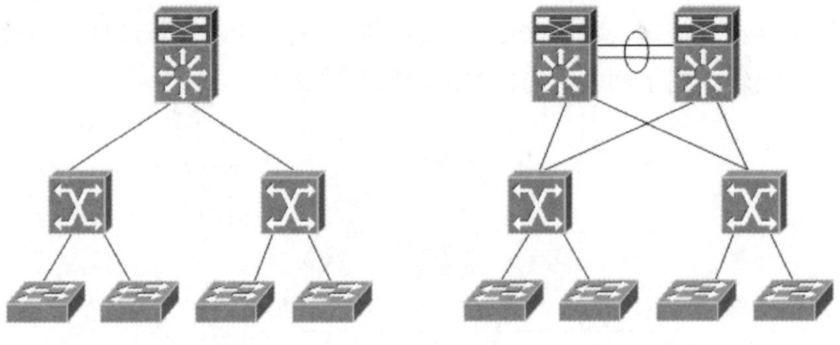

图 3-47 单星、双星网络结构

3.3.3 网络拓扑结构设计原则

如何根据网络的大小及范围，确定网络的层次结构、互连点和网络设备的类型等是网络拓扑结构设计要解决的问题。一般在进行网络拓扑结构设计时，主要依据三层网络模型的设计原则，如图 3-48 所示。

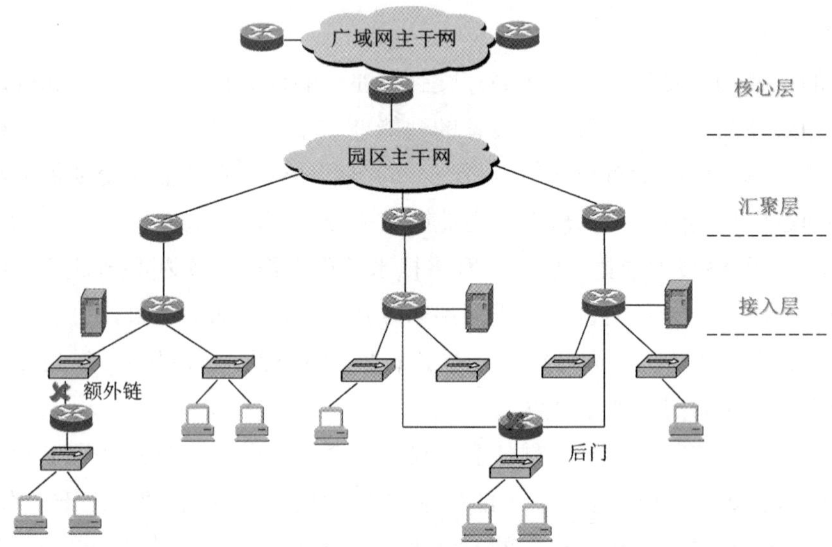

图 3-48 三层网络模型的设计原则

1. 控制层次数量

过多的层次会造成设备级联过深和网络结构划分不明确，使得某一设备上的流量过载，严重影响网络性能和增加网络延迟。如图 3-48 中，将所有接入层流量都引到一台汇聚层的设备上，此时汇聚层设备的性能将会降低。

2. 控制网络的接入

保持接入层对网络结构的控制，不允许申请其他渠道访问外部网络。如图 3-48 中，设计一个后门，可能会引发非授权访问的网络安全问题。

3. 保持结构的稳定

保证网络的层次性，不能在网络结构设计中随意增加额外的连接。如图 3-48 中，增加一个额外的连接后，因为无法预知额外连接将产生多大流量，这可能会导致接入层设备过载。

4. 保证优先设计接入层

从接入层开始，逐层以节点归类、链路数目、链路带宽、可靠性、安全性以及层与层之间的连接性能需求等要素为依据进行设计。

5. 保证模块边界清晰

通常大的网络设计项目由不同的模块组成，每个模块的设计都可以作为一个相对独立的系统，设计时同样考虑层次及冗余。因此，除接入层之外，尽量采用模块化方式，模块间的边界应非常清晰。

3.3.4 网络拓扑结构设计内容

1. 确定网络设备总数

确定网络设备总数是整个网络拓扑结构设计的基础，因为一个网络设备至少需要连接一个端口，设备数一旦确定，所需交换机的端口总数也就确定了。

2. 确定交换机端口类型和端口数

一般来说，网络中的服务器、边界路由器、下级交换机、网络打印机、特殊用户工作站等所需的网络带宽较高，所以通常连接在交换机的高带宽端口上。其他设备的带宽需求不是很明显，只需连接在普通的 10/100Mbit/s 自适应端口上即可。

3. 保留一定的网络扩展所需的端口

交换机的网络扩展主要体现在两个方面：一个是用于与下级交换机连接的端口，另一个是用于连接后续添加的工作站用户。与下级交换机连接的端口一般采用高带宽端口的，如果交换机提供了 Uplink（级联）端口，则也可直接使用级联端口与下级交换机连接。

4. 确定可连接工作站总数

交换机端口总数不等于可连接的工作站数，因为交换机中的一些端口还要用来连接那些不是工作站的网络设备，如服务器、下级交换机、网络打印机、路由器、网关、网桥等。

5. 确定关键设备连接

把需要连接在高带宽端口的设备连接在交换机可用的高带宽端口上。

6. 确定与其他网络连接

通过路由器与其他网络连接，如与合作伙伴的网络或 Internet 等连接。

3.3.5 网络拓扑结构设计案例

某大型钢铁公司需要建立办公、钢厂、轧钢厂、动力厂、生产部等区域的主干计算机网络及相关的二级计算机网络，与 Internet 相连，实现整个公司的信息化管理。设计的网络拓扑结构，如图 3-49 所示。

1. 层次的划分

（1）核心层：将公司的网络主节点机房定在公司办公楼，为公司的区域网络核心和应用服务中心。

（2）汇聚层：设置钢厂区域、轧钢厂区域、动力厂区域、生产部区域、经营部区域为网络系统的汇聚层，用于与核心层的连接和区域信息的汇聚。

（3）接入层：将各区域内的办公楼、生产车间等内部的计算机作为网络接入层，用于各信息点的接入。

以上建立了企业的内部网络，并通过防火墙与 Internet 相连。

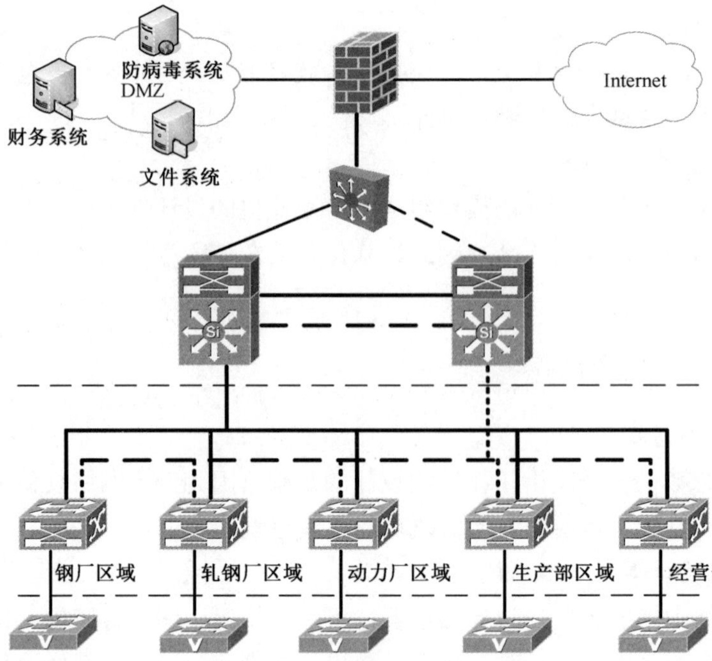

图 3-49 企业网络拓扑结构示意图

2. 冗余设计

（1）核心层：对于企业网的设计，考虑到企业的生产、经营和管理的重要性，配置了两台高性能核心交换机，并将交换机引擎等关键部位设置为双引擎，实现冗余备份。

（2）汇聚层：将汇聚层到核心层的链路设计为不同路由的双链路连接或到其他汇聚层路由的备份连接，以实现汇聚层的冗余设计。

（3）接入层：在企业网的接入层中，办公楼、生产车间等信息接入点都是非常重要的，是企业生产、经营和管理的最终用户，接入层的冗余设计要与汇聚层的设计级别等同。

3. 安全性设计

考虑到企业的应用需求，应根据各应用系统的安全级别要求，制订恰当的安全策略，使用规范的安全标准，提高网络的安全性，同时要做到便于管理和维护。本案例采用防火墙、VLAN 等技术实现保障网络安全。其中，选用三端口的防火墙，分别连接内网、外网和非军事化区（DMZ）。

课后检测

1. 在分层网络设计中，汇聚层实现（　　）。

A. 高速骨干线路　　B. 用户认证

C. MAC 绑定　　D. 流量控制

2. 以下关于分层网络功能的描述中，不正确的是（　　）。

A. 核心层设备负责数据包过滤、策略路由等功能

B. 汇聚层的功能是完成路由汇总和协议转换

C. 接入层应提供部分管理功能，如 MAC 地址认证、计费管理等

D. 接入层要收集用户信息，如 IP 地址、MAC 地址、访问日志等

3. 分析如图 3-50 所示的网络拓扑结构存在哪些问题？并画出正确的拓扑结构。

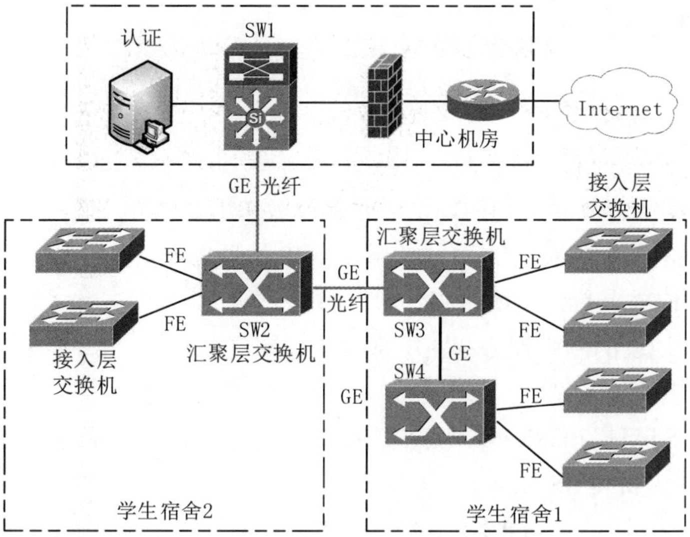

图 3-50 网络拓扑结构分析

4．请指出如图 3-51 所示的网络拓扑结构设计图中存在的问题，并给出优化后的网络拓扑结构。

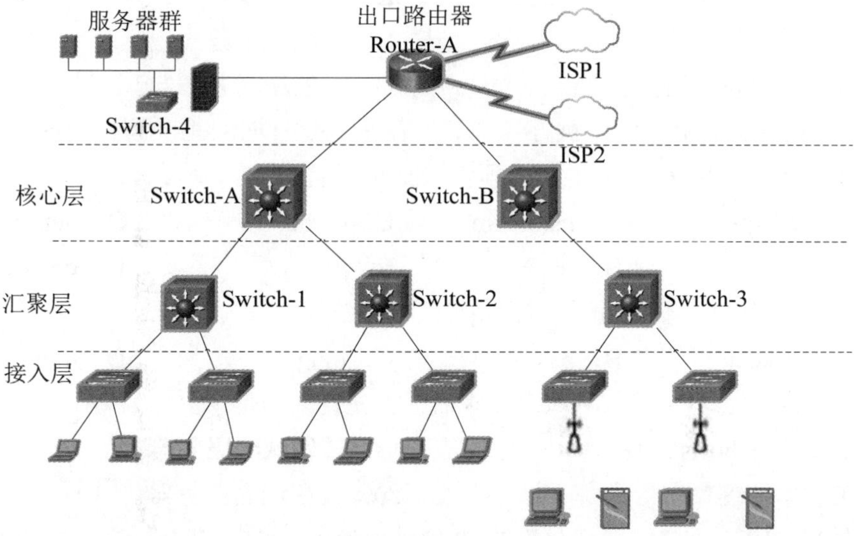

图 3-51 设计网络拓扑结构

3.4 网络地址规划与设计

学习提示

计算机网络中有 4 类地址，分别是 MAC 地址、IP 地址、端口地址和域名，其中 MAC 地址是固化在网络适配器中的地址，出厂就设置好了，一般不允许修改；端口号一般由开发人员指定或动态随机分配，无须网络工程师和用户直接参与设计；IP 地址是网络中主机的逻辑地址，首先要考虑高效通信和使用方便的问题，另外，由于网络规模和应用场景的不同，不得不对 IP 地址的管理和扩展加以考虑。

本节主要围绕以上问题，对 IP 地址规划、IP 地址管理、域名系统设计和扩展 IP 地址等四个方面的内容进行讨论。

课前评估

请读者独立思考并回答下列问题。

1．计算机网络中有哪些类别的地址，各有什么作用？

2．可以分配给主机使用的 IP 地址是哪几类 IP 地址？

3．IP 地址在构成上是如何体现高效通信的？

4．如何将 IP 地址的网络部分和主机部分进行剥离？

5．DNS 的作用是什么？

6．Windows Server 2008R2 默认状态下没有安装 IIS 服务，必须手动安装。配置下列（　　）服务前需先安装 IIS 服务。

A．DHCP　　B．DNS　　C．FTP　　D．传真

7．在 Windows Server 2008R2 命令行窗口中执行（　　）命令显示 DNS 解析缓存。

A．ipconfig/all　　B．ipconfig/displaydns

C．ipconfig/　　D．ipconfig/registerdns

8．在进行 DNS 查询时，首先向（　　）进行域名查询，以获取对应的 IP 地址。

A．主域名服务器　　B．辅域名服务器

C．本地 host 文件　　D．转发域名服务器

9．在 Windows 中，可以执行（ ① ）命令测试 DNS 正向解析功能，要查看域名 www.aaa.com 所对应的主机 IP 地址，须将 type 值设置为（ ② ）。

① A．arp　　B．nslookup　　C．cernet　　D．netstat

② A．a　　B．ns　　C．mx　　D．cname

10．下列命令中，不能用于诊断 DNS 故障的是（　　）。

A．netstat　　B．nslookup　　C．ping　　D．tracert

11．主域名服务器在接收到域名请求后，首先查询的是（　　）。

A．本地 hosts 文件　　B．转发域名服务器

C．本地缓存　　D．授权域名服务器

12．如果 DHCP 客户端发现分配的 IP 地址被使用，客户端向服务器发出（　　）报文，拒绝该 IP 地址。

A．DHCP Release　　B．DHCP Decline

C．DHCP Nack　　D．DHCP Renew

13．关于 DHCP Offer 报文的说法中，（　　）是错误的。

A．接收到该报文后，客户端即采用报文中所提供的地址

B．报文源 MAC 地址是 DHCP 服务器的 MAC 地址

C．报文目的 IP 地址是 255.255.255.255

D．报文默认目标端口是 68

14．关于 Windows 操作系统中 DHCP 服务器的租约，下列说法中错误的是（　　）。

A．租约期固定是 8 天

B．当租约期过去 50%时，客户机将与服务器联系更新租约

C．当租约期过去 87.5%时，客户机与服务器联系失败，重新启动 IP 租用过程

D．客户机可执行 ipconfig/renew 命令重新申请地址

15．以下关于 DHCP 服务的说法中，正确的是（　　）。

A．在一个局域网中可以存在多台 DHCP 服务器

B．默认情况下，客户端要使用 DHCP 服务需指定 DHCP 服务器地址

C．默认情况下，客户端选择 DHCP 服务器所在网段的 IP 地址作为本地地址

D．在 DHCP 服务器上，只能使用同一网段的地址作为地址

16．在 Windows 命令行窗口中执行（　　）命令可以查看本机各个接口的 DHCP 服务是否已启用。

A．ipconfig　　B．ipconfig/all

C．ipconfig/renew　　D．ipconfig/release

17．DHCP 服务器设置了 C 类私有地址为地址池，某 Windows 客户端获得的地址是 169.254.107.100，出现该现象可能的原因是（　　）。

A．该网段存在多台 DHCP 服务器　　B．DHCP 服务器为客户端分配了该地址

C．DHCP 服务器停止工作　　D．客户端 TCP/IP 配置错误

18．（　　）是为 CIDR 减少 Internet 路由表的大小而创建的路由。

A．10.0.0.0 255.255.255.0　　B．10.1.0.0 255.255.0.0

C．200.1.1.0 255.255.255.0　　D．200.1.0.0 255.255.0.0

19．（　　）不是 RFC 1918 规定的私有地址。

A．172.31.1.1　　B．172.33.1.1

C．10.255.1.1　　D．192.168.1.1

20．解决 IP 地址耗尽问题的技术措施有哪些？

3.4.1　IP 地址规划

1．网络命名方案设计

为了以后管理方便，通常需要为网络中的设备进行统一命名，可采用如下的命名方式。

（1）楼栋命名设计。为楼栋命名时，建议从楼栋功能上进行命名，取楼栋汉语拼音的第一个字母，然后给楼栋分别编号或同一类功能的楼栋归为一起，统一用 A、B 等作为第一个字母，然后给楼栋的编号命名，见表 3-20。

表 3-20　楼栋命名设计

序号	楼栋	描述	楼栋命名	设备间命名
1	A	宿舍 1	S01	S01-01
2				S01-02
3		宿舍 2	S02	S02-01
4				S02-02
5		宿舍 3	S03	S03-01
6				S03-02
7		宿舍 4	S04	S04-01

（2）设备间/管理间命名设计。基本原则是：楼栋名-设备间序号统一采用 01 作为该楼栋的设备间，其他编号作为管理间使用，见表 3-21。

表 3-21 设备间/管理间命名设计

楼栋	设备间/管理间	设备类型	设备序号	设备名称	注释
X01	X01-01	路由器	1	X01-01-R2811-01	连接外网
		交换机	2	X01-01-S3560-02	核心交换机
	X01-02	交换机	3	X01-02-S3560-01	行政汇聚
		交换机	4	X01-02-S2960-02	行政接入
	X01-03	交换机	5	X01-03-S2960-01	市场部接入
		交换机	6	X01-03-S2960-02	生产部接入
		交换机	7	X01-03-S2960-02	外联部接入

2. IP 地址编码规则

IP 地址浪费动画

“是否便于聚合”是地址分配的基本原则，而聚合与否又与路由器紧密相关。因此，根据拓扑结构（与路由器连接关系）分配地址是最有效的方法。如图 3-52 所示，在路由器 A～路由器 D 上聚合是很容易实现的。

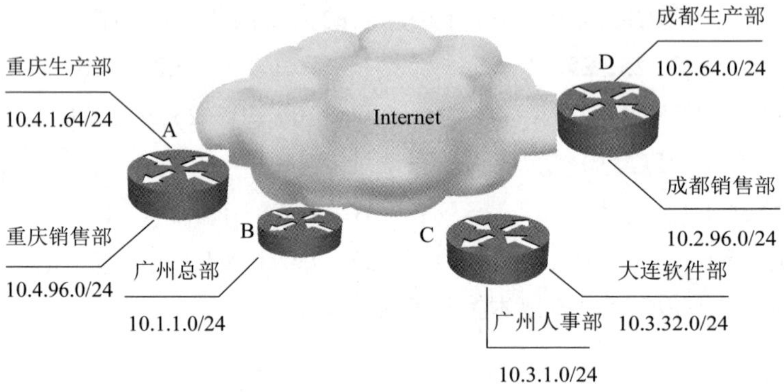

图 3-52 拓扑结构分配地址

但是，按拓扑结构分配 IP 地址的方案存在这样一个问题：如果没有相应的图表或数据库参照，要确定一些连接之间的上下级关系（如确定某个部门属于哪个网络）是相当困难的。解决（降低）这种困难的做法是，将按拓扑结构分配 IP 地址的方案与其他有效方案（如按行政部门分配地址）组合使用。具体做法如下：用 IP 地址左边的两个字节表示地理结构，用第三个字节标识部门结构（或其他的组合方式）。相应的 IP 地址分配方案如下：

（1）进行部门编码，见表 3-22。

表 3-22 部门编码表

行政部门	总部和人事部	软件部	生产部	销售部
部门号	0～31	32～63	64～95	96～127

（2）对各个接入点进行地址分配，见表 3-23。

表 3-23 接入点地址分配

路由器	A	B	C	D
接入点地址	10.4	10.1	10.3	10.2

（3）对各部门进行子网地址分配，见表 3-24。

表 3-24　子网地址分配

部门	地址范围
路由器 A 上的生产部	10.4.64.0/24～10.4.95.0/24
路由器 A 上的销售部	10.4.96.0/ 24～10.4.127.0/24
路由器 B 上的总部	10.1.0.0/24～10.4.31.0/24
路由器 C 上的人事部	10.3.0.0/24～10.3.31.0/24
路由器 C 上的软件部	10.3.32.0/24～10.3.63.0/24
路由器 D 上的生产部	10.2.64.0/24～10.2.95.0/24
路由器 D 上的销售部	10.2.96.0/24～10.2.172.0/24

以上过程用一个层次化的编址方式来表示，即 10.m.n.X/Y，其中，m 表示不同的接入点：A-4，B-1，C-3，D-2；n 表示不同部门：总部和人事部（0～31），软件部（32～63），生产部（64～95），销售部（96～127）；X 表示同一部门中的不同终端；Y 表示子网掩码长度。

3. IP 地址规划技巧

在逻辑网络设计过程中，IP 地址规划是一个关键内容。通常，在进行 IP 地址规划之前需要明确的主要内容包括：需要采用哪种类型的公有地址和私有地址、需要访问私有网络的主机分布、需要访问公有网络的主机分布、私有地址和公有地址的边界、私有地址和公有地址如何翻译、VLSM 设计、CIDR 设计等。

（1）公有 IP 地址分配。私有地址不被 Internet 所识别，如果要接入 Internet，就必须通过 NAT 将其转换为公有地址。在地址规划时，需要对以下设备分配公有地址。

1）Internet 上的主机，如网络中需要对 Internet 开放的 WWW、DNS、FTP、E-mail 服务器，其使用公网 IP 地址。

2）综合接入网的关口设备（如通过路由器的广域网接口 S0 接入 Internet），需要使用公有 IP 地址才能连接到 Internet。

（2）Loopback 地址规划。为了方便管理，系统管理员通常为每一台交换机或路由器创建一个 Loopback 接口，并在该接口上单独指定一个 IP 地址作为管理 IP 地址。分配 Loopback 地址时，最后一位是奇数就表示路由器，是偶数就表示交换机。越是核心的设备，Loopback 地址越小。

（3）设备互连地址。互连地址是指两台或多台网络设备相互连接的接口所需的 IP 地址。规划互连地址时，通常使用 30 位掩码的 IP 地址。相对核心的设备，使用较小的一个地址。另外，互连地址通常要聚合后发布，在规划时要考虑能否使用连续的可聚合地址。

（4）业务地址。业务地址是连接在以太网上的各种服务器、主机所使用的地址及网关地址。通常网络中的各种服务器的 IP 地址使用主机号较小或较大的 IP 地址，所有的网关地址统一使用相同的末尾数字，如 254 表示网关。

动手操练：IP 地址规划实践

图 3-53 所示为某职业学院网络系统的拓扑结构，采用 Cisco 公司的网络设备进行构建。整个网络由交换模块、广域网接入模块、远程访问模块、服务器群等 4 部分构成。

校园网内部数据的交换是分层进行的，分为 3 个层次：接入层（WS-C2950-24）、汇聚层（Cisco Catalyst 3550）、核心层（Cisco Catalyst 4006）。广域网接入模块的功能由 Cisco 3640 路由器来完成，通过串行接口 S0/0 使用 DDN 技术接入 Internet；远程访问模块采用集成在

Cisco 3640 路由器中的异步 Modem 模块 NM-16AM 提供远程接入服务；服务器群模块用来对校园网的接入用户提供 Web、DNS、FTP、E-mail 等多种网络服务。

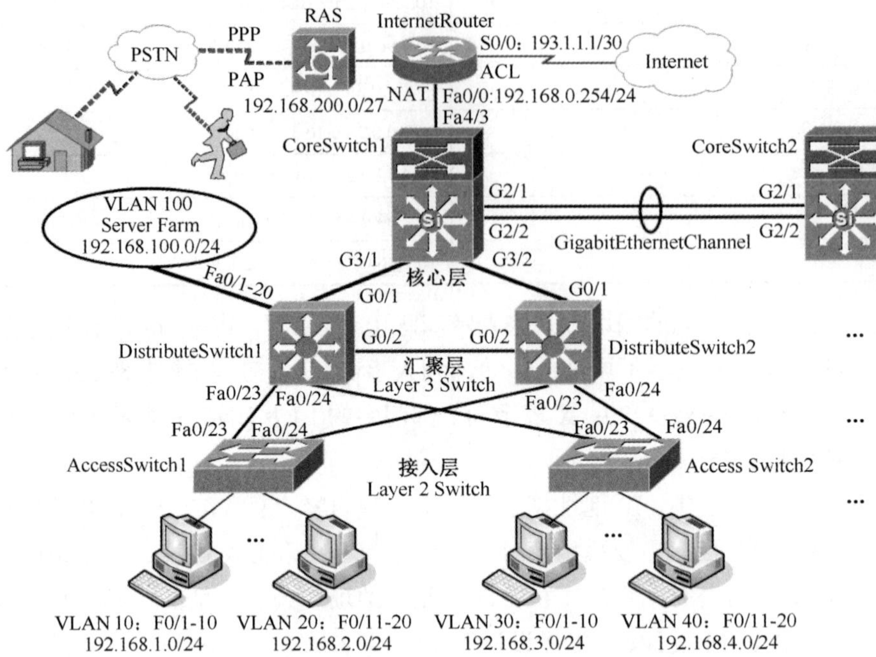

图 3-53 某职业学院网络整体拓扑结构

（1）业务 IP 地址及 VLAN 规划。为了简化，这里只规划了 8 个 VLAN，同时为每个 VLAN 定义了一个由拼音缩写组成的 VLAN 名称。为了提高 VLAN ID 的可读性，采用 VLAN ID 和子网关联的方式进行分配。IP 地址采用连续私网地址，其网段是 192.168.0.0/24～192.168.7.0/24，便于使用 CIDR 技术，缩小核心交换机路由表条目，提高路由查找速度。每个网段预留一定数量的 IP 地址空间，以便将来扩展使用，具体规划结果见表 3-25。

表 3-25 VLAN 及 IP 地址编制方案

VLAN 号	VLAN 名称	IP 网段	默认网关	汇总	说明
VLAN 1	FWQQ	192.168.0.0/24	192.168.0.254	192.168.0.0/21	服务器群 VLAN
VLAN 10	JWC	192.168.1.0/24	192.168.1.254		教务处 VLAN
VLAN 20	XSSS	192.168.2.0/24	192.168.2.254		学生宿舍 VLAN
VLAN 30	CWC	192.168.3.0/24	192.168.3.254		财务处 VLAN
VLAN 40	JGSS	192.168.4.0/24	192.168.4.254		教工宿舍 VLAN
VLAN 50	JZX	192.168.5.0/24	192.168.5.254		建筑系 VLAN
VLAN 60	GLX	192.168.6.0/24	192.168.6.254		管理系 VLAN
VLAN 70	JSJX	192.168.7.0/24	192.168.7.254		计算机系 VLAN
…	…	…	…	…	…

（2）设备互连 IP 地址规划见表 3-26。

表 3-26 设备互连 IP 地址规划

设备名称	接口	互连地址	设备名称	接口	互连地址
Router	Fa0/0	192.168.8.1/30	CoreSwitch2	GE Channel	192.168.8.6/30
CoreSwitch1	Fa4/3	192.168.8.2/30	CoreSwitch1	Fa3/1	192.168.8.9/30

续表

设备名称	接口	互连地址	设备名称	接口	互连地址
CoreSwitch1	GE Channel	192.168.8.5/30	CoreSwitch1	Fa3/2	192.168.8.13/30
DistributeSwitch1	G0/1	192.168.8.10/30	DistributeSwitch1	G0/2	192.168.8.17/30
DistributeSwitch2	G0/1	192.168.8.14/30	DistributeSwitch2	G0/2	192.168.8.18/30

（3）设备网管 IP 地址规划见表 3-27。

表 3-27　设备网管 IP 地址规划

汇聚层	管理地址	掩码	下连 2 层设备	管理地址	掩码
DistributeSwitch1	192.168.10.254	/24	AccessSwitch1	192.168.10.1	/24
			AccessSwitch2	192.168.10.2	
			AccessSwitch3	192.168.10.3	
			AccessSwitch4	192.168.10.4	
			AccessSwitch5	192.168.10.5	
…	…		…	…	

（4）外网 IP 地址规划见表 3-28。

表 3-28　外网 IP 地址规划

设备名称	接口	互连地址	设备名称	接口互连地址
Router	S0/0	193.1.1.1/30	RAS	192.168.200.0/27（动态获取）

3.4.2　域名设计

在企业网、园区网和校园网等网络中，需要进行命名的设备包括服务器、路由器、交换机、主机、打印机等。借助优秀的命名模型，网络用户可以直接通过便于记忆的名称（而不是 IP 地址）透明访问这些网络资源，从而增强网络服务的易用性和可管理性。

1. DNS 概述

在网络域名系统中，将名称映射到 IP 地址的方法主要包括两种：使用域名协议的动态方法和借助于文件等方式的静态方法。

（1）DNS 的功能。DNS 实现 IP 地址与域名之间的相互映射，主要有两项功能：正向解析，将域名转化为数字的 IP 地址，以便网络应用程序能够正确地找到需要连接的目的主机；反向解析的主要任务是将 IP 地址转换为域名。

（2）DNS 服务器的层次结构。DNS 服务器按层次分为根 DNS 服务器、顶级域服务器和权威服务器。顶级域服务器负责管理顶级域名（如 com、org、net、edu 和 gov 等）和所有国家的顶级域名（如 cn）。权威服务器负责管理在 Internet 上具有公共可访问主机（如 WWW 服务器和 FTP 服务器）的每个组织结构提供的公共可访问的 DNS 记录。

（3）DNS 的资源记录。在 DNS 服务器中，资源记录是指区域中的一组结构化的记录，常用的资源记录包括主机地址（A）、邮件交换（MX）、别名（CNAME）、名称服务（NS）、起始授权机构（SOA）等。

2. DNS 设计规则

在对网络资源进行命名并分配具体名称时，需要遵循一些特定的规则：名称要简短、能见名思义、无歧义；名称可以包含物理位置代码；名称中尽量避免使用连字符、下划线、空格等不常用字符；名称不应区分大小写，增强易用性。

3. DNS 设计内容

在进行 DNS 设计时，应该确定网络系统中的以下内容：DNS 服务器的数量和类型，需要进行正向解析的域名区域，反向解析的 IP 地址范围，各种资源记录的类型及内容规划，动态更新的时间规划等。

4. DNS 设计案例

下面以 3.4.1 小节的例子为例来说明 DNS 的设计过程。考虑到进一步保障学院内部的网络应用服务，方便学院师生和外部用户访问校园网的资源，决定部署 DNS 服务器，实现校园网域名的自动解析服务。

（1）申请域名。该校园网络要向域名申请机构提出申请，在中国国内主要向中国教育与科研计算机网络的网络中心申请，也可以向中国互联网络信息中心申请。此外，也有许多其他的域名申请机构。此处假定向中国教育与科研计算机网络的网络中心申请的域名为 cqupt，则该网络的全名为 cqupt.edu.cn。在此基础上设置 DNS 服务器的域名为 dns.cqupt.edu.cn，电子邮件服务器的域名为 em.cqupt.edu.cn，Web 信息浏览服务器的域名为 www.cqupt.edu.cn，FTP 服务器的域名为 ftp.cqupt.edu.cn，它们都分别对应相应的服务器主机 IP 地址。

（2）校园网络管理中心域名分配。如果各个学院、教学系的主页由校园网络中心负责统一管理，那么学校各个二级学院、教学系的网络域名由学校网络管理中心统一分配和提供。例如，教务处的域名为 jwc，计算机学院的域名为 jsjxy，那么教务处的网站域名为 jwc. cqupt.edu.cn，计算机学院网站的域名为 jsjxy. cqupt.edu.cn。

如果各学院和教学系的主页放在本单位各自的服务器上维护，那么可以申请独立域名，但是自行负责服务器的安全与维护，本案例采用前一种方法。

（3）DNS 设计结果。DNS 设计结果见表 3-29。

表 3-29 DNS 设计结果

名称	记录类型	IP 地址	备注
www. cqupt.edu.cn	A（主机记录）	192.168.0.1/24	WWW 服务器
web. cqupt.edu.cn	CNAME（别名记录）	192.168.0.1/24	
ftp. cqupt.edu.cn	A（主机记录）	192.168.0.2/24	FTP 服务器
pop3. cqupt.edu.cn	A（主机记录）	192.168.0.3/34	POP3 服务
smtp. cqupt.edu.cn	A（主机记录）	192.168.0.3/24	SMTP 服务
mail. cqupt.edu.cn	MX（邮件交换记录）	192.168.0.3/24	E-mail 服务器
jwc. cqupt.edu.cn	A（主机记录）	192.168.1.2/24	教务处站点
cwc. cqupt.edu.cn	A（主机记录）	192.168.3.2/24	财务处站点
glx. cqupt.edu.cn	A（主机记录）	192.168.6.2/24	管理系站点
jsjxy. cqupt.edu.cn	A（主机记录）	192.168.7.2//24	计算机学院站点
…	…	…	…

3.4.3 IP 地址分配策略

企业网络采用私有 IP 地址方案，首先要考虑使用哪一类私有 IP 地址的网段，小型企业可以选择“192.168.0.0”地址段，大中型企业可以选择“172.16.0.0”或“10.0.0.0”地址段。常用的私有 IP 地址分配方式有手工分配、DHCP 分配和自动私有 IP 寻址 3 种方式，具体采用哪种 IP 地址分配方式，可由网络管理员根据网络规划应用具体情况而定。

1. 手工分配

手工设置 IP 地址是经常使用的一种 IP 地址分配方式。以手工方式进行 IP 地址设置时需要为网络中的每一台计算机分别设置 4 项 IP 地址信息（IP 地址、子网掩码、默认网关和 DNS 服务器地址）。所以，通常情况下，在设置路由器（三层交换机）等网络设备的接口 IP 地址和管理 IP 地址时，采用手工分配方式，另外，如果用于分配数量较少的公用 IP 地址，或者网络中计算机数量小于能够提供的 IP 地址数量时，也采用手工分配 IP 地址的方式。

2. DHCP 分配

为了较好地解决普通用户的以下问题，如对 TCP/IP 缺乏深入了解，不会正确配置 IP 地址通信参数；配置的 IP 地址通信参数可能产生错误，导致计算机不能正常通信；计算机在多个子网间频繁移动，增加网络管理员管理和配置 IP 地址的负担；网络中的 IP 地址资源紧缺等，微软和几家厂商共同建立了一个 Internet 标准——动态主机配置协议，即 DHCP，由它为客户端提供 IP 地址、子网掩码和默认网关等各种配置。

（1）DHCP 支持的地址分配方式。DHCP 建立在 C/S 模型上，其中 DHCP 服务器负责分配网络地址并向动态配置的主机传送配置参数，支持如下 3 种类型的地址分配方式。

1）自动分配：自动分配方式中 DHCP 给主机指定一个永久的 IP 地址，这一点和手工配置方式实现的效果是一样的。

2）动态分配：动态分配方式中 DHCP 给主机指定一个具有时间限制的 IP 地址，当租期达到或主机明确表示释放该地址时，该地址才可以被其他的主机使用。

3）手工分配：手工分配方式中主机的 IP 地址是由网络管理员指定的，DHCP 只是把指定的 IP 地址告诉主机。

（2）DHCP 的实现方式。DHCP 是一种网络服务，一般指计算机操作系统（如 Windows Server 2008）上的一项软件服务。目前，很多主流交换机（如 Cisco 3650）、路由器（如 Cisco 2800）、防火墙（如 RG-WALL160T）等网络设备都支持 DHCP 服务，即在实现交换和路由转发等功能的基础上充当 DHCP 服务器的角色。

动手操练：DHCP 服务的部署与实践

DHCP 服务的部署与实践（微课）

部署 DHCP 服务器时，需要充分考虑企业网络的规模和结构。

（1）单子网环境 DHCP 服务器的部署。对于小型企业，一般所有的计算机都处于同一个子网内，可以直接在一台性能稍好、运行网络操作系统并且使用静态 IP 地址的计算机上安装 DHCP 服务器，实现整个网络的 IP 地址管理。

（2）多子网环境 DHCP 的部署。出于管理、性能、安全等方面的要求，目前，企业一般采用 VLAN 技术对企业网络进行子网划分，在大型网络中使用路由器来连接各个子网，在这种情况下，DHCP 服务将受到 DHCP 请求无法跨域广播的限制，对于该问题的解决方法如下。

在多子网环境下，在核心交换机上实现跨 VLAN 的 DHCP 服务，如图 3-54 所示，需要完成两个任务：在 DHCP 服务器上创建对应 VLAN 的 IP 作用域，并将这些作用域的“路由器”选项设置为对应 VLAN 接口的 IP 地址；在核心交换机上启用中继代理，在各 VLAN 接口下指定 DHCP 服务器的 IP 地址。

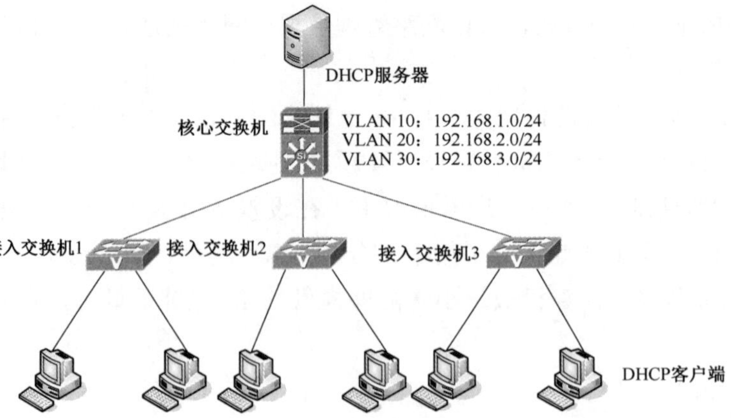

图 3-54 多 VLAN 环境下 DHCP 服务器的部署

（3）配置要点。以下是在 Packet Tracer 7.3 中实现本案例的配置要点，与在真实的服务器上配置 DHCP 有所不同。

1）在接入交换机 1～3 上分别创建 VLAN 10，VLAN 20，VLAN 30。

2）接入交换机 1～3 上将端口 Fa0/10-15 分别加入 VLAN 10、VLAN 20、VLAN 30 中。

3）将接入交换机 1 的 Fa0/1、接入交换机 2 的 Fa0/2、接入交换机 3 的 Fa0/3 分别上连至核心交换机的 Fa0/1、fa02、Fa0/3，并将其设置为 Trunk。

4）在核心交换机上创建 VLAN 10、VLAN 20、VLAN 30 三个 SVI 接口，并按图 3-54 配置 IP 地址，将核心交换机的 Fa0/1-3 设置为 Trunk。

5）在服务器上开启 DHCP 功能，并创建三个 DHCP 地址池，POOL1：192.168.1.0/24；POOL2：192.168.2.0/24；POOL3：192.168.3.0/24，默认网关分别为 VLAN 10、VLAN 20、VLAN 30 三个 SVI 接口的 IP 地址。

6）将终端分别接入对应的 VLAN 中，设置自动获取 IP 地址，观察是否能够获取 IP 地址？如果获取不到，该怎样解决？

要能获取到 IP 地址需要考虑三个方面：核心交换机上要开启路由功能，核心交换机上开启 DHCP 服务，核心交换机上配置 DHCP 中继功能。

（4）关于 DHCP 中继的进一步理解。由于路由器在默认情况下会“阻挡”广播报文，使得客户端发出的 DHCP Discovery 广播报文无法跨越广播域的限制，因此必须在收到这个广播报文的接口上启用 DHCP 中继功能，让这些广播报文被中继成单播包，如图 3-55（a）所示；另外，DHCP 服务器与中继接口之间必须三层能连通，因为中继后的单播包的源地址是配置为 ip helper-address 的中继接口，所以 DHCP 在回复包的时候，报文的目的 IP 就是这个配置了 ip helper-address 接口的 IP 地址，如图 3-55（b）所示。

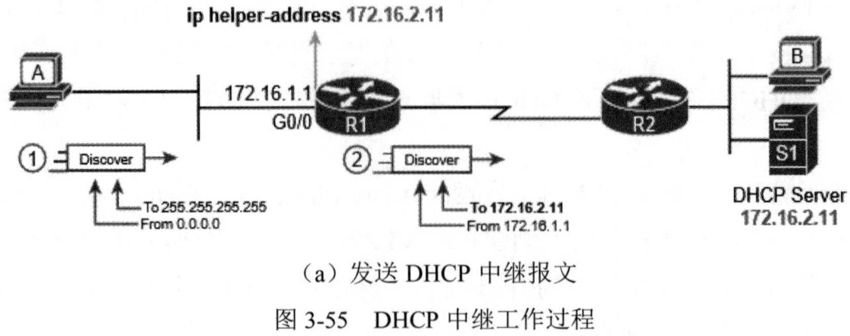

（a）发送 DHCP 中继报文

图 3-55 DHCP 中继工作过程

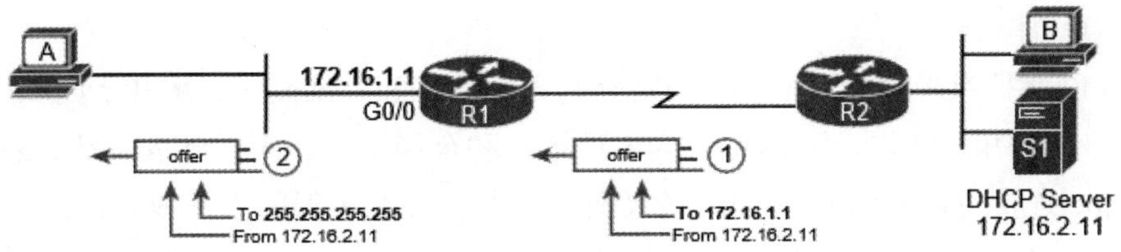

（b）回复 DHCP 中继报文

图 3-55 DHCP 中继工作过程（续图）

想一想

除上述方式之外，根据需要，还有没有一种更简便的方法解决多 VLAN 环境下的 DHCP 服务问题？

3. 自动私有 IP 寻址

自动私有 IP 寻址，可以为没有 DHCP 服务器的单网段网络提供自动配置 TCP/IP 的功能。默认情况下，运行 Windows 系统的计算机首先尝试与网络中的 DHCP 服务器进行联系，以便从 DHCP 服务器上获得自己的 IP 地址等信息，并对 TCP/IP 进行配置。如果无法提供与 DHCP 服务器的连接，则计算机改为使用自动私有 IP 寻址方式，并自动配置 TCP/IP。

使用自动私有 IP 寻址时，Windows 在 169.254.0.1～169.254.255.254 内自动获取一个 IP 地址，子网掩码为 255.255.0.0，并以此配置建立连接，直到找到 DHCP 服务器为止。

由于自动私有 IP 寻址范围内指定的 IP 地址是由网络编号机构（IANA）保留的，这个范围内的任何 IP 地址都不能用于 Internet。因此，自动私有 IP 寻址仅用于不连接到 Internet 的单网段网络，如小型公司、家庭、办公室等。

值得注意的是，自动私有 IP 寻址分配的 IP 地址只适用于一个子网的网络。如果网络需要与其他的私有网络通信，或者需接入 Internet，则不能使用自动私有 IP 寻址分配方式。

3.4.4 使用 NAT 扩展 IP 地址

NAT 在 RFC 1631 中进行了定义，它的主要作用是实现局部地址和全局地址的转换，起到节约 IP 地址的作用。作为一种减慢 IPv4 地址空间耗尽速度的方法，在有很多主机而公网 IP 地址不够用的环境中，NAT 是一个很好的解决方案。

另外，NAT 可以将内部 LAN 与外部 Internet 隔离，以实现 LAN 内部 IP 地址的隐藏，如图 3-56 所示。

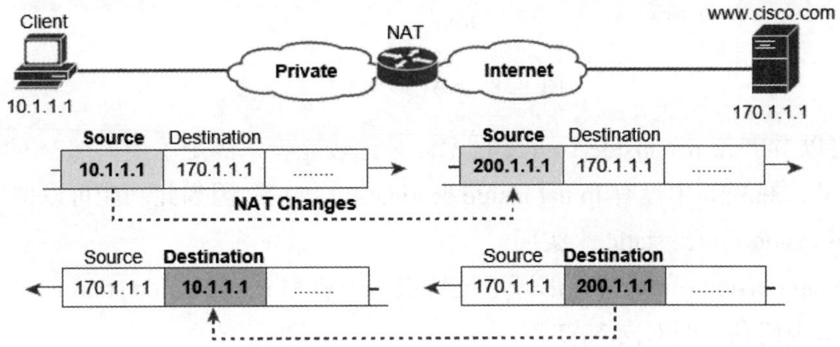

图 3-56 NAT 实现内部网络隐藏的操作

NAT 工作过程动画

1. NAT 的概念

从企业网络拥有者的角度来看，网络分为内部网络和外部网络；从 IP 地址是否允许在 Internet 上路由的角度来看，IP 地址分为本地地址和全局地址。从一台路由器上来看，其接口分为 inside 连接内部网络和 outside 连接外部网络。在路由器的内部或外部，一个数据包中包含两个地址，代表 inside 和 outside 部分主机的 IP 地址，把 NAT 之前可以路由的地址叫作 Local 地址（本地地址），NAT 之后可以路由的地址叫作 Global 地址（全局地址），所以 NAT 中会涉及四类地址，如图 3-57 所示。

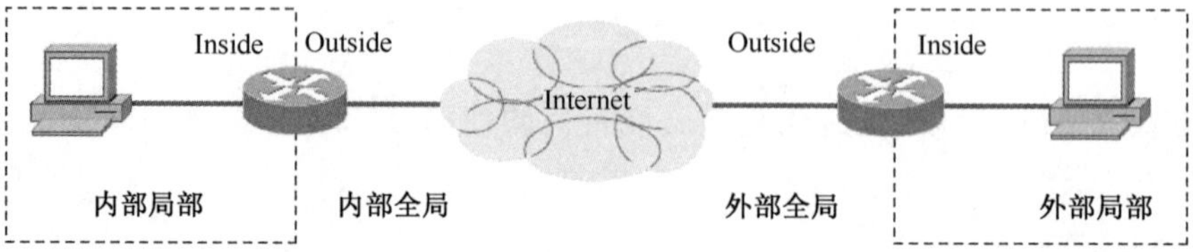

图 3-57 NAT 术语

（1）内部本地地址：内部网络主机使用的地址，全局唯一，但为私有地址。

（2）内部全局地址：一个或多个内部 IP 地址到外部网络的合法 IP 地址。

（3）外部全局地址：外部网络主机的合法 IP 地址。

（4）外部本地地址：外部网络的主机地址，看起来是内部网络的私有地址。

内部本地地址在访问 Internet 时需要被翻译成公网上的外部全局地址，这两种地址覆盖了大部分 NAT 的应用。如果外网地址和内网地址重叠，则需要对外网地址进行翻译，这就引出两个概念：公网主机在内网上所显示的外部本地地址和公网上机器的外部全局地址。

2. NAT 的分类

从技术角度，即在路由器上能够使用哪些配置命令，进行 NAT 的分类，如图 3-58 所示。

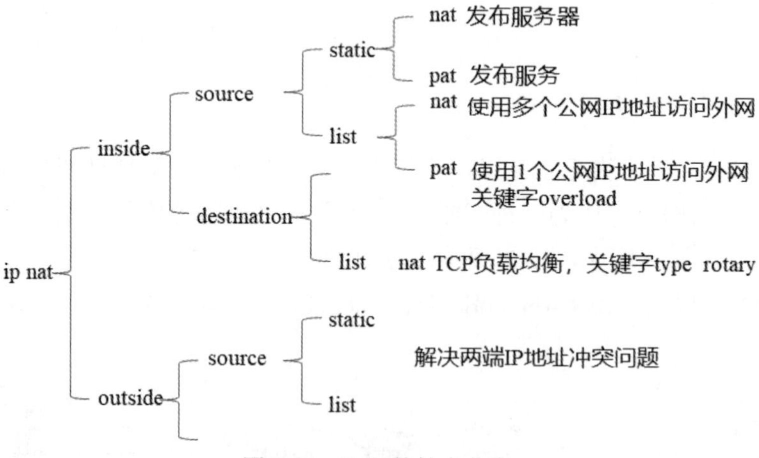

图 3-58 NAT 的技术分类

（1）可以看出 ip nat inside source 技术体系比较完善，满足了绝大部分网络内部源地址转换的需求。图 3-58 中没有 ip nat inside destination static，因为此功能可以使用双向触发流量的 ip nat inside source static 来实现。

（2）ip nat outside source（外部源地址转换）一般和 ip nat inside source 一同使用，主要解决地址重叠问题，即双向 NAT。

（3）ip nat inside destination（内部目的地址转换）是由外部流量发起的，可实现内部全局向内部本地转换，只有 TCP 流量才会转换，ping 流量是不会触发 NAT 的 Destination 转换的，主要用于服务器的负载均衡。

需要注意的是，一次 NAT 只能将一个地址转换为另一个地址，不能实现源地址和目的地址的同时转换。另外，如果是动态 NAT，触发流量只能来自于外部。

3. NAT 的工作方式

NAT 在工作过程中，与路由器和访问控制列表（ACL）的行为紧密相关。路由器一旦收到源 IP 地址为私有 IP 地址、目的 IP 地址为公网 IP 地址的数据包，先进行 ACL 的匹配操作，若符合匹配条件，则查找路由表，将数据包路由至转发接口（外网口），然后进行 NAT 操作，完成数据包的重新封装（可能是 PPP 帧），再将数据包从这个接口发送出去，返回数据包的操作过程与此正好相反。

（1）静态 NAT。静态 NAT 常用于对外提供服务的服务器，如 Web 服务器等，在 NAT 设备上手工配置生成固定不变的一对一地址转换映射，如图 3-59 所示。静态 NAT 可将一个私有地址和一个公网地址进行一对一映射，或将特定私有地址及 TCP 或 UDP 端口号和特定公网地址及 TCP 或 UDP 端口号进行一对一映射，或定义整个网段的静态转换，但这种方式不能起到节省 IP 地址的作用。

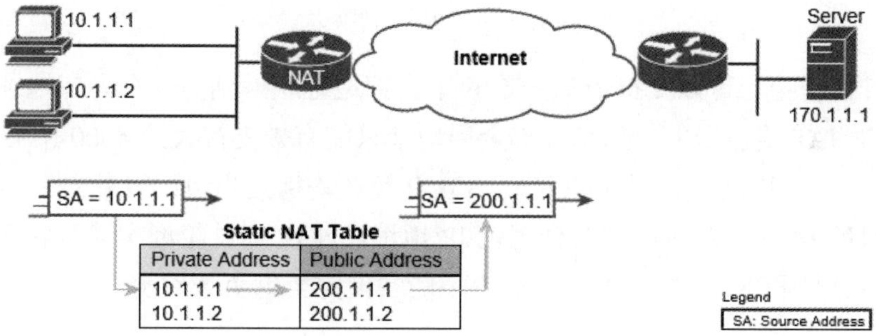

图 3-59 静态 NAT 方式

（2）动态 NAT。如图 3-60 所示，将一个私有地址和一个公网地址池中的某个 IP 地址作映射（注意可以定义连续 IP 地址池，也可以定义非连续 IP 地址池），映射关系建立后，仍是一对一的地址映射，只是所使用的公网 IP 地址不确定。相比静态 NAT，网络管理员不需要手动去绑定，但此种方式同样不能起到节省 IP 地址的作用。

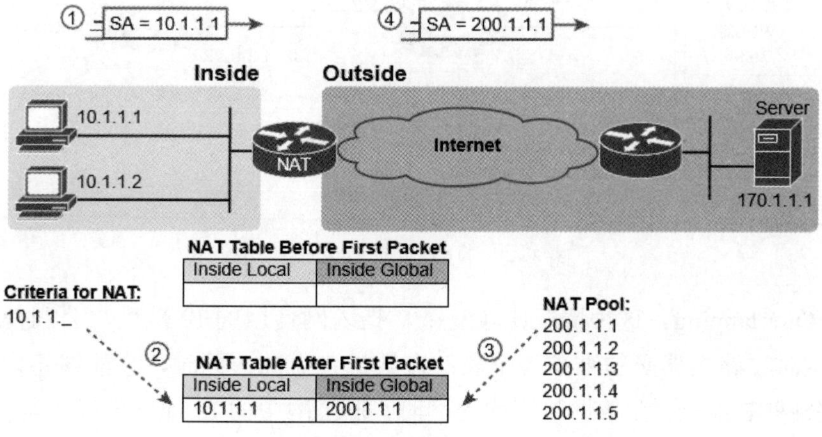

图 3-60 动态 NAT 方式

（3）Overloading。它是一种特殊的动态 NAT，通常称为端口地址转换（PAT），可以起到节省 IP 地址的作用，这是目前使用最广泛的方式。PAT 让来自多个内部不同主机的 TCP 或 UDP 流看上去就像由一个或多个内部全局地址中发起的数据流一样。使用 PAT 时，不仅转换 IP 地址，还要转换端口号，如图 3-61 所示。因此，其存在两种用途：静态 PAT 通常用于组织内部采用私有地址进行寻址，需要对外提供访问的服务，如 Web、FTP 等；动态 PAT 则将多个内部本地地址映射到同一个内部全局地址的多个端口上。

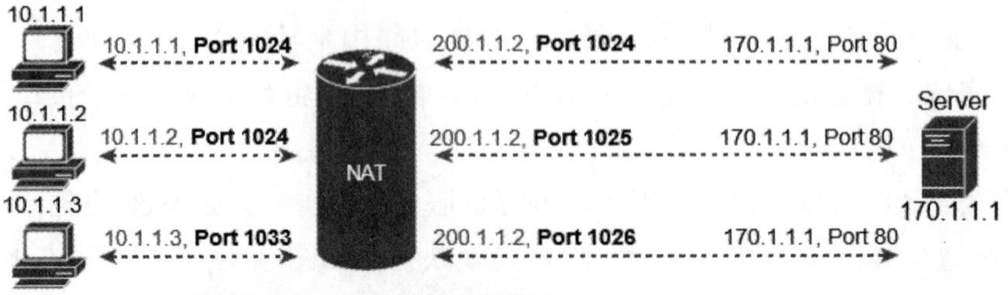

Inside Local	Inside Global
10.1.1.1: **1024**	200.1.1.2: **1024**
10.1.1.2: **1024**	200.1.1.2: **1025**
10.1.1.3: **1033**	200.1.1.2: **1026**

Dynamic NAT Table, With Overloading

图 3-61　端口 NAT 转换方式

针对 PAT，理论上可以支持最多 65536 个内部地址映射到同一个外部地址，但实际在一台高性能的 NAT 路由器上，每个外部全局地址只能有效支持大约 4000 个会话。

（4）TCP 负载均衡。如图 3-62 所示，TCP 负载均衡是指组织对外提供一个服务的 IP 地址，而该服务 IP 地址对应内部多台主机 IP 地址，NAT 通过轮询实现负载均衡。但由于 TCP 连接的多样性和 NAT 的局限性，NAT 不能实现完全的负载均衡。

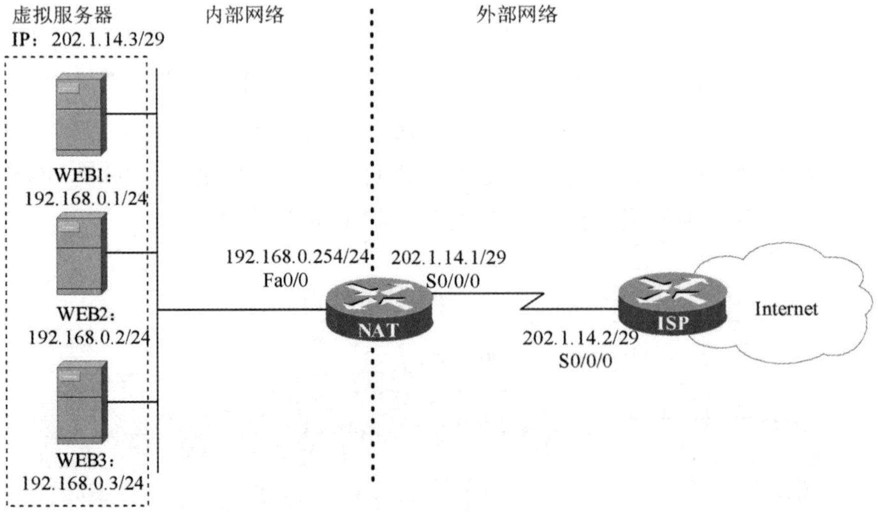

图 3-62　NAT 实现 TCP 负载均衡

（5）Overlapping。这种情况比较复杂，指内网使用的 IP 地址与公网使用的 IP 地址有重叠。这时，路由器必须维护一个表：在数据包流向公网时，它能够将内网中的 IP 地址翻译成公网 IP 地址；在数据包流向内网时，把公网中的 IP 地址翻译成与内网不重复的 IP 地址。

4. NAT 的规划与设计

NAT 的工作可以在很多设备上实现，如防火墙、路由器或计算机等，不过大部分的三层交换机是不具备该功能的，这些设备应该是本地网络和 Internet 网络的边界。在实施 NAT 时，首先要弄清 NAT 设备的内部接口和外部接口，以及在哪个接口上启用 NAT；其次要明确的是内部转换还是外部转换；明确需要转换的 IP 地址范围及申请到的供转换使用的合法 IP 地址范围；确定采用静态 NAT、动态 NAT 还是 PAT 类型实现转换需求；最后确定 NAT 转换映射关系。

5. NAT 设计案例

为了提高访问速度、降低网络的运行费用，重庆某职业学院设计的校园网拓扑结构如图 3-63 所示。

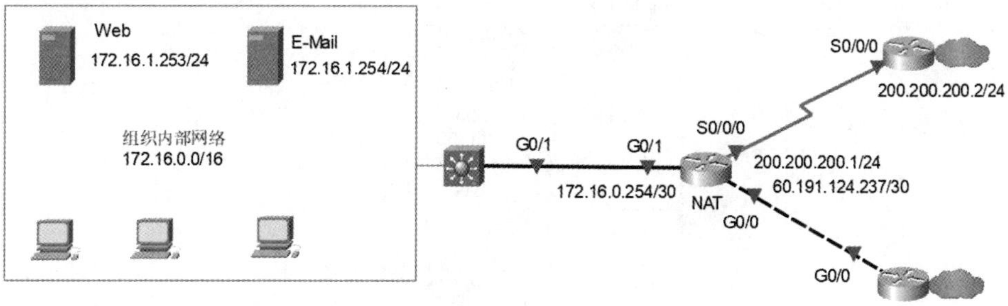

图 3-63　校园网拓扑结构

（1）校园网的 IP 编址情况。

1）校园网内部采用私有地址 172.16.0.0/16 进行编址，且校园网需要对外提供服务的 Web 服务器的内部本地 IP 地址为 172.16.1.253/24，E-Mail 服务器的内部本地 IP 地址为 172.16.1.254/24。

2）教育网为校园网分配了一个 C 类地址 210.33.44.0/24，电信为校园网分配了一个 IP 地址 60.191.124.237/30。

3）为了实现校园网用户使用有限的公网 IP 地址接入到 Internet，以及 Internet 上的用户可以访问校园网的 Web 与 E-Mail 服务器，需要在校园网 NAT 设备上部署 NAT。

（2）路由策略规划。

1）如果用户访问的是教育网上的资源或者是电子邮件的流量，则流量走教育网出口。

2）其他的流量走 China Net 出口。

（3）NAT 规划结果。NAT 规划结果见表 3-30。

表 3-30　NAT 规划表

内部接口	外部接口	NAT 类型	内部本地地址/内部本地地址:端口	内部全局地址/内部全局地址:端口
G0/1 端口	G0/1 与 S0/0/0 端口	静态 NAT	172.16.1.254	210.33.44.254
		静态端口地址转换	172.16.1. 253:80	60.191.124.237:80
		动态端口地址转换	满足路由映射策略名为 ISP-Cernet-map 的内部本地地址（即内部本地地址为 172.16.0.0/16 且从 NAT 路由器 S0/0/0 转发的流量）	200.200.200.3/24 到 200.200.200.253/24
			满足路由映射策略名为 ISP-China-map 的内部本地地址（即内部本地地址为 172.16.0.0/16 且从 NAT 路由器转发时下一跳为 60.191.124.238 的流量）	NAT 路由器出口 G0/0 的 IP 地址

动手操练：NAT 的部署与实践

NAT 的部署与实践（微课）

如图 3-64 所示的网络拓扑结构，内部网络用户使用私有 IP 地址 172.16.10.0/24，并能访问 Internet；内部服务器设置了私有 IP 地址 172.16.10.100，并对外提供 Web 和 FTP 服务，申请到供给内部网络地址转换使用的合法 IP 地址网段为 202.112.192.1/24～202.112.192.10/24。

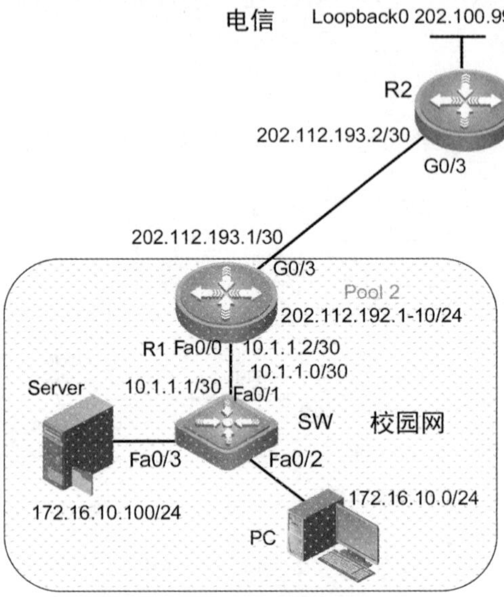

图 3-64 NAT 设计案例图

（1）NAT 部署规划。

在路由器 R1 上实施 NAT，其中 Fa0/0 作为 NAT 的内网口，G0/3 作为 NAT 的外网口。

在路由器 R1 的 G0/3 端口上，启用静态端口 NAT，将 Web 和 FTP 服务发布到公网上，供外部用户访问。

在 G0/3 接口上启用动态 NAT，将私有 IP 地址 172.16.10.0/24 网段转化为公网 IP 地址网段 202.112.192.1/24～202.112.192.10/24 中的地址。

（2）网络基本配置。

根据图 3-64 完成 VLAN 及接口 IP 地址的配置。

在交换机 SW 和 R1 上配置合适的路由，确保内部网络连通，建议使用动态路由 RIPv2。

内部用户要能访问外部网络，需在路由器上配置一条默认路由，并将默认路由下发至交换机 SW 上，思考一下为什么这样做。

（3）NAT 配置及结果验证。

在 R1 上配置静态 PAT（172.16.10.100→202.112.192.11）。测试：在路由器 R2 上 ping 202.112.192.11 能否 ping 通？若 ping 不通，该怎么解决？

在 R1 上配置动态 NAT，确保 PC 能访问 Internet。测试：在 PC 上能否 ping 通 R2 回环接口的 IP 地址。

（4）NAT 配置过程总结。在实施本案例时，一般从 ISP 那里动态获取 IP 地址，当在 R1 上配置一条默认路由时，其下一跳就只能采用传出接口的方式，而不能采用下一跳接口 IP 地址的方式。R2 上不应配置指向内部网络的静态路由，因为公网上的路由器不能直接将 IP 数据包路由至使用私有 IP 地址的网络中。

课后检测

1．设计一个网络时，分配给其中一台主机的 IP 地址为 192.55.12.120，子网掩码为 255.255.255.240。则该主机的主机号是（ ① ）；可以直接接收该主机广播信息的地址范围是（ ② ）。

①A．0.0.0.8　　B．0.0.0.120　　C．0.0.0.15　　D．0.0.0.240

②A．192.55.12.120～192.55.12.127　　B．192.55.12.112～192.55.12.127

C．192.55.12.1～192.55.12.254　　D．192.55.12.0～192.55.12.255

2．有一个 IPv4 网络，使用 172.30.0.0/16 网段。现在需要将这个网络划分为 55 个子网，每个子网最多 1000 台主机，则子网掩码是（　　）。

A．255. 255. 64.0　　B．255. 255. 128.0

C．255. 255. 224.0　　D．255. 255. 252.0

3．下面的地址中，属于单播地址的是（　　）。

A．172.31.128.255/18　　B．10.255.255.255

C．172.160.24.59/30　　D．224.105.5.211

4．DHCP 服务器分配的默认网关地址是 220.115.5.33/28，则（　　）是该子网主机地址。

A．220.115.5.32　　B．220.115.5.40

C．220.115.5.47　　D．220.115.5.55

5．主机地址 122.34.2.160 属于子网（　　）。

A．122.34.2.64/26　　B．122.34.2.96/26

C．122.34.2.128/26　　D．122.34.2.192/26

6．某公司的网络地址为 192.168.1.0，要划分成 5 个子网，每个子网最多 20 台主机，则适用的子网掩码是（　　）。

A．255.255.255.192　　B．255.255.255.240

C．255.255.255.224　　D．255.255.255.248

7．如图 3-65 所示的网络拓扑结构中，PC0 与 PC1 位于不同的 VLAN；交换机使用 SVI 接口 IP 地址作为其管理 IP 地址；路由器使用 Loopback 接口 IP 地址作为其管理 IP 地址；终端 IP 地址使用 192.168.0.0/16，管理 IP 地址使用 172.16.255.0/24，服务器使用 10.1.1.0/24，内网设备互联地址使用 172.16.1.0/24，公网设备互联地址使用 192.1.1.0/24，租用公网 IP 地址为 222.222.222.1～222.222.222.14，请按此要求进行 IP 地址规划，以表格方式呈现结果。

8．在 DHCP 服务器设计过程中，将不同的主机划分为不同的类别进行管理，下面划分中合理的是（　　）。

A．移动用户采用保留地址

B．服务器可以采用保留地址

C．服务器划分到租约期最短的类别

D．固定用户划分到租约期较短的类别

9．DHCP 可以管理哪些 IP 参数？

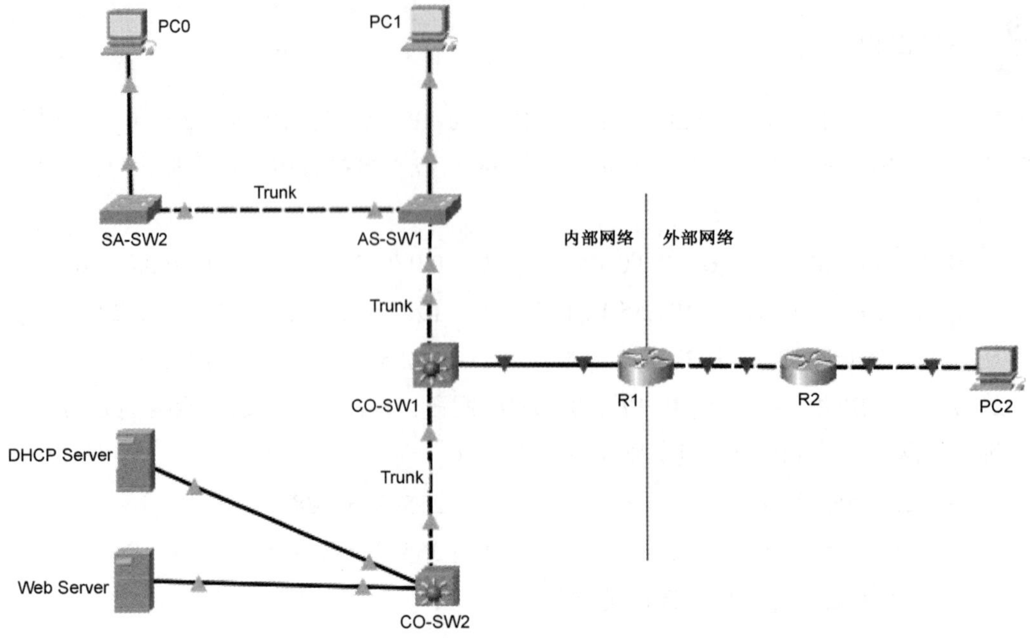

图 3-65 IP 地址规划网络拓扑结构

10．如图 3-66 所示为 DHCP 的工作过程，请分析主机 A 发送的 DHCP 报文中含有的 IP 地址为什么会是 0.0.0.0 和 255.255.255.255。

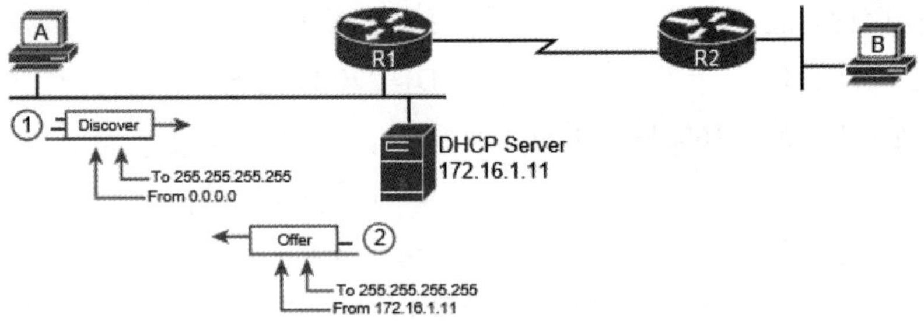

图 3-66 DHCP 的工作过程

11．在如图 3-67 所示的网络拓扑结构中，DHCP 在分配 IP 地址时使用（　　）的方式，而此消息不能通过路由器。DHCP 服务器向客户端出租的 IP 地址一般有一个租借期限，在租期过去（　　）时，客户端会向服务器发送 DHCP REQUEST 报文延续租期。

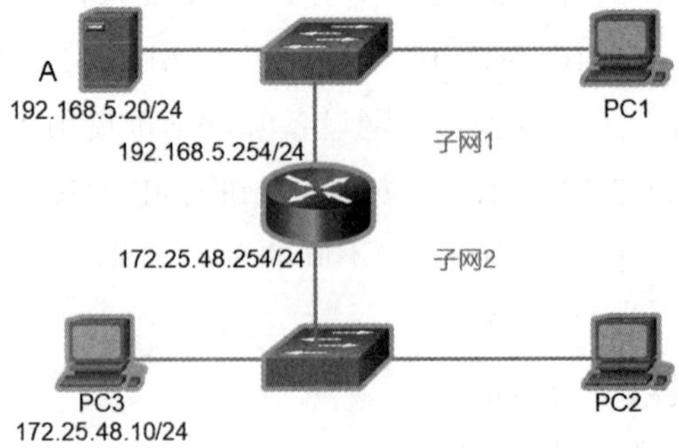

图 3-67 DHCP 动态分配 IP 地址

12．使用静态 NAT，仅对内部地址执行转换，是（　　）导致创建 NAT 表条目；使用动态 NAT，仅对内部地址执行转换，是（　　）导致创建 NAT 表条目。

13．NAT 已配置为转换网络内部的数据包的源地址，但仅转换（　　）的某些主机的数据包的源地址。

14．在配置为动态 NAT 的路由器上执行 show 命令输出：

```
-- Inside Source
access-list 1 pool fred refcount 2288
pool fred: netmask 255.255.255.240
start 200.1.1.1 end 200.1.1.7
type generic, total addresses 7, allocated 7 (100%), misses 965
```

用户抱怨无法访问互联网，最有可能的原因是（　　）。

A．根据命令输出中的信息，该问题与 NAT 不相关

B．NAT 地址池没有足够的条目来满足所有请求

C．不能使用标准 ACL，必须使用扩展的 ACL

D．命令输出没有提供足够的信息来识别问题

3.5　网络系统路由设计

学习提示

一个实际的网络无论其规模大小，都可能由不同的逻辑网段构成，如分隔成设备管理网段、设备互联网段和业务网段等，因此在网络设备上必须要有到达远程网络的路由，才能实现全网的互联互通。路由从实现方式上分为：静态路由和动态路由。一个网络的实现究竟是选择静态路由还是动态路由方式，与网络设备性能、应用场景、控制灵活性和安全性等有很大关系，在大多数情况下，静态路由和动态路由并非截然分开，如在网络的出口一般都部署一条通往 Internet 的默认路由，如果要网络内部的主机都能访问 Internet，则在路由器或交换机等三层设备上要有到达 Internet 的路由信息。在网络规模大的情况下，若仍旧采用静态路由实现方式，会存在工作量大、易出错、适应性差等缺点，这主要是因为静态路由信息在默认情况下是私有的，不会传递给其他路由器。此时，如果采用动态路由方式对路由器进行相应设置使之与其他路由器进行共享，这些缺点便可以得到有效克服。

在进行网络系统路由设计时，路由机制是需要考虑的重要内容。路由机制包括确定路由边界及在路由边界上针对特定需求应用路由流控制技术内容。路由边界是基于网络的管理需求对网络进行的物理上和逻辑上的隔离，并把分隔后的网络进行标识和分类。路由流是路由器间交换路由信息形成的通信流，在功能域之间和自治系统之间传递。路由信息包括路由初始化信息、路由更新信息和路由背景信息（如 hello 或 keep-alive 报文）等。

本主题以在网络设备的路由边界上对路由流进行操控为核心，主要介绍了静态路由设计、RIP 路由设计和 OSPF 路由设计等三方面的内容。

课前评估

请读者独立思考并回答下列问题。

1．网络拓扑结构如图 3-68 所示，在路由器 Router1 上写出访问以太网 2 的静态路由配置命令。

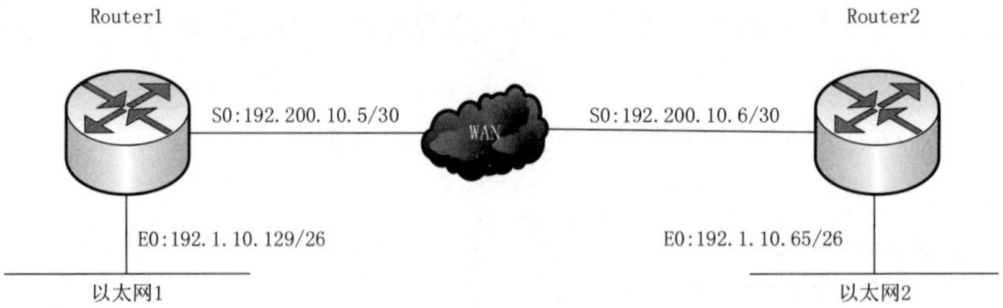

图 3-68 静态路由配置拓扑结构

（1）请尽可能地写出相关配置命令，并解释它们之间的区别

（2）如果将 Router1 与 Router2 之间的串口改为快速以太网接口，配置命令上有何不同？

（3）静态路由配置命令中的目的网络可以是哪些类型的 IP 地址？

（4）静态路由的管理距离值是 1 还是 0？如何调整其默认管理距离？

（5）做了以上配置后，以太网 1 与以太网 2 之间能通信吗？

2. RIP 是一种基于（ ① ）的协议，规定一条通路上最多可包含的路由器数量是（ ② ）。

①A. 链路状态算法　　B. 距离矢量算法

C. 集中式路由算法　　D. 固定路由算法

②A. 1 个　　B. 16 个　　C. 15 个　　D. 无数个

3. RIPv1 与 RIPv2 的区别是（　　）。

A. RIPv1 是距离矢量路由协议，而 RIPv2 是链路状态路由协议

B. RIPv1 不支持可变长子网掩码，而 RIPv2 支持可变长子网掩码

C. RIPv1 每隔 30s 广播一次路由信息，而 RIPv2 每隔 90s 广播一次路由信息

D. RIPv1 的最大跳数为 15，而 RIPv2 的最大跳数为 30

4. 以下协议中支持可变长子网掩码、路由汇聚功能和安全认证的是（　　）。

A. RIPv2　　B. OSPF　　C. VTP　　D. RIPv1

5. 总结归纳 RIPv1 和 RIPv2 的特点，以表格形式呈现。

6. 开放最短路径优先协议(OSPF)采用（　　）算法计算最佳路由。

A. Dynamic-Search　　B. Bellman-Ford

C. Dijkstra　　D. Spanning-Tree

7. 以下关于链路状态协议与距离矢量协议的说法，错误的是（　　）。

A. 链路状态协议周期性地发布路由信息，而距离矢量协议在网络拓扑发生变化时发布路由信息

B. 链路状态协议由网络内部指定的路由器发布路由信息，而距离矢量协议的所有路由器都发布路由信息

C. 链路状态协议采用组播方式发布路由信息，而距离矢量协议以广播方式发布路由信息

D. 链路状态协议发布的组播报文要求应答，这种通信方式比不要求应答的广播通信可靠

8. 以下关于自治系统（AS）的说法，错误的是（　　）。

A. AS 是由某一管理部门统一控制的一组网络

B. AS 的标识是唯一的 16 位编号

C．在 AS 内部采用相同的路由技术，实现统一的路由策略

D．如果一个网络要从 Internet 获取路由信息，可以使用自定义的 AS 编号

9．在广播网络中，OSPF 协议要选出一个指定路由器（DR）。以下关于 DR 的描述中，（　　）不是 DR 的作用。

A．减少网络通信量　　B．检测网络故障

C．负责为整个网络生成 LSA　　D．减少链路状态数据库的大小

10．对于一个稳定的 OSPF 网络（单区域），下面描述正确的是（　　）。

A．必须指定路由器的 Router ID，所有路由器的链路状态数据库都相同

B．无须指定路由器的 Router ID，路由器之间的链路状态数据库可以不同

C．定时 40s 发送 Hello 分组，区域中所有路由器的链路状态数据库都相同

D．定时 40s 发送 Hello 分组，区域中路由器的链路状态数据库可以不同

11．以下关于 OSPF 协议的说法中，正确的是（　　）。

A．OSPF 是一种应用于不同自治系统之间的外部网关协议

B．OSPF 是基于相邻节点的负载来计算最佳路由

C．在 OSPF 网络中，不能根据网络的操作状态动态改变路由

D．在 OSPF 网络中，根据链路状态算法确定最佳路由

12．图 3-69 所示的 OSPF 网络由 3 个区域组成。在这些路由器中，属于主干路由器的是（ ① ），属于区域边界路由器（ABR）的是（ ② ），属于自治系统边界路由器的是（ ③ ）。

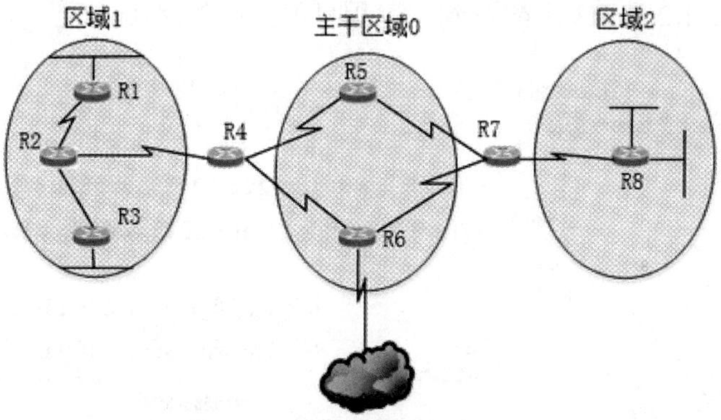

图 3-69　OSPF 区域路由器

①A．R1　　B．R2　　C．R5　　D．R8

②A．R3　　B．R5　　C．R7　　D．R8

③A．R2　　B．R3　　C．R6　　D．R8

13．OSPF 协议把网络划分成 4 种区域，其中存根区域（STUB）的特点是（　　）。

A．可以接受任何链路更新信息和路由汇总信息

B．作为连接各个区域的主干来交换路由信息

C．不接受本地自治系统以外的路由信息，对自治系统以外的目标采用默认路由 0.0.0.0

D．不接受本地自治系统之外的路由信息，也不接受其他区域的路由汇总信息

14．一家公司的网络包含了 15 个路由器和 40 个子网，并且使用了 OSPF 协议。使用单区域设计与多区域设计相比，（　　）被认为是优势。

A．减少大多数路由器上的处理开销

B．对一个链路的状态更改可能不需要 OSPF 在其他路由器上运行

C．更简单的计划和操作

D．允许路由汇总，减少 IP 路由表的大小。

3.5.1 静态路由设计

静态路由是指由用户或网络管理员手工配置的路由信息。当网络拓扑结构或链路状态发生变化时，需要用户或网络管理员手工去修改路由表中的相关信息。

1．静态路由应用场合

根据静态路由的特点进行分析，静态路由一般用于以下场合，见表 3-31。

表 3-31 静态路由应用场合

应用场合	场景描述
小型网络	网络中仅含几台路由设备，且不会显著增长
末节网络	只能通过单条路径访问的网络，路由器只有一个邻居
通过单 ISP 接入 Internet 的网络	企业边界路由器接入 ISP 的网络环境
集中星型拓扑结构的大型网络	由一个中央节点向多个分支呈放射状连接的网络

2．静态路由的分类

（1）标准静态路由。标准静态路由是普通的、常规的通往目的网络的路由，如图 3-70 所示，在路由器 R1、R2 和 R3 上配置到达远程目的网络的路由。

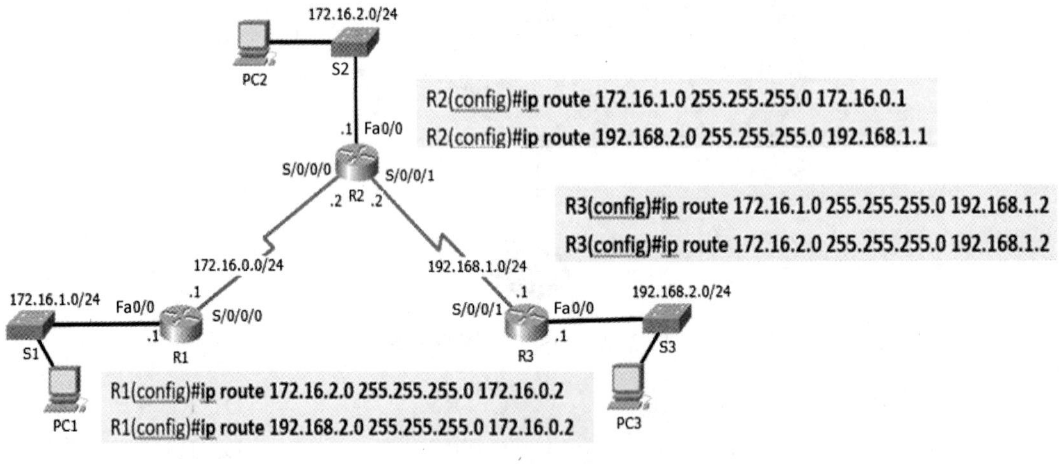

图 3-70 标准静态路由

（2）默认静态路由。默认静态路由（简称默认路由）是一种特殊的静态路由，它是将 0.0.0.0/0 作为目的网络地址的路由，也是不需要匹配的静态路由。表 3-32 总结了默认路由配置的常见问题。

表 3-32 默认路由配置的常见问题

应用场合	场景描述
末节路由器	只有一个上游邻居路由器的路由器，如图 3-70 中的 R1 和 R2
默认路由	可以在图 3-70 中的 R1 和 R3 上配置默认路由，但 R2 不可以
两台路由器是否互为末节路由器	不是，不可在相互连接的两台路由器上配置默认路由，会引起环路

续表

应用场合	场景描述
边缘路由器	连接 ISP 的路由器，又称为企业边界路由器
默认路由的应用是否广泛	非常广泛，可以简化路由表
默认路由是否是默认网关	是的，或被称为最后求助网关
默认路由的分类	分为静态默认路由和动态默认路由，静态默认路由是通过用户手工添加的，动态默认路由是通过路由器上运行路由协议动态学习到的

（3）汇总静态路由。将多条静态路由汇总成一条静态路由，如图 3-71 所示，目的是减少路由表的条目，适用于路由表需要优化的场合。

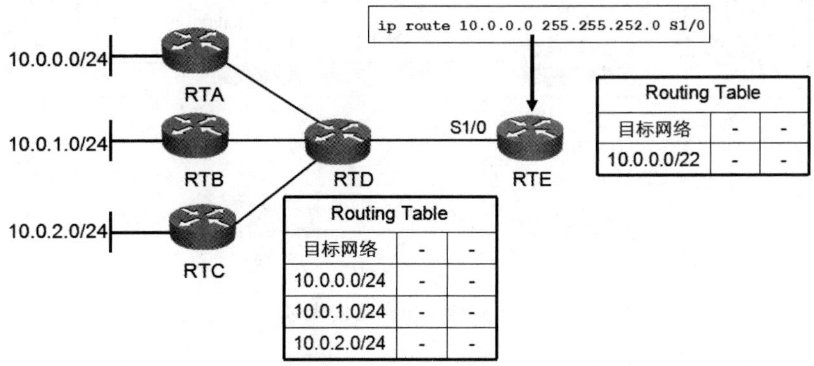

图 3-71　汇总静态路由

（4）浮动静态路由。浮动静态路由可以为一条路由提供备份的静态路由，当链路出现故障时走备用链路，适用于高可靠性或负载均衡的应用场合，如图 3-72 所示。

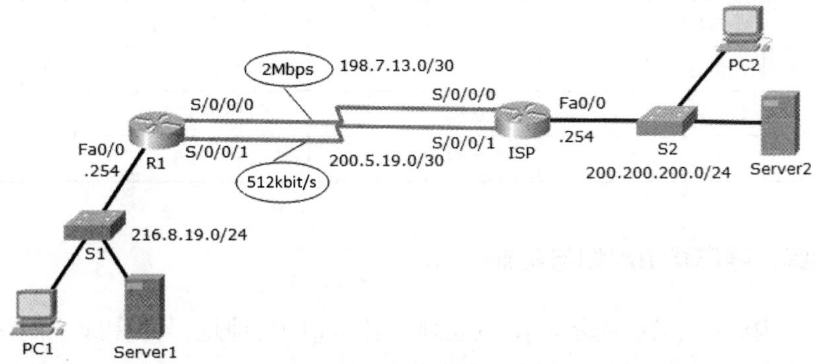

图 3-72　浮动静态路由

图 3-72 中，上面一条串行链路的带宽要高于下面一条串行链路的带宽，因此上面一条串行链路为主路径，下面一条为备用路径。通常，在 R1 的路由表中只有通过主路径达到目标网络的路由信息，没有通过备用路径到达目标网络的路由信息，除非主路径故障，通过备用链路达到目标网络的路由条目才会在路由器 R1 的路由表中浮现出来。

3. 静态路由的规划设计

（1）静态路由规划步骤。

1）确定网络中每个路由器是否需要配置默认路由。

2）确定网络中每个路由器需要对哪些远程目标网络使用静态路由选路。

3）根据所掌握的网络状态信息，人工为目标网络选定最佳路径。

4）确定是否存在多条静态路由可以汇总为一条静态路由的情况。

（2）静态路由规划举例。在如图 3-73 所示的网络拓扑中，按照静态路由规划步骤，写出静态路由的规划方案。

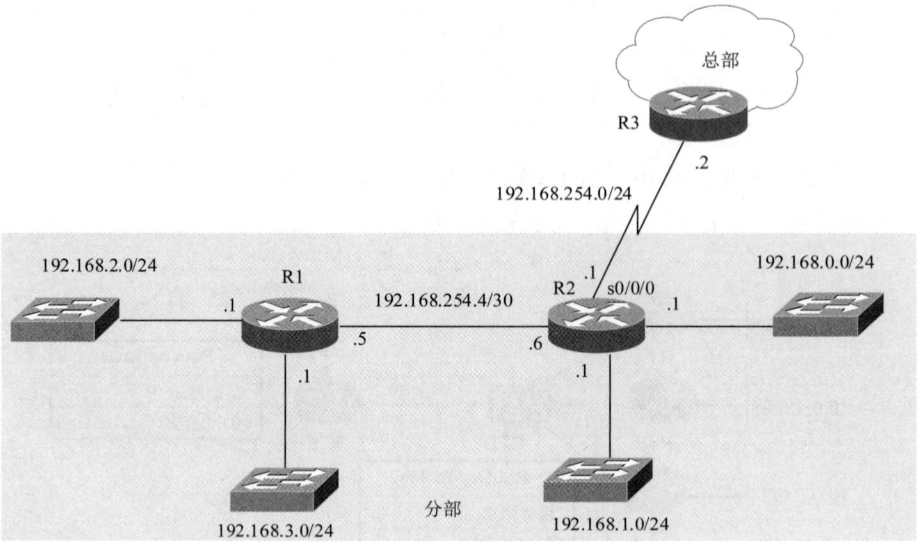

图 3-73 静态路由规划

静态路由规划结果见表 3-33。

表 3-33 静态路由规划结果

设备	路由类型	目标网络	子网掩码	下一跳/出接口
路由器 R1	默认路由	0.0.0.0	0.0.0.0	192.168.254.6
路由器 R2	汇总静态路由	192.168.2.0	255.255.254.0	192.168.254.5
	默认路由	0.0.0.0	0.0.0.0	S0/0/0
路由器 R3	静态路由	192.168.254.4	255.255.255.252	192.168.254.1
	汇总静态路由	192.168.0.0	255.255.252.0	192.168.254.1

动手操练：静态路由规划与实施

网络拓扑结构如图 3-70 所示，图中规划了各接口 IP 地址，并完成了网络的基本配置和在路由器设备 R1、R2 和 R3 静态路由的配置。

（1）查看路由表。在路由器 R1、R2 和 R3 上，执行 show ip route 命令查看配置的静态路由，输出结果如图 3-74（a）（b）（c）所示。

```
R1>show ip route
……
      172.16.0.0/24 is subnetted, 3 subnets
C          172.16.0.0 is directly connected, Serial0/0/0
C          172.16.1.0 is directly connected, FastEthernet0/0
S          172.16.2.0 [1/0] via 172.16.0.2
S       192.168.2.0/24 [1/0] via 172.16.0.2
```

（a）R1 的路由表

图 3-74 静态路由配置拓扑图

```
R2>show ip route
……
     172.16.0.0/24 is subnetted, 3 subnets
C       172.16.0.0 is directly connected, Serial0/0/0
S       172.16.1.0 [1/0] via 172.16.0.1
C       172.16.2.0 is directly connected, FastEthernet0/0
C    192.168.1.0/24 is directly connected, Serial0/0/1
S    192.168.2.0/24 [1/0] via 192.168.1.1
```

（b）R2 的路由表

```
R3>show ip route
……

     172.16.0.0/24 is subnetted, 2 subnets
S       172.16.1.0 [1/0] via 192.168.1.2
S       172.16.2.0 [1/0] via 192.168.1.2
C    192.168.1.0/24 is directly connected, Serial0/0/1
C    192.168.2.0/24 is directly connected, FastEthernet0/0
```

（c）R3 的路由表

图 3-74　静态路由配置拓扑图（续图）

（2）配置结果分析。完成以上操作后，请分析下列问题。

以上配置能否实现全网的互联互通？解释路由条目"S 172.16.1.0 [1/0] via 192.168.1.2"的含义；路由器是如何使用路由表中的静态路由来转发数据包的？若路由器 R3 收到一个目的 IP 地址为 172.16.1.1 的数据包，它是怎样查询路由表作转发决定的？数据包一旦匹配了带下一跳的静态路由，还能直接被转发吗？请说出理由。将静态路由写进路由表，需要有什么条件？

3.5.2　RIP 动态路由设计

RIP 是最早被使用的动态路由协议之一，由于协议支持存在网络规模小、网络收敛时间慢、路由环路等问题，因此正逐渐淡出网络工程师的视野。由于网络基础设施建设是一个持续长久的过程，目前在网运行的网络中，有很多网络已运行了 RIP，需要考虑网络的维护、优化或过滤等问题，因此同样要对 RIP 动态路由的规划设计进行学习和理解。

1. 动态路由设计概述

在进行路由设计时，首先将默认路由用于末节网络区域；然后在网络层级和互连通性为低或中等时使用 RIP/RIPv2；最后在网络层级和互连通性为高时使用 OSPF 协议；在网络中求 EGP 时使用 BGP。OSPF 协议、BGP 协议等选择协议都应用了模块化层次拓扑结构来控制路由选择开销和带宽消耗。

2. RIP 动态路由基本特点

RIP 是距离矢量路由协议的一种。所谓距离矢量是指路由器选择路由的评判标准：在 RIP 选择路由的时候，利用 D-V 算法来选择它所认为的最佳路径，然后将其填入路由表中，在路由表中体现出来的就是跳数（Hop）和下一跳的地址。RIP 允许的最大站点数为 15，任何超过 15 个站点的目的地均被标为不可到达，所以 RIP 只适合于小型的网络。

RIP 目前有两个版本 RIPv1 和 RIPv2，RIPv2 增加了可变长子网掩码（VLSM）以及不连续的子网的支持，在路由更新时发送子网掩码并且使用组播地址发送路由信息。RIP 各版本功能特点对比见表 3-34。

表 3-34 RIP 各版本功能特点对比

特性	RIPv1	RIPv2
采用跳数为度量值	是	是
15 是最大的有效度量值，16 为无穷大	是	是
默认 30s 更新周期	是	是
周期性更新时，全部路由信息更新	是	是
拓扑改变时，只针对变化的触发更新	是	是
使用路由毒化、水平分割、毒性逆转	是	是
使用抑制计时器	是	是
发送更新的方式	广播	组播
使用 UDP 520 端口发送报文	是	是
更新中携带子网掩码，支持 VLSM	否	是
支持认证	否	是

3. RIP 动态路由设计

在 Router rip 路由进程中，不难发现自动汇总、默认路由传播、管理管理、被动接口、单播更新和路由重分发等都与 RIP 路由设计紧密相关，如图 3-75 所示。本节主要讨论自动汇总、被动接口、单播更新和路由重分发等内容，下面对此逐一进行讨论。

```
Router(config-router)#?
  auto-summary          Enter Address Family command mode           //开启自动汇总功能
  default-information   Control distribution of default information //设置默认路由传播
  distance              Define an administrative distance           //修改协议管理距离
  exit                  from routing protocol configuration mode    //退出协议模式
  network               Enable routing on an IP network             //宣告直连网络
  no                    Negate a command or set its defaults
  passive-interface     Suppress routing updates on an interface    //设置被动接口
  redistribute          Redistribute information from another routing protocol //路由重分发
  timers                Adjust routing timers                       //调整 RIP 计时器
  version               Set routing protocol version                //设置路由协议版本
```

图 3-75 RIP 路由进程

（1）规划要素分析。

1）路由汇总。

- RIPv1 支持自动汇总，但不能关闭自动汇总。
- RIPv2 可以支持自动汇总，可以关闭自动汇总，还支持手工汇总。
- 在接口配置模式下执行 ip rip summary-address 命令。
- 在进行手动路由汇总的时候，必须先关闭自动汇总（no auto-summary），汇总路由可以在任意一台路由器上进行，但效果不一样。
- 汇总路由的掩码必须大于或等于主类网络掩码（8/16/24）。
- 如果不是精确汇总，需在通告汇总路由的路由器上创建一条指向 Null0 接口的汇总路由（也称黑洞路由），如 ip route 192.168.1.0 255.255.0.0 null 0。

2）被动接口。在网络中，连接用户主机或者非 RIP 邻居的路由器接口，是无须接收 RIP 发送的广播或组播路由信息的，因此需要将其设置为被动接口，其主要特点是，接收路由信息，但不通告路由信息。

在网络中，如果只有少数接口需要配置为被动接口，可以执行 passive-interface 命令。如果大多数接口均要配置为被动接口，建议执行 passive-interface default 命令把所有接口配置为被动接口，再执行 no passive-interface 命令，把不需要设置为被动接口的接口恢复为正常接口。

3）单播更新。图 3-76 中的路由器都运行 RIP，要求路由器 A 不能接收路由器 B 和路由器 C 的广播或组播信息，同时路由器 C 不能接收路由器 A 发来的广播信息，路由器 B 只能接收路由器 A 发来的单播信息，如何设计该 RIP 路由呢？在路由器 A 上将 Fa0/0 接口设置为被动接口，同时执行 neighbor 命令指定接收单播信息的地址为路由器 B 的 Fa0/0 接口的 IP 地址。

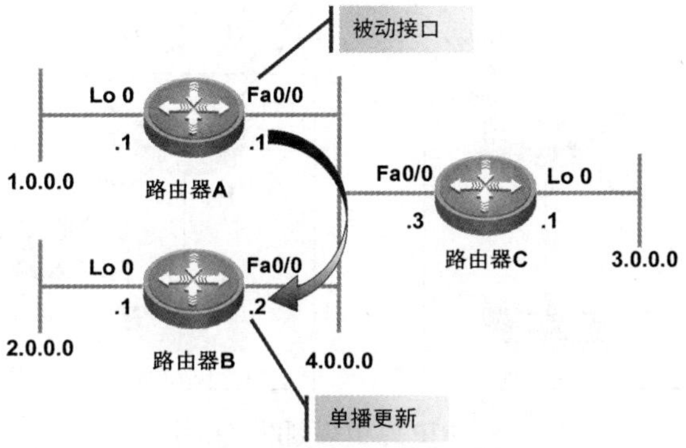

图 3-76　RIP 单播更新控制

4）路由重分发。网络应用场景随着网络需求而变化。一个组织最开始组建网络的时候，运行的是 RIP。随着网络规模的扩大，采用单纯的 RIP 已无法满足网络扩展的需要，因此新建网络考虑选择扩展性强的 OSPF 协议，但 RIP 和 OSPF 协议毕竟是两类完全不同的动态路由协议，它们之间是不能直接交互路由信息的，因此不能实现全网的互联互通。

在如图 3-77 所示的网络拓扑结构中，R2 上路由表中的四条路由是通过静态配置的，为了让 R2 通过 RIP 向 R1 通告，就必须在 R2 的路由模式下执行重分发命令把静态路由发布进 RIP 进程，重分发时注意要在路由边界上指定引入的外部路由的跳数，否则会导致发布不成功。

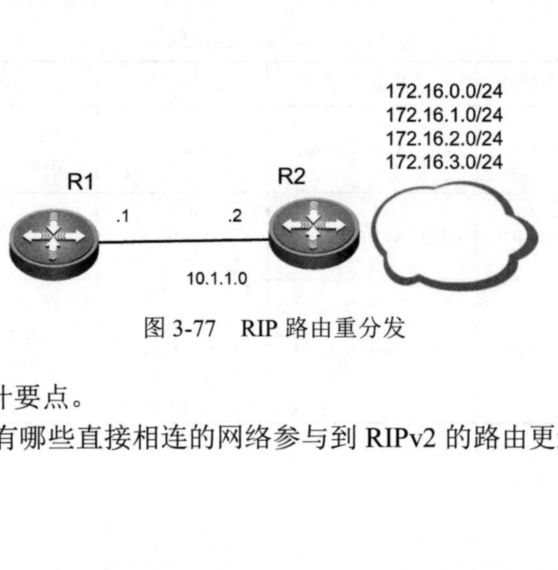

图 3-77　RIP 路由重分发

（2）RIP 规划设计要点。

1）考虑路由器上有哪些直接相连的网络参与到 RIPv2 的路由更新中。

2）考虑是否需要设置被动接口和单播更新以减少不必要的网络开销。

3）考虑是否存在非连续子网问题和优化路由表条目数量。

4）考虑是否需要路由的引入，实现网络联通和访问 Internet。

5）考虑是否需要配置认证以增加路由更新的安全性。

动手操练：RIP 路由规划与配置

（1）网络拓扑结构。设计的网络拓扑结构如图 3-78 所示。

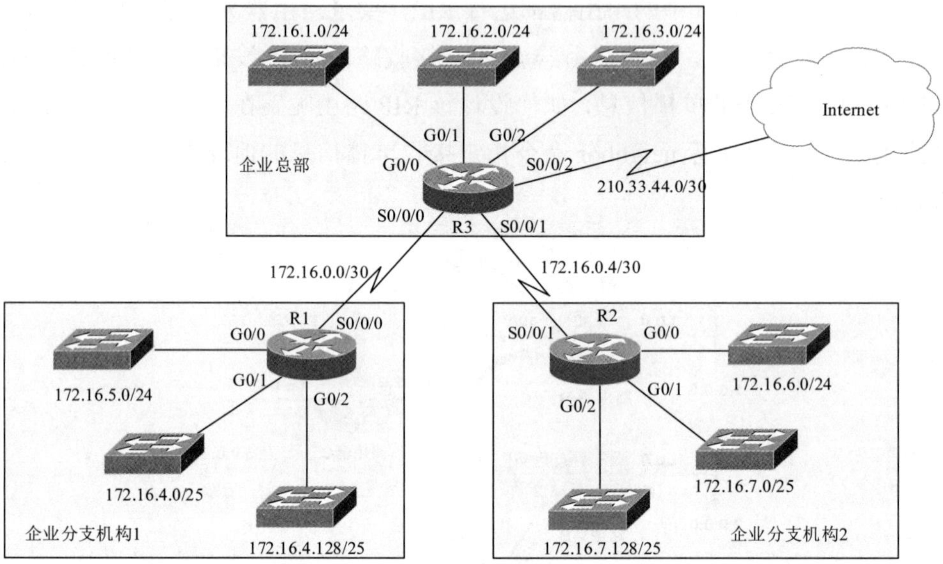

图 3-78 RIP 路由规划网络拓扑结构

（2）网络需求。由于网络规模不大，且受到企业路由器 CPU、内存资源的限制，需要使用 RIP 实现企业内部网络所有网段的互联互通；在连接到 Internet 的路由器 R1 上配置到 Internet 的默认路由，并把该默认路由重分发到 RIP 中，使企业网络中所有路由器都有到 Internet 的默认路由；如果路由器的端口所连网络不存在别的路由器，需把该端口设置为“被动接口”以优化网络性能；在满足路由需求的基础上，尽量减少每个路由器路由表的大小以优化路由；在路由器 R3 上配置默认路由，并把默认路由重发布到 RIPv2 中。

（3）RIP 路由规划。根据网络拓扑结构和网络需求，结合 RIP 网络规划要素，最终可以得出 RIP 的网络规划结果，见表 3-35。

表 3-35 RIP 路由规划结果

设备	路由协议	宣告网络	被动接口	汇总子网	汇总网络前缀及发送汇总路由的接口
R1	RIPv2	172.16.0.0	G0/0、G01/和 G0/2	172.16.5.0/24 172.16.4.0/25 172.16.4.128/25	172.16.4.0/23 S0/0/0
R2	RIPv2	172.16.0.0	G0/0、G01/和 G0/2	172.16.6.0/24 172.16.7.0/25 172.16.7.128/25	172.16.6.0/23 S0/0/1
R3	RIPv2	172.16.0.0	G0/0、G01/和 G0/2	172.16.1.0/24 172.16.2.0/24 172.16.3.0/24 172.16.0.0/30 172.16.0.4/30	172.16.0.0/22 S0/0/0 和 S0/0/1

（4）RIP 路由的配置。本案例看似复杂，实则非常简单。首先在三台路由器上配置接口 IP 地址，然后在 RIP 路由进程下设置 RIP 版本为 2；关闭自动汇总功能；宣告直连网络 172.16.0.0，将 G0/0、G01/和 G0/2 设置为被动接口，最后在接口配置模式下手动设置路由汇总即可。

（5）发布动态默认路由。在 R3 上首先配置一条到达 Internet 的默认路由，然后在 RIP 进程下，执行 default-information origin 命令，将默认路由动态下发至 R1 和 R2，使得分支机构的用户主机也能访问 Internet。

（6）配置结果验证。在路由器 R1、R2 和 R3 上执行 show ip route 命令查看路由表，观察是否学习到非直连网段的路由和一条到达 Internet 的默认路由。

3.5.3　OSPF 动态路由设计

与 RIP 相比，OSPF 协议克服了 RIP 自身的问题，具有如下优势：OSPF 协议是一种无类别的路由协议，它支持 VLSM 和 CIDR；OSPF 协议基于 SPF 算法计算路由信息，不会产生路由环路；OSPF 协议在网络拓扑发生变化后，其收敛速度很快；OSPF 协议采用链路“开销（cost）”作为度量值；OSPF 协议中采用区域和根据区域建立了层次网络的概念。从理论上讲，OSPF 对网络中的路由器个数没有限制，所以能广泛应用于大规模网络环境中。OSPF 协议有三个版本，其中，OSPFv1 是一种实验性的路由协议；RFC 2328 规定的 OSPFv2 是现行版本；1999 年，用于 IPv6 的 OSPFv3 在 RFC 2740 中发布。

OSPF 协议是所有内部网关协议中比较复杂的一种，这种复杂性和 OSPF 的协议原理密切相关，在组织的 OSPF 设计和部署中需要认真考虑以下几个方面的问题：为 OSPF 路由域规划 RID、根据网络需求划分区域、规划参与 OSPF 进程的接口、是否需要优化网络收敛、是否需要使用路由静默、是否需要进行路由汇总、是否需要设置特殊区域、是否需要调整链路开销和是否需要配置安全认证等。

1. 链路状态算法的路由计算

OSPF 的路由计算过程如图 3-79 所示。

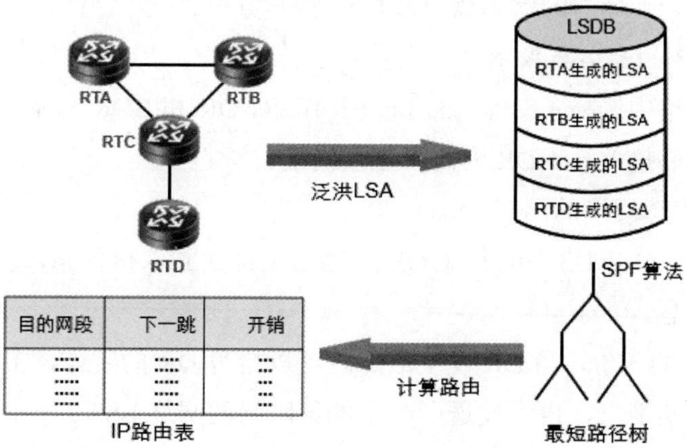

图 3-79　链路状态算法的路由计算

（1）路由器之间发现并建立邻居关系。

（2）每台路由器产生并向邻居泛洪链路状态信息，同时收集来自其他路由器的链路状态信息，完成 LSDB（Link State Database）的同步。

（3）每台路由器基于 LSDB 通过 SPF 算法，计算得到一棵以自己为根的最短路径优先树 SPT（Shortest Path Tree），再以 SPT 为基础，计算去往各邻居连接网络的最优路由并形成路由表。

2. 路由器 Router ID 的确定

组织网络中的设备少则几台，多则几十台，甚至几百台，每台路由器都需要有一个唯一的 ID 标识自己。Router ID 是一个 32 位的无符号整数，其格式和 IP 地址的格式是一样的。Router ID 的选举规则如图 3-80 所示。

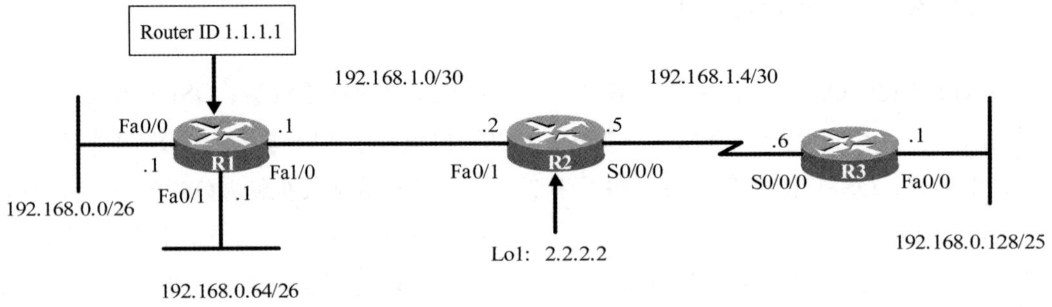

图 3-80 OSPF 网络 Router ID 规划

（1）手动配置 OSPF 路由器的 Router ID（通常建议手动配置）。

（2）如果没有手动配置 Router ID，则路由器使用 Loopback 接口中最大的 IP 地址作为 Router ID。

（3）如果没有配置 Loopback 接口，则路由器使用物理接口中最大的 IP 地址作为 Router ID。

OSPF 路由器的 Router ID 重新配置后，可以通过重置 OSPF 进程来更新 Router ID。一台路由器上运行多个 OSPF 进程时会选择唯一的 RID；被选作 RID 的接口不必进行宣告；路由表中不必存在去往 RID 的子网路由；OSPF 路由进程重启，路由器会考虑更改 RID；RID 变化会导致同一区域内的路由器重新执行 SPF 算法。

3. DR 和 BDR 的选举与控制

在多路访问网络中选择了一个 DR 和一个 BDR，DR 和 BDR 与本多路访问网络中的其他路由器都建立了邻接关系。DR 有两个主要功能：

（1）产生代表该网络的网络 LSA。

（2）与本多路访问网络中的其他 OSPF 路由器都建立邻接关系，以收集并分发各个路由器的链路状态信息。

BDR 作为 DR 的备份，当 DR 发生故障时可以接替 DR 的工作，BDR 并不负责向其他路由器发送路由更新消息，也不发送所产生的该网络的网络 LSA。

DR 的选举是基于接口的，说某个路由器为 DR 是错误的说法；控制接口的优先级是控制 DR 选举的好办法，优先级数字越大越优先；优先级为 0 代表不能参与 DR 的选举；优先级相等，则 Router ID 越大越优先，如图 3-81 所示。

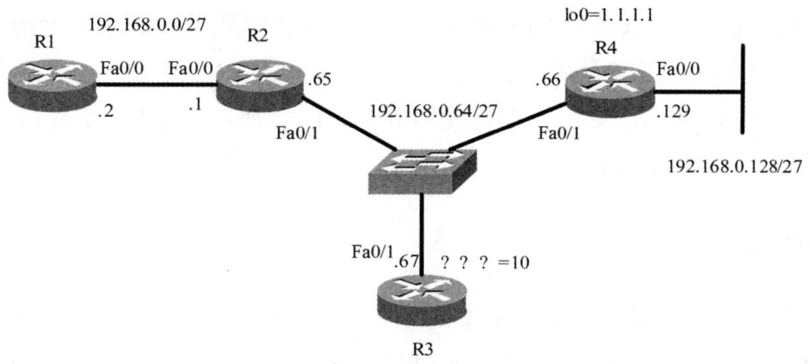

图 3-81 DR/BDR 选举控制

想一想

在 OSPF 路由器上能够看见的邻居状态有哪些？

4. OSPF 的网络类型

OSPF 协议是一种接口敏感型的路由协议，根据数据链路层媒介的不同，OSPF 的网络类型可分为 4 种类型：

（1）点到点（P2P），如 PPP、HDLC 链路。

（2）广播网络（Broadcast），如以太网。

（3）NBMA，如 ATM、帧中继网络。

（4）点到多点（P2MP），不是一种实际的网络。

网络类型会影响邻居关系、邻接关系的形成及路由计算。前 3 种 OSPF 网络的接口可以自动识别，第 4 种要人为配置，数据链路层不会自动上报。NBMA 的网络类型需要静态指定邻居，广播网络和 NBMA 的网络上需要进行 DR/BDR 的选举，其余网络类型可自动发现邻居。

试一试

在实际网络环境中，三层以太网接口运行 OSPF 的情况下，一般采取修改接口类型的优化措施，以跳过 DR、BDR 的选举过程，加快 OSPF 邻居的建立过程。请写出配置命令。

5. 被动接口

被动接口本身可能连接一个末节网络（只有主机，没有其他的路由器），如图 3-82 所示。

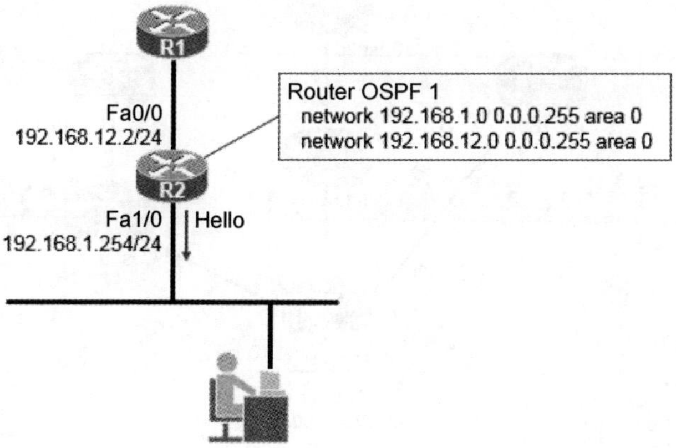

图 3-82 被动接口

OSPF 协议支持被动接口特性。OSPF 协议的被动接口特性与 RIP 的被动接口特性不同，OSPF 协议中启用被动接口会影响邻居关系的形成，但在 RIP 中不会。在路由协议中将某个接口设置为 passive-interface 的前提是使用 network 关键字宣告了这个接口的网段，否则 passive-interface 没有任何意义。

试一试

如图 3-83 所示，这是一个非常典型的场景，GS_SW 是汇聚层交换机，与核心交换机之间运行 OSPF。GS_SW 需要通告设备上 VLAN 所对应的网段，以便核心交换机能够获知相关的路由。一旦 GS_SW 在 OSPF 进程中宣告这些 VLAN 对应的网段，相应的 SVI 接口就会向 VLAN 中去泛洪 OSPF Hello 报文，而这些报文实际上是多余的，因为下面都是主机或终端。请写出实现被动接口的配置命令。

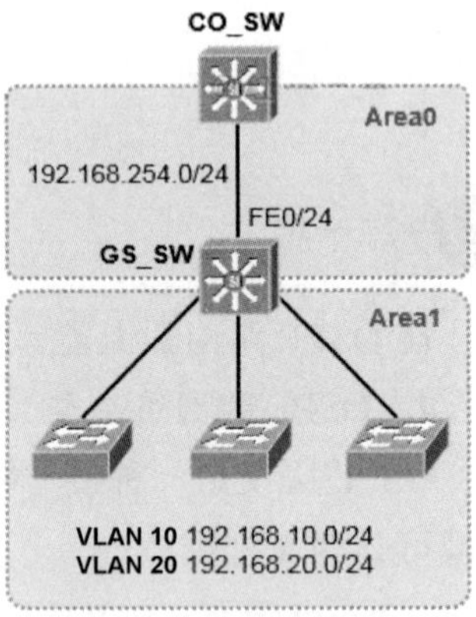

图 3-83 被动接口配置案例

6. OSPF 的链路开销

OSPF 路由器可以通过更改接口成本来影响路径选择。OSPF 采用 cost=参考带宽/实际带宽，计算接口的 cost，默认参考带宽为 100Mbit/s。当计算结果有小数位时，只取整数位；结果小于 1 时，cost 取 1。在 OSPF 路由器上，有两种方法可以计算接口的 cost 值。

（1）在接口模式下配置 cost，指定的值是接口最终的 cost 值，作用范围仅限于本接口。

（2）修改 OSPF 的参考带宽值，作用范围是本路由器使能 OSPF 的接口。建议参考整个网络的带宽情况建立基线，所有路由器修改为相同的参考带宽值，从而确保选路的一致性。

OSPF 以“累计 cost”为开销值，也就是流量从源网络到目的网络所经过的所有路由器的出接口的 cost 总和。如图 3-84 所示，以 R1 访问 Subnet X 为例，其 cost=R1’s cost+R5’s cost+R6’s cost+ Subnet X’s cost=20+30+40+10=100。

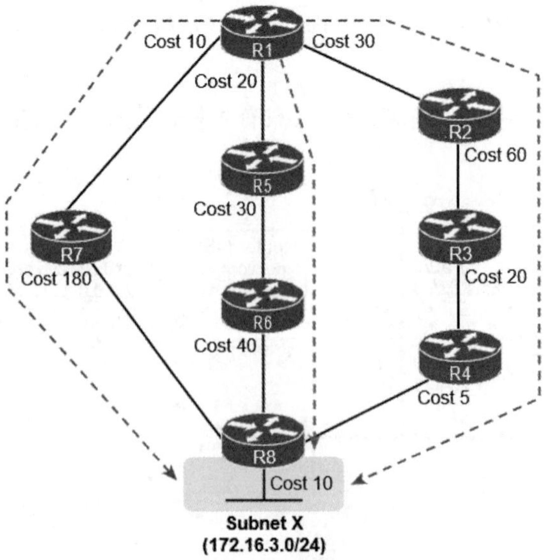

图 3-84 cost 的度量

7. OSPF 网络的层次区域规划

OSPF 协议是一个需要层次化设计的网络协议，在 OSPF 网络中使用了区域的概念，从层次化的角度看，区域被分为两种：骨干区域和非骨干区域。骨干区域的编号为 0，非骨干区域的编号为 1～4294967295，如图 3-85 所示。处于骨干区域和非骨干区域边界的路由器称为 ABR，处于非骨干区域的路由器被称为区域内部路由器。由于 OSPF 的区域边界处至少存在一个路由器，因此每个非骨干区域中至少会存在一个 ABR。实际上 OSPF 区域的划分也就是把网络中的路由器进行归类的过程。

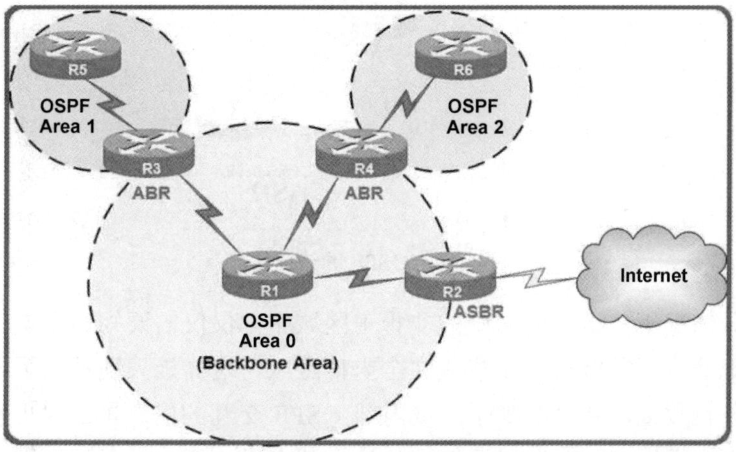

图 3-85 OSPF 网络路由器类型

在设计 OSPF 区域时，首先要考虑网络的规模，对于小型的 OSPF 网络，可以只使用一个 Area 0 来完成 OSPF 的规划。但是在大型 OSPF 网络中，网络的层次化设计是必需的。对于大型的网络，一般在规划上都遵循核心、汇聚、接入的分层原则，而 OSPF 骨干路由器的选择必然包含两种设备：一种是位于核心位置的设备，另一种是位于核心区域的汇聚设备。非骨干区域的范围选择则根据地理位置和设备性能而定，如果在单个非骨干区域中使用了较多的低端三层交换产品，由于其产品定位和性能的限制，应该尽量减少其路由条目数量，把区域规划变得更小一些。值得注意的是，在施工中对于非骨干区域的 Area ID 定义，推荐使用 Area 10、Area 20、Area 30 等，这样提供了 Area ID 的冗余，便于网络管理员增加区域。

8. 非骨干区域内部路由器的路由表优化

非骨干区域中使用了较多的低端三层交换产品，由于其产品定位和性能的限制使其不能承受过多的路由条目数量，为了精简其路由条目数量可以采用一些特殊区域来进行路由表的优化。OSPF 协议中定义了 3 种特殊区域：末梢区域（Stub Area），完全末梢区域（Totally Stub Area）和非完全末梢区域（NSSA Area），如图 3-86 所示。由于 NSSA 区域应用非常少，下面只简单介绍前两种特殊区域的应用场合。

（1）末梢区域。该区域不接收 AS 外部路由信息，路由到 AS 外部时，使用默认路由。该区域不能包含 ASBR（除非 ABR 也是 ASBR），不能接收 LSA Type 5 报文，由 ABR 向末梢区域通告默认路由（但还是 3 类 LSA）。

（2）完全末梢区域。完全末梢区域的内部路由器只有区域内部的明细路由和指向区域外部的一条默认路由。

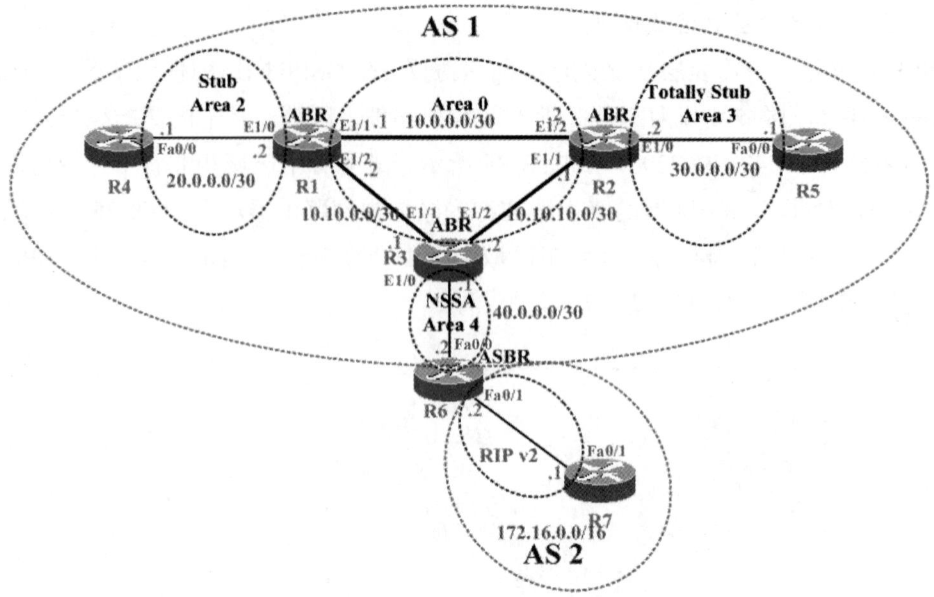

图 3-86　OSPF 的特殊区域

在绝大部分情况下，组织网络中的非骨干区域中都仅仅需要知道默认路由的出口在哪里，因此推荐把非骨干区域统一设置成完全末梢区域，这样极大地精简了非骨干区域内部路由器的路由条目数量，并且减少了区域内部 OSPF 交互的信息量。对于极少数存在特殊要求的网络，可以根据实际情况灵活使用几种区域类型。

9. 骨干区域内部路由器的路由表优化

对于 OSPF 的非骨干区域来说，使用特殊区域能够精简其内部路由器的路由表。而对于 OSPF 的骨干区域来说，要简化其内部路由器的路由表所采用的方式，就是减少非骨干区域使用的 IP 网段，这需要作出合理的规划以便于区域边界汇总。对于 IP 网段的合理规划在 3.4.1 节中已有详细的说明，本节不再赘述。运行 OSPF 协议的路由器域中，路由汇总的控制点在 ABR 路由器和 ASBR 路由器上。

（1）ABR 路由汇总条件。在如图 3-87 所示的网络拓扑结构中，在 ABR 即 R2 上执行区域汇总后，ABR 不再产生明细的 3 类 LSA（执行 show ip ospf database 命令后，在输出结果中看不见关于 192.168.1.0/24、192.168.2.0/24、192.168.3.0/24 和 192.168.4.0/24 等的明细路由条目）。在 R2 的路由表中，由于存在路由环路的风险，自动产生了下一跳为 Null0 接口的汇总路由：

```
O        192.168.32.0/21 is a summary, 00:00:05, Null0
```

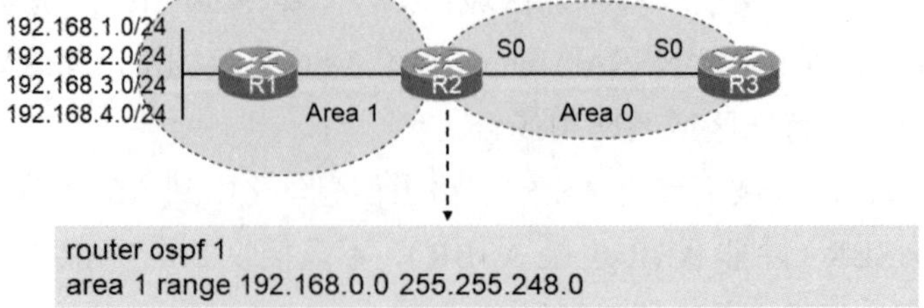

图 3-87　OSPF ABR 路由汇总

如果没有自动产生，则必须手动配置一条指向 Null0 接口的汇总路由。需要注意的是，只要有一条明细路由存在，那么在 ABR 上通告汇总路由就会生效；如果不存在明细路由，那么即使在 ABR 上配置了汇总命令，也不会通告汇总路由。言外之意，如果 192.168.1.0/24、192.168.2.0/24、192.168.3.0/24 和 192.168.4.0/24 这些路由条目都失效了，那么即使在 ABR 上配置了 192.168.0.0 255.255.248.0 这条汇总路由，它也不会将这条汇总路由通告给 R3。

（2）ASBR 汇总的条件。在如图 3-88 所示的网络拓扑结构中，在 R2 上执行域间汇总后，在 R2 上，与区域间路由汇总一样，为了预防路由环路，也必须要产生指向 Null0 接口的汇总路由：

```
O        172.9.0.0/16 is a summary, 00:08:20, Null0
```

同时有关于汇总路由的明细路由：

```
R        172.9.0.1/32 [120/1] via 172.9.12.1, 00:00:20, FastEthernet0/0.12.
```

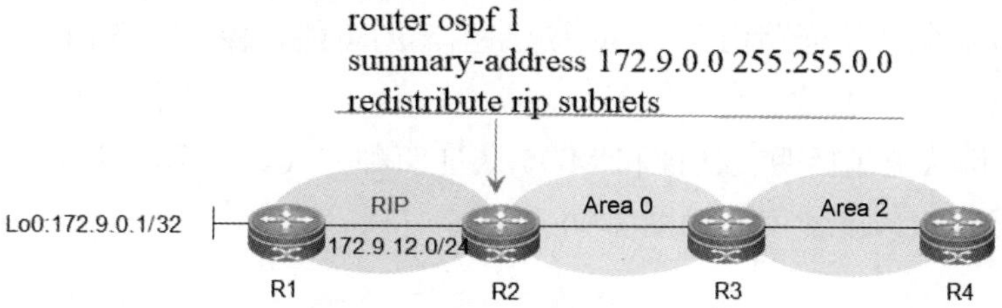

图 3-88　OSPF ASBR 路由汇总

如果汇总命令配置后，不产生指向 Null0 接口的路由，那么必须手动配置一条指向 Null0 接口的静态路由。在 R3 上，会产生汇总路由：

```
O E2 172.9.0.0/16 [110/20] via 9.9.23.2, 00:03:09, FastEthernet0/0.23
```

在 R4 上会产生汇总路由：

```
O E2 172.9.0.0/16 [110/20] via 192.9.34.3, 00:04:33, FastEthernet0/0.34
```

ASBR 汇总生效的条件是，重分发路由生成的 5 类 LSA 中的网络号不在汇总网段范围内，则仍以精确的 5 类 LSA 通告。

10. OSPF 默认路由的引入和选路优化

对于一个大型网络来说，很大一部分的业务量并不在区域内部，而是通往 Internet 的出口，因此默认路由的引入也是组织网络中 OSPF 设计的一大要点。对于 OSPF 网络的默认路由引入方式，推荐使用默认路由重分发到 OSPF 网络的方法。

在实际的大多数工程案例中，组织网络的出口不止一个，如何有效地将出口的流量分担到多条链路上就构成了 OSPF 设计中的一个难点。图 3-89 所示为简单的双出口网络，OSPF 会直接选择将所有的流量都从 S0 接口发出走 E1 线路，这是一种极大的浪费。

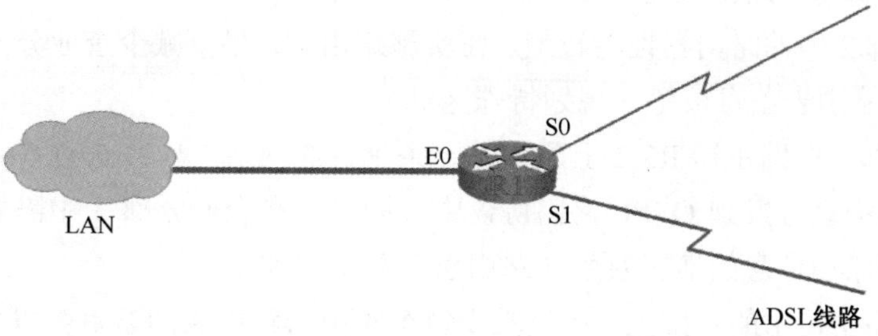

图 3-89　简单的 OSPF 双出口网络

虽然有很多种方法能够起到分担流量的目的，最简单的也是最安全的方法是使用 OSPF 内建的选路机制。因为 OSPF 路由器对一条路由的优劣判断是通过计算其 cost 值来实现的，cost 值小的路由会被路由器优先放入路由表中。通过调整 OSPF 接口的 cost 值可以使路由器选择不同的链路出口来达到负载分担的目的。

需要注意的是，OSPF 有专门的默认路由引入命令，应使用 default-information origin 命令，而不能使用 redistribute 命令。

11. OSPF 网络的基本安全防护

在默认情况下，OSPF 路由器不作身份认证，完全相信邻居路由器发送过来的 OSPF 报文，也完全相信这些报文没有被修改过。为了确保路由信息来自特定的源，加强网络的安全性，OSPF 允许一定区域内的路由器之间互相进行身份认证。配置身份认证是为了防止学到非认证、无效的路由，以及避免通告有效路由到非认证路由器。在广播类型网络中，身份认证还可以避免非认证路由器成为指定路由器的可能，保证了路由系统的稳定性和抗入侵性。

OSPF 的身份认证包括明文认证和 MD5 认证两种方式。这两种认证方式可以在 OSPF 区域内的路由器或接口上使用，如图 3-90 所示。

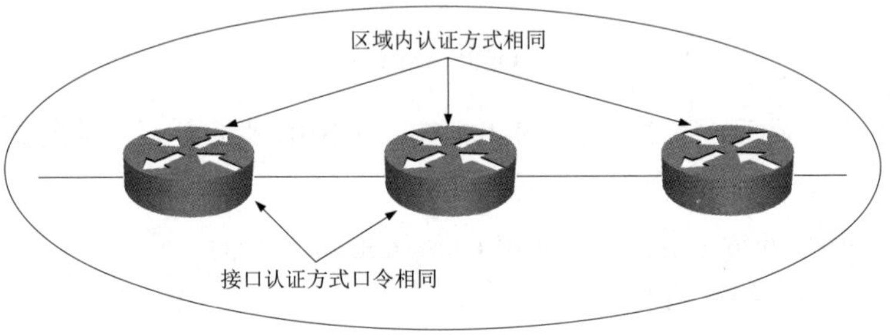

图 3-90 OSPF 的身份认证

动手操练：OSPF 路由规划与配置

（1）网络拓扑结构。图 3-91 所示为某公司的网络拓扑结构，可以看出这是一个中型的园区网络，拥有三个分公司和一个到 Internet 的出口，园区内部网络比较简单。对于这种比较典型的 OSPF 部署，采用前文中所学的步骤来进行规划。

（2）OSPF 路由设计思路。根据网络需求，结合 OSPF 路由设计要素，完成 OSPF 路由规划。

1）使用能扩展的路由协议实现企业内部网络所有网段的互连互通（选用 OSPF 协议）。

2）避免由于网络中某个分部网络拓扑的经常改变，而导致企业网络中所有路由器重新计算路由，从而引起的路由振荡网络现象（OSPF 多区域）。

3）企业分部 2 中的路由器性能较差，在实施路由时，尽量减少企业分部 2 中路由器上 LSDB 的大小、路由表条目数等（规划特殊区域）。

4）企业分部 3 中路由器 R3-2 上配置了一条到目的网络“172.16.0.0/16”的静态路由，需要把该静态路由重分发到 OSPF 路由协议中，同时，在企业分部 3 中需要使用认证来避免可能引入有害路由信息的情况发生（路由引入与协议安全）。

5）在满足路由需求的基础上，尽量减少每个路由器路由表的条目数以优化路由（路由汇总）。

6）优化 OSPF 路由收敛，如果路由器的端口所连网络不存在别的路由器，则应把该接口设置为“被动接口”以优化网络性能（优化 LSA 通信量和路由控制）。

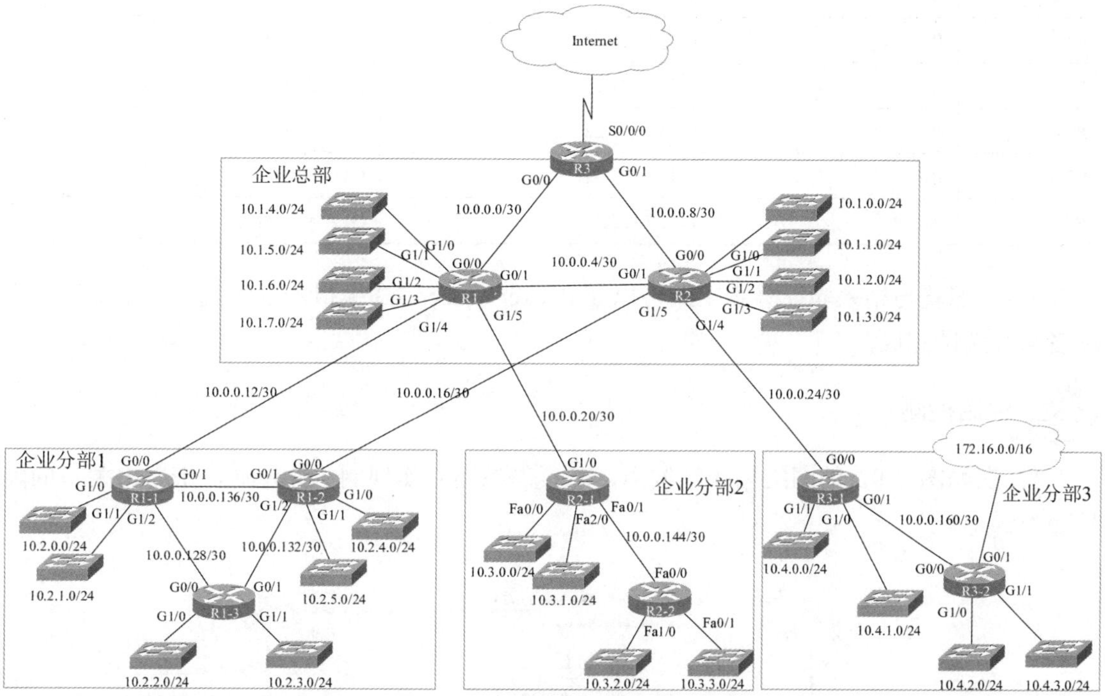

图 3-91　某公司网络的网络拓扑结构

（3）OSPF 规划结果。

1）OSPF 路由多区域规划见表 3-36。

表 3-36　OSPF 路由多区域规划

区域 ID	区域类型	区域包含的路由器接口	区域汇总后的网络前缀
0	骨干区域	路由器 R1 的 G0/0、G0/1、G1/0、G1/1、G1/2 和 G1/3 接口 路由器 R2 的 G0/0、G0/1、G1/0、G1/1、G1/2 和 G1/3 接口	10.1.0.0/21
1	标准区域	路由器 R1-1、路由器 R1-2 与路由器 R1-3 的所有接口 路由器 R1 的 G1/4 接口 路由器 R2 的 G1/5 接口	10.2.0.0/22 10.2.4.0/23
2	完全末梢区域	路由器 R2-1 和路由器 R2-2 的所有接口	10.3.0.0/22
3	次末梢区域	路由器 R3-1 的所有接口 路由器 R3-2 的 G0/0、G1/0 和 G1/1 接口 路由器 R2 的 G1/4 接口	10.4.0.0/22

2）OSPF 路由器角色和被动接口规划见表 3-37。

表 3-37　OSPF 路由器角色和被动接口规划

设备	路由器类型	路由器 ID	被动接口
R1	ABR 和 BR	1.1.1.1	G1/0、G1/2、G1/3 和 G1/4
R2	ABR 和 BR	2.2.2.2	G1/0、G1/2、G1/3 和 G1/4
R3	ASBR 和 BR	3.3.3.3	
R1-1	IR	11.11.11.11	G1/0 和 G1/1

续表

设备	路由器类型	路由器 ID	被动接口
R1-2	IR	12.12.12.12	G1/0 和 G1/1
R1-3	IR	13.13.13.13	G1/0 和 G1/1
R2-1	IR	21.21.21.21	Fa0/0 和 Fa2/1
R2-2	IR	22.22.22.22	Fa1/0 和 Fa0/1
R3-1	IR	31.31.31.31	G1/0 和 G1/1
R3-2	ASBR	32.32.32.32	G1/0 和 G1/1

（4）配置与结果验证。本案例可以在 Packet Tracer 7.3 模拟器上实现，限于篇幅，由读者自行调试完成。

课后检测

1．在如图 3-92 的网络拓扑结构中，配置静态路由实现网络的连通，请写出关键的配置命令。

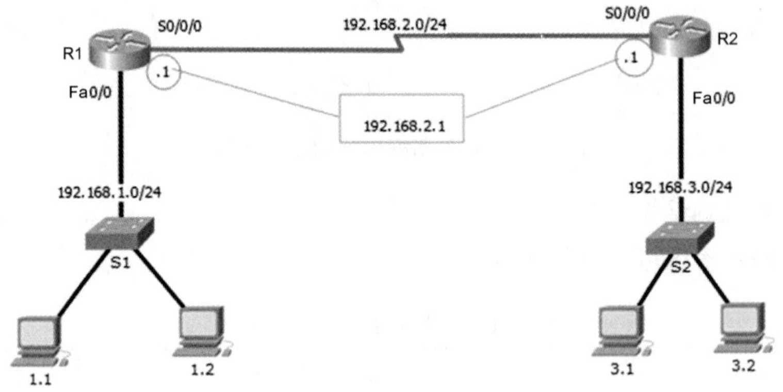

（a）

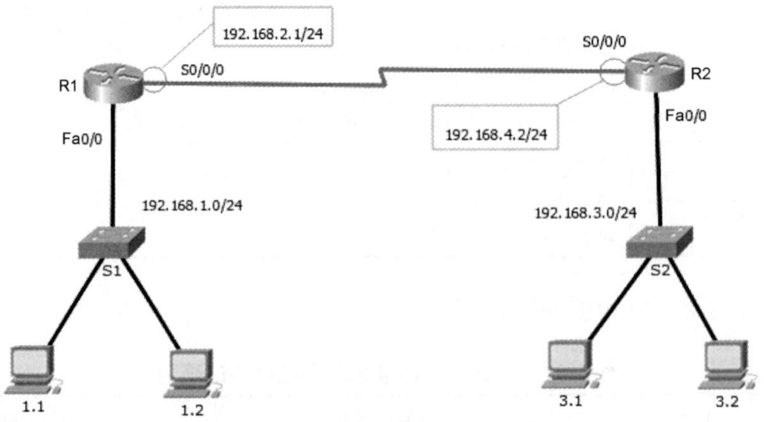

（b）

图 3-92　静态路由配置网络拓扑结构

2．如图 3-93 所示的网络拓扑结构中，使用静态路由实现链路的主备工作方式，请写出关键的配置命令。

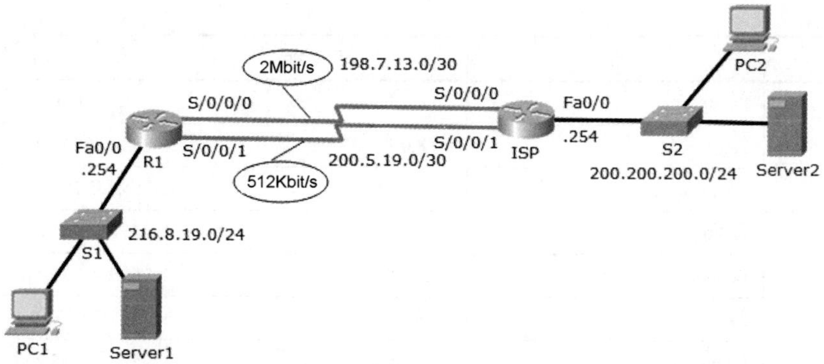

图 3-93　链路主备工作方式

3．网络拓扑结构如图 3-94 所示，所有路由器和交换机都采用思科的网络产品，路由协议采用 OSPF 协议，路由器各接口的 IP 地址参数见表 3-38。

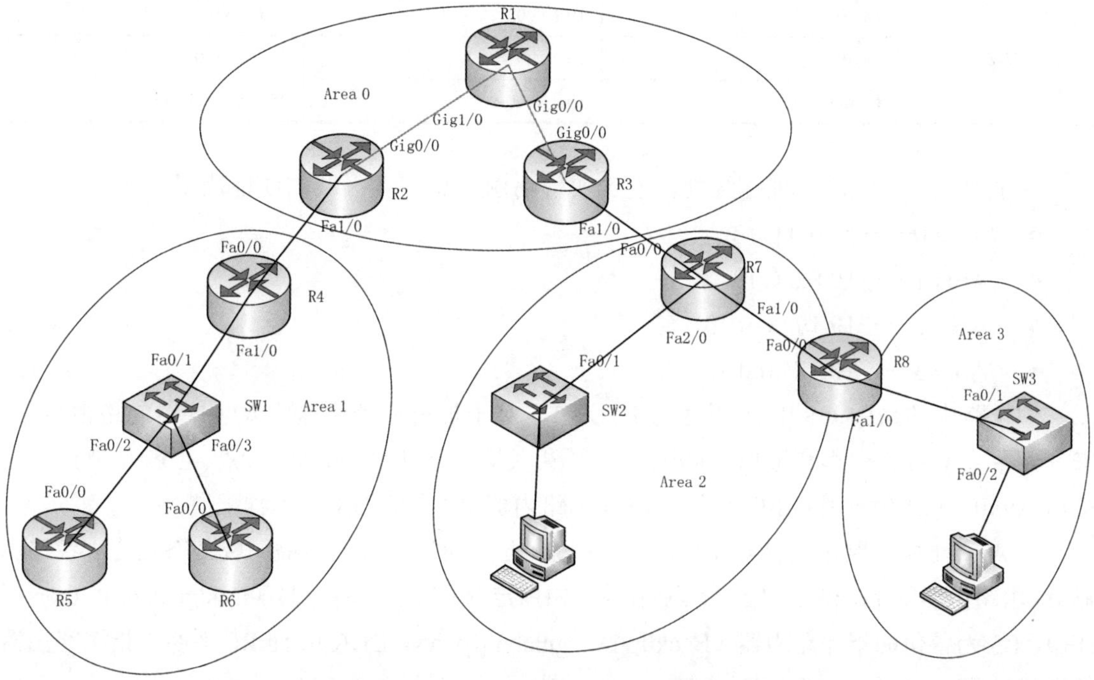

图 3-94　OSPF 路由网络拓扑结构

表 3-38　OSPF 网络 IP 地址规划表

路由器	接口	IP 地址	子网掩码
R1	Gig0/0	10.2.0.1	255.255.255.252
	Gig1/0	10.1.0.1	255.255.255.252
	Loopback 0	192.168.0.1	255.255.255.255
R2	Gig0/0	10.1.0.2	255.255.255.252
	Fa1/0	10.9.0.1	255.255.0.0
	Loopback 0	192.168.0.2	255.255.255.255
R3	Gig0/0	10.2.0.2	255.255.255.252
	Fa1/0	10.192.0.1	255.255.255.252
	Loopback 0	192.168.0.3	255.255.255.255

续表

路由器	接口	IP 地址	子网掩码
R4	Fa0/0	10.9.0.2	255.255.0.0
	Fal/0	10.8.0.1	255.255.255.0
	Loopback 0	192.168.0.4	255.255.255.255
R5	Fa0/0	10.8.0.2	255.255.255.0
	Loopback 0	192.168.0.5	255.255.255.255
R6	Fa0/0	10.8.0.3	255. 255.255.0
	Loopback 0	192.168.0.6	255.255.255.255
R7	Fa0/0	10.192.0.2	255.255.255.252
	Fa1/0	10.193.0.1	255.255.0.0
	Fa2/0	10.194.0.1	255.255.0.0
	Loopback 0	192.168.0.7	255.255.255.255
R8	Fa0/0	10.193.0.2	255.255.0.0
	Fa1/0	10.224.0.1	255.255.0.0
	Loopback 0	192.168.0.8	255.255.255.255

为了保证各区域的地址连续性，便于实现路由汇总，各区域的地址范围如下：

- Area 0——10.0.0.0/13
- Area 1——10.8.0.0/13
- Area 2——10.192.0.0/13
- Area 3——10.224.0.0/13

假设路由体系中 OSPF 进程号的 ID 为 1，对于拥有三个快速以太网接口的路由器 R7 来说，希望 OSPF 进程和接口 Fa0/0、Fa1/0 相关联，而不和 Fa2/0 关联，也就是说只允许接口 Fa0/0、Fa1/0 使用 OSPF 进程，请写出路由器 R7 上的 OSPF 进程配置。

在 Area 1 中，路由器 R4、R5 和 R6 通过一台交换机构成的广播局域网络互连，各路由器 ID 由路由器的 Loopback 接口地址指定，如指定 R4 为指派路由器（Designated Routers，DR）、R5 为备份的指派路由器（Backup Designated Router，BDR），而 R6 不参与指派路由器的选择过程。

配置路由器 R6 时，为使其不参与指派路由器的选择过程，需要在其接口 Fa0/0 上添加配置命令 ip ospf priority（　　）。

在配置路由器 R4 与 R5 时，如果允许修改路由器的 Loopback 接口地址，可以采用两种方式，让 R4 成为 DR，而 R5 成为 BDR，这两种可行的方法分别是：（　　）和（　　）。

4．何谓黑洞路由，用于什么场合？

模块 4　网络安全设计

随着物联网的不断扩大，每年都会有数百万的新设备加入到网络中。此外，使用无线功能，几乎可以在任何地方使用这些设备。威胁发起者将继续寻找可以利用的漏洞，网络管理员需要使用各种方法来保护网络中的设备和数据。网络系统本身是一个复杂的系统，其连接形式多样，终端设备分布不均匀、网络的开放性和互连性都容易导致网络系统遭受恶意攻击者和恶意软件的攻击，因此，要保护网络安全，需对网络安全进行系统设计。

网络安全设计是网络系统集成过程中逻辑网络设计部分的重要内容，并且网络安全涉及的内容比较多、范围比较广、专业技术性强。本模块结合网络安全的纵深防御模型设计了五个主题来讨论，分别是：网络安全整体规划、终端接入安全设计、访问控制安全设计、网络边界安全设计和数据传输安全设计，重点讨论路由器、防火墙、入侵检测系统和 VPN 网关等网络安全设备在网络安全设计中的应用。

4.1　网络安全整体规划

学习提示

首先，应该明确网络安全是一个动态过程，需要在网络系统运行的过程中，不断地检测安全漏洞，并实施一定的安全加固措施。依据国家的《计算机信息系统 安全保护等级划分准则》（GB 17859—1999）和相关的安全标准，可以从安全分层保护、安全策略和安全教育三方面考虑，采取以“积极防御”为首的方针进行规划。

课前评估

请读者独立思考并回答下列问题。

1．DES 加密算法的密钥长度为 56 位，三重 DES 的密钥长度为（　　）位。

A．168　　B．128　　C．112　　D．56

2．流量分析属于（　　）方式。

A．被动攻击　　B．主动攻击　　C．物理攻击　　D．分发攻击

3．某宾馆三层网速异常，ping 网络丢包严重。通过查看核心交换机的 VLAN 接口 IP 地址和 MAC 地址，与客户电脑地址信息进行对比发现不一致。在交换机上启用 DHCP Snooping（DHCP 监听）后问题解决。该故障是由（ ① ）造成。可以通过（ ② ）方法杜绝此类故障。

①A．客人使用台带路由器　　B．交换机环路

C．客人电脑中病毒　　D．网络攻击

②A．安装防毒软件　　B．对每个房间分配固定的地址

C．交换机进行 MAC 和 IP 绑定　　D．通过 PPPoE 认证

4．AAA 服务器是一种处理用户访问请求的框架协议，它的主要功能有 3 个，但是不包括（ ① ），通常用来实现 AAA 服务的协议是（ ② ）。

①A. 身份认证　B. 访问授权　C. 数据加密　D. 计费

②A. Kerberos　B. RADIUS　C. SSL　D. IPsec

5. PPP 的认证协议 CHAP 是一种（ ① ）安全认证协议，发起挑战的应该是（ ② ）。

①A. 一次握手　B. 两次握手　C. 三次握手　D. 同时握手

②A. 连接方　B. 被连接方　C. 任意一方　D. 第三方

6. 配置路由器有多种方法，一种方法是通过路由器 Console 接口连接（　　）进行配置，另一种方法是通过 Telnet 协议连接（　　）进行配置。

A. 中继器　B. Auxiliary 接口

C. 终端　D. TCP/IP 网络

7. 某用户为了保障信息的安全，需要对传送的信息进行签名和加密，考虑加解密时的效率与实现的复杂性，加密时合理的算法是（ ① ），签名时合理的算法为（ ② ）。

①A. MD5　B. RC-5　C. RSA　D. ECC

②A. RSA　B. SHA-1　C. 3DES　D. RC-5

8. 下列攻击方式中，（　　）不是利用 TCP/IP 漏洞发起的攻击。

A. SQL 注入攻击　B. Land 攻击　C. Ping of Death　D. Teardrop 攻击

9. SSL 包含的主要子协议是记录协议、（　　）。

A. AH 协议和 ESP 协议　B. AH 协议和握手协议

C. 警告协议和 ESP 协议　D. 警告协议和握手协议

10. 关于加密技术，下面说法中错误的是（　　）。

A. 为提高安全性，密码体制中加密算法和解密算法应该保密

B. 所有的密钥都有生存周期

C. 密码分析的目的就是千方百计地寻找密钥或明文

D. 公开密钥密码体制能有效地减少网络通信中密钥使用的数量

11. 特洛伊木马程序分为客户端（也称为控制端）和服务器端（也称为被控制端）两部分。当用户访问了带有木马的网页后，木马的（　）部分就下载到用户所在的计算机上，并自动运行。

A. 客户端　B. 服务器端

C. 客户端和服务器端　D. 客户端或服务器端

12. 以下程序中，（　　）不属于恶意代码。

A. widget　B. 特洛伊木马　C. 僵尸程序　D. 网络蠕虫

13. 很多通信使用对称密钥加密方法，其中共享密钥的分发过程是保证安全的重要环节之一，可用于在用户甲和乙之间分发共享密钥的方案是（　　）。

A. 甲选取密钥并通过邮件告诉乙

B. 甲选取密钥并通过电话告诉乙

C. 甲选取密钥后用双方事先已有的共享密钥加密后通过网络传送给乙

D. 第三方选取密钥后通过网络传送给甲、乙

14. 甲利用对称密钥签名体制将签过名的文件发送给乙，甲不能抵赖、乙也不能伪造签名的原因是（　　）。

A. 只有甲知道他的签名密钥（除可信的仲裁者外），仲裁者转发甲的签名文件给乙时附加了唯一的声明信息

B．只有甲和乙知道共享密钥

C．只有仲裁者同时知道所有的密钥

D．只有乙知道甲的密钥

15．数字证书中不包含的信息是（　　）。

A．公钥　　B．私钥　　C．起始时间　　D．终止时间

16．甲公司承接了乙公司的网络建设工作。由于待建网络规模很大，为确保建设工作顺利进行，负责该项目的工程师在进行逻辑设计时的内容是：网络拓扑结构设计，物理层技术选择，局域网技术选择，广域网技术选择，地址设计，路由协议选择，网络管理模式与工具选择，逻辑设计文档撰写。对该工程师确定的逻辑设计内容的评价，恰当的是（　　）。

A．内容全面，符合逻辑设计的工作准则

B．应去掉物理层技术选择这一部分

C．应去掉路由协议选择这一部分

D．应增加网络安全设计这一部分

17．简述 SSL 与 SSH 的区别。

4.1.1　网络安全基本问题

网络安全是指网络系统的硬件、软件及其系统中的数据受到保护，不因偶然或者恶意的原因而遭受破坏、更改、泄露，系统连续、可靠、正常地运行，网络服务不中断。网络安全从其本质上来讲就是网络上的信息安全。网络系统本身是一个复杂的系统，其连接形式多样，终端设备分布不均匀，网络的开放性和互连性都容易导致网络系统遭受恶意攻击者及恶意软件的攻击。因此，网络的安全及防范问题变得非常重要，需要解决使用者对网络基础设施的信心和责任感的问题，最终就是为了保障信息的机密性（Confidentiality）、完整性（Integrity）和可用性（Availability），这三者简称 CIA 三元组，如图 4-1 所示。

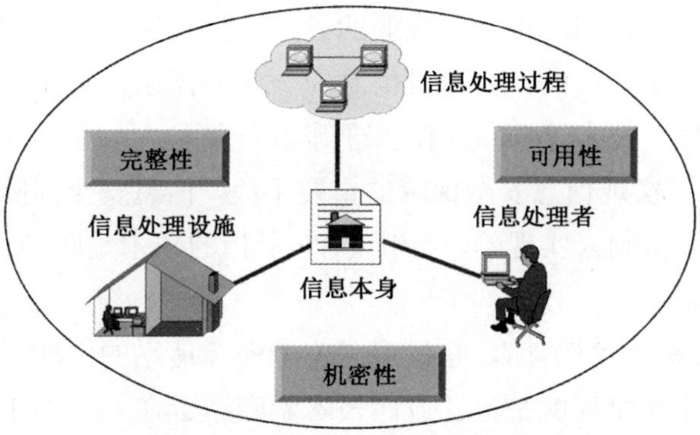

图 4-1　CIA 三元组

1．机密性

只有获授权的个人、实体或进程可以访问敏感信息。

2．完整性

保护数据免受未经授权用户的修改。

3．可用性

获授权的用户必须能够不受阻挡地访问重要资源和数据。

机密性、完整性和可用性三者相互依存，形成一个不可分割的整体，三者中任何一个

受到损害都将影响到整个安全系统。可以使用各种加密应用对网络数据进行加密（使未经授权的用户无法读取）。例如，两个 IP 电话用户之间的对话是可加密的，计算机中的文件也是可加密的。事实上，有数据通信的地方几乎都可以使用加密算法，未来趋势是对所有通信进行加密。

4.1.2 网络安全体系框架

网络安全设计是逻辑设计工作的重要内容之一，在设计网络体系时存在多种安全架构模型，本模块将依据美国国家安全局提出的信息安全保障技术框架（Information Assurance Technical Framework，IATF）进行网络安全设计的介绍，如图 4-2 所示。

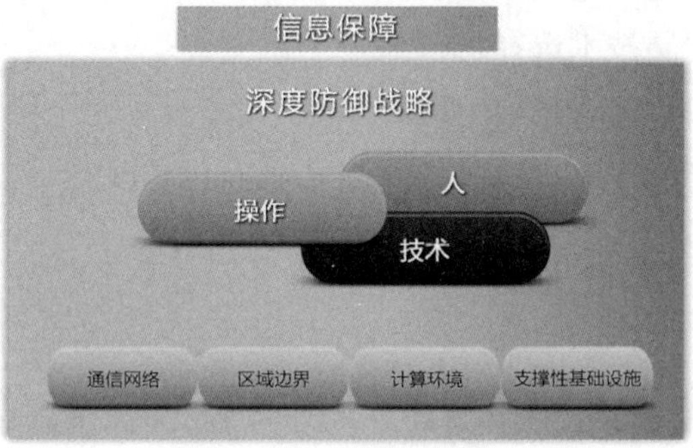

图 4-2 IATF 模型框架

1. IATF 模型框架介绍

IATF 依据“深度防护战略”理论，要求从整体、过程的角度看待信息安全问题，主要关注四个层次的安全保障——保护网络和基础设施、保护边界、保护计算环境、支撑基础设施，强调人、技术和操作这三个要素。

（1）人：人是信息的主体，是信息系统的拥有者、管理者和使用者，是信息保障体系的核心，是第一位的要素，同时也是最脆弱的。正是基于这样的认识，安全组织和安全管理在安全保障体系中是第一位的。要建设信息安全保障体系，首先必须建立安全组织和安全管理，包括组织管理、技术管理和操作管理等多个方面。

（2）技术：技术是实现信息安全保障的重要手段，信息安全保障体系所应具备的各项安全服务就是通过技术机制来实现的。当然 IATF 所指的技术是防护、检测、响应、恢复并重的、动态的技术体系。

（3）操作：也可称为“运行”，它体现了安全保障体系的主动防御。如果说技术的构成是被动的，那么操作和流程就是将各方面技术紧密结合在一起的主动过程。运行保障至少包括安全评估、入侵检测、安全审计、安全监控和响应恢复等内容。

2. 网络安全结构划分

当前使用的企业网、园区网和校园网等网络的结构一般划分为内网、外网和公共子网三个部分，如图 4-3 所示。

图 4-3 网络结构划分

（1）内网：指各种园区网络的内部局域网，包括内部服务器和用户。内部服务器只允许内部用户访问。内部用户的安全隐患比来自外网的攻击更加令人难防，内部用户的泄密是对系统安全的最大破坏。

（2）外网：指不属于部门内部网络的设备和主机。非授权用户可以通过各种手段来攻击、窃取内网服务器上的数据和信息资源。

（3）公共子网：内网、外网用户都能够访问的唯一网络区域，其安全管理应该是对服务器进行访问控制，对客户和服务器双方进行身份验证，同时对内外部网络服务器提供代理。

3. IATF 纵深防御方法应用举例

组织必须使用一种纵深防御的方法识别威胁（资产的任何潜在危险）并保护易受攻击的资产（任何对组织而言有价值且必须加以保护的东西，包括服务器、基础设施设备、终端设备和数据）。此方法在网络边缘、网络内部以及网络端点上使用多个安全层。

图 4-4 所示为纵深防御方法的简单拓扑。

图 4-4　纵深防御方法的简单拓扑

（1）边缘路由器：第一道防线称为边缘路由器（图 4-4 中的 R1）。边缘路由器上设置一组规则，用于指定允许或拒绝的流量。它将所有到内部 LAN 的连接传递给防火墙。

（2）防火墙：第二道防线是防火墙。防火墙是一个检查点设备，它执行额外过滤并跟踪连接的状态。它拒绝从外部（不受信任）网络向内部（受信任）网络发起连接，同时允许内部用户建立与不受信任网络的双向连接。它还可以执行用户身份验证（身份验证代理），以授予外部远程用户访问内部网络资源的权限。

（3）内部路由器：另一道防线是内部路由器（图 4-4 中的 R2）。它可以在将流量转发到目标之前对流量应用最终的过滤规则。

纵深防御方法中使用的设备并不是只有路由器和防火墙，其他安全设备还包括入侵检测系统（IDS）、入侵防御系统（IPS）、高级恶意软件防护（AMP）、Web 和邮件内容安全系统、身份服务、网络访问控制等。

在分层纵深防御安全方法中，各层共同创建一个安全架构。在这个架构中，一个防护措施出现故障不会影响其他防护措施的效力。

4.1.3　网络安全分层保护

全方位的、整体的网络安全防范体系需要分层实现，不同层次反映了不同的安全问题，安全防范体系层次通常划分为物理层安全、网络层安全、系统层安全、应用层安全和管理层安全。

1. 物理层安全

物理层安全指计算机网络设施本身及其所在环境的安全，保证物理安全就是防止由于自然或者人为因素造成的对网络的物理破坏，使得网络不能正常运行，如设备被盗、火灾、断电等。宜采用的安全方法是加强物理安全条件及防范人为破坏，如装设机房门禁系统等。

2. 网络层安全

网络层安全涉及网络设备、数据、边界等受到的各种威胁，如 DoS 攻击、DDoS 攻击、IP 地址欺骗、MAC 地址欺骗、ARP 欺骗、Sniffer 嗅探、设备自身缺陷、ICMP 重定向等。宜采用的安全方法有访问控制列表（ACL）、防火墙、入侵检测系统、入侵防御系统、网络加密机（VPN 网关）等。

3. 系统层安全

常见的操作系统有 Windows、Linux、UNIX 等，在系统层的安全隐患主要有操作系统漏洞、缓冲区溢出、弱口令以及不可信的访问等。宜采用的安全方法有补丁升级、选用系统加固产品等。

4. 应用层安全

应用层的任务主要有邮件服务、文件服务、数据库、Web 服务器等，其安全隐患主要包括网页篡改、程序及脚本解释器的溢出、SQL 注入、未加密的传输、缓冲区溢出、产品自身缺陷、信息泄密、病毒、木马等。宜采用的安全方法有防网页篡改、传输加密、漏洞扫描、防病毒等。

5. 管理层安全

管理层是最为关键的一层，是协助以上安全措施的有力保障，主要包括人员、制度。通过管理系统、培训、人员考核、安全外包等方式来解决管理层的安全问题。

4.1.4 网络安全设计原则

面对网络的种种威胁，为了最大限度地保护网络中的信息安全，所采用的安全管理和安全技术均应考虑如下原则。

1. 均衡性原则

网络信息安全中也有“木桶理论”（即“木桶最大容积取决于最短的一块木板”），故应对信息进行均衡、全面的保护。

2. 整体性原则

本原则要求在网络发生被攻击、破坏事件的情况下，必须尽可能快速恢复网络信息中心的服务，减少损失。

3. 一致性原则

网络安全系统是一个庞大的系统工程，其安全体系的设计必须遵循一系列的标准，这样才能确保各个分系统的一致性，使整个系统安全地互联互通、信息共享。

4. 技术与管理相结合的原则

安全体系是一个复杂的系统工程，涉及人、技术、操作等要素，单靠技术或单靠管理都不可能实现。因此，必须将各种安全技术、运行管理机制、人员思想教育、技术培训和安全规章制度建设相结合。

5. 动态发展原则

根据网络安全的变化不断调整安全措施，适应新的网络环境，满足新的网络安全需求。

6. 易操作性原则

安全措施需要人去完成，如果措施过于复杂，对人的要求过高，本身就降低了网络系统的安全性。因此，措施的采用不能影响系统的正常运行。

4.1.5 网络安全设计过程

网络安全系统集成一般经历如下过程：在对网络风险分析的基础上，在安全策略的指导下，决定所需的安全服务类型，选择相应的安全机制，然后集成先进的安全技术，形成一个全面综合的安全系统，建立相关的规章制度，并对安全系统进行审计评估和维护。

1. 确定需要保护的资产

了解网络中的硬件资源配置情况，如路由交换设备、服务器、防火墙、个人计算机的配置情况。了解软件资源的配置情况，如操作系统、网络系统软件、应用软件等的情况。了解网络存储介质情况，如光盘、闪存、硬盘、磁带等的存储信息。了解系统涉密的用户群体分类情况及分布情况。

2. 识别网络环境中的威胁

识别威胁是为组织提供某个网络特定环境可能面临的威胁列表。识别威胁时，一定要明确以下几个问题：

（1）系统可能存在哪些漏洞？

（2）谁可能希望利用这些漏洞来访问特定信息资产？

（3）如果系统漏洞被利用并导致资产损失，后果是什么？

例如，电子银行网络系统的威胁可能包括以下内容。

（1）内部系统侵害：攻击者使用公开的电子银行服务器闯入内部银行系统。

（2）窃取客户数据：攻击者从客户数据库窃取银行客户的个人资料和财务数据。

（3）来自外部服务器的虚假交易：攻击者通过冒充合法用户修改电子银行应用的代码并进行交易。

（4）使用窃取客户 PIN 或智能卡的虚假交易：攻击者窃取客户的身份并通过受侵害的账户完成恶意交易。

（5）内部人员对系统的攻击：银行职员寻找可发动攻击的系统缺陷。

（6）数据输入错误：用户输入不正确的数据或提出不正确的交易请求。

（7）数据中心破坏：灾难性事件会严重损坏或破坏数据中心。

3. 网络安全需求分析

组织对网络安全的需求是整体的、全方位的，相应的安全体系也是分层次的，不同层次反映了不同的安全需求问题。根据网络应用现状和网络结构，网络安全需求应从以下几个方面来考虑。

（1）业务管理的需要。如何有效地利用现有软硬件和网络资源，简化工作流程，提高管理工作效率，实现办公自动化和信息资源共享，是组织各管理部门的迫切需求。

（2）组织生产的需要。组织在生产的过程中，会产生大量的生产数据和文档资料，在确保数据的安全、保密的前提下，实现数据资料的存储、传输和共享，是该组织当前信息化建设的需要。

（3）信息安全等级保护的需要。组织的经济建设、信息数据的安全等，这些都与组织和国家的利益相关，所以信息化建设必须符合国家信息安全等级保护审查的要求。

（4）网络安全需求的具体内容。通过对组织信息化网络系统的调研、分析，以及结合该组织的未来发展，该组织的网络安全需求主要体现在以下一些方面。

1）物理设备的安全需求。物理设备的安全问题主要是如何有效地保证中心机房的安全建设，从而有效地保证其中的设备放置和运行的物理安全。

2）网络边界安全的需求。规划建设后，组织的信息网络系统将由很多业务安全域组成。在划分安全域后，其中涉密等级较高的部门所涉及的安全域为重要安全域，需要进行重点防护，各个子网间的边界安全问题也十分重要，如组织与外部（如 Internet）网络相连接，需要隔离不安全因素，最终保证组织网络以及内部的边界安全。

3）防范病毒的需求。病毒是严重威胁组织计算机信息系统安全的存在，影响组织业务的持续运行、用户数据的安全性等，而且新病毒的爆发会毁掉一个病毒防御机制不健全的网络，因此，需要建立完整的网络防病毒系统。

4）网络入侵行为的审计的需求。为了有效地监控网络入侵行为的发生，需要对内部和外部的入侵行为进行详细的记载，同时产生预警。

5）接入安全的需求。为了有效地保证组织网络的身份可信，以及资源访问控制管理的需要，需要为企业员工建立统一的身份认证，要求在接入网络的时候进行身份认证，同时检查员工的主机是否符合组织安全策略，不符合的主机需要重新修复后方可进入资源区。

6）网络传输安全的需求。对连接组织总部和分部的广域网来说，应采用安全的加密传输的方式进行连接，形成一个广域的“内部网”（虚拟私有网络，即 VPN）。同时，对于重要部门的计算机，当在彼此之间传输文件时，也尽可能采用加密传输的方式。

7）安全管理规范建设。明确“技术和管理并重”的原则，网络的安全不仅是技术问题，更是一个管理问题，安全管理在信息系统安全中占有很重要的地位，组织应加强网络安全管理规范的建设，在设立专门的管理机构的基础上，制定全面的管理制度，并确保其能够得到正确执行，从而使所有安全技术措施都能够发挥作用。

4. 网络安全风险分析

网络安全风险分析主要是指：由于网络存在的安全漏洞，恶意攻击者所制造的各类新型的风险将会不断产生，这些风险由多种因素引起，与网络系统结构和系统的应用等因素密切相关。

（1）物理安全风险分析。网络物理安全是整个网络系统安全的前提。物理安全的风险主要有：

1）地震、水灾、火灾等环境事故造成整个系统毁灭。

2）电源故障造成设备断电以至操作系统引导失败或数据库信息丢失。

3）电磁辐射可能造成数据信息被窃取或偷阅。

4）不能保证几个不同机密程度网络的物理隔离。

（2）网络安全风险分析。在内部网络与外部网络之间，如果没有采取一定的安全防护措施，内部网络容易遭到来自外部网络的攻击，包括来自 Internet 上的风险和下级单位的风险。

内部网络的不同部门或用户之间，如果没有采用相应的一些访问控制，也可能造成信息泄漏或非法攻击。据调查统计，已发生的网络安全事件中，70%的攻击是来自内部。因此，内部网络的安全风险更严重。内部员工对自身企业的网络结构、应用比较熟悉，自己攻击或泄露重要信息内外勾结，都将可能成为导致系统受攻击的最致命安全威胁。

（3）系统安全风险分析。所谓系统安全是指网络操作系统、应用系统的安全。目前的操作系统或应用系统，无论是 Windows、UNIX 操作系统，还是其他厂商开发的应用系统，其开发厂商必然有其后门（Back-Door），而且系统本身必定存在安全漏洞。这些“后门”或安全漏洞都将存在重大安全隐患。因此应正确评估自己的网络风险，并根据自己的网络风险大小给出相应的安全解决方案。

（4）应用安全风险分析。应用系统的安全涉及很多方面。应用系统是动态的、不断变化的，应用的安全性也是动态的。比如新增了一个新的应用程序，肯定会出现新的安全漏洞，必须在安全策略上作一些调整，不断完善。

5. 网络安全策略制定

业务需求和风险分析是安全策略制定的主要来源。安全策略用于向用户、员工和管理人员告知组织对保护技术和信息资产的要求。安全策略还指定为满足安全要求所需要的机制，并提供购置、配置计算机系统、网络系统和审计计算机系统、网络系统是否合规时所依据的基线。

全面的安全策略有许多好处：

（1）体现组织对安全的承诺。

（2）为期望行为设定规则。

（3）确保系统操作、软硬件采购和使用及维护的一致性。

（4）定义违反策略的法律后果。

（5）为安全人员提供管理支持。

在进行网络安全设计时，安全策略可能包括以下 6 个方面。

（1）标识和身份认证策略：指定可以访问网络资源的授权人员及身份认证过程。

（2）密码策略：确保密码符合最低要求，并且定期更改。

（3）可接受使用策略：确定组织可接受的网络应用和使用，确定违反此策略的分歧。

（4）远程访问策略：确定远程用户访问网络的方式以及可远程访问的资源。

（5）网络维护策略：指定更新网络设备操作系统和终端用户应用的程序。

（6）事件处理程序：描述安全事件的处理方式。

6. 网络安全机制设计

网络安全机制从三个层面来进行设计，分别是物理安全机制、网络系统安全机制和信息安全机制的设计。

（1）物理安全机制设计。首先，要保证网络运行环境的安全，网络机房建设要建立防辐射的屏蔽机柜，把存储重要信息数据的存储设备放在屏蔽机柜中。需要保密的网络采用屏蔽双绞线、屏蔽模块和屏蔽配线架。此外，还需要防雷设备、UPS 的安全配置以及防火系统的配置等。

（2）网络系统安全机制设计，外部网络安全保护机制设计。使用公共子网来隔离内部网络和外部网络，将公共服务器放在公共子网上，在内部网络和外部网络之间使用防火墙，设置一定的访问权限，有效保护网络免受攻击和侵袭。在网络出口处安装专用的入侵检测系统，对网络上的数据信息进行审查和监视。对于特别机密的部门网络，使用 VPN 来创立专用的网络连接，保证网络安全和数据的完整性安全。

内部网络安全保护机制设计。内部网络安全使用 VLAN 来为网络内部提供最大的安全性。通过对网络进行逻辑分段，使网段内的主机之间可以自由访问，而不同网段主机之间的访问必须经过核心交换机和路由器，这样保证了网络内部信息安全和防止信息泄露。

（3）信息安全机制设计。信息安全涉及信息的传输安全、信息存储的安全以及网络传输内容的审计等方面。选择加密技术和身份认证技术来保证网络中信息数据的安全。

7. 网络安全集成技术

根据前面的详细分析，组织所采用的网络安全技术措施主要有以下几种：

（1）身份认证技术。

（2）信息加密技术。

（3）访问控制技术。

（4）虚拟专用网络技术。

（5）网络设备安全加固技术。

（6）网络防病毒技术。

（7）网络安全设备部署。

课后检测

1.（　　）组成了 CIA 三元组。

A．机密性，完整性，保障　　B．机密性，完整性，可用性

C．机密性，综合性，保障　　D．机密性，综合性，可用性

2. 某计算机遭到 ARP 病毒的攻击，为临时解决故障，可将网关 IP 地址与其 MAC 绑定，正确的命令是（　　）。

A．arp -a 192.168.16.254 00-22-aa-00-22-aa

B．arp -d 192.168.16.254 00-22-aa-00-22-aa

C．arp -r 192.168.16.254 00-22-aa-00-22-aa

D．arp -s 192.168.16.254 00-22-aa-00-22-aa

3. PGP 提供的是（　　）安全。

A．物理层　　B．网络层　　C．传输层　　D．应用层

4. 下列安全协议中，（　　）是应用层安全协议。

A．IPsec　　B．L2TP　　C．PAP　　D．HTTPS

5. 下面安全协议中，IP 层安全协议是（　　）。

A．IPsec　　B．L2TP　　C．TLS　　D．PPTP

6. 网络安全设计是网络规划与设计中的重点环节，以下关于网络安全设计原则的说法中，错误的是（　　）。

A．网络安全应以不能影响系统的正常运行和合法用户的操作活动为前提

B．强调安全防护、监测和应急恢复。要求在网络发生被攻击的情况下，必须尽可能地恢复网络信息中心的服务，减少损失

C．考虑安全问题解决方案时无须考虑性能价格的平衡，强调安全与保密系统的设计与网络设计相结合

D．充分、全面、完整地对系统的安全漏洞和安全威胁进行分析、评估和检测，是设计网络安全系统的必要前提条件

7. 在网络开发过程的 5 个阶段中，IP 地址方案及安全方案是在（　　）阶段提交的。

A．需求分析　　B．通信规范分析

C．逻辑网络设计　　D．物理网络设计

8．网络安全应用协议 SSL 协议工作在（ ），HTTPS 协议工作在（ ）。

A．数据链路层 B．网络层 C．传输层 D．应用层

9.很多系统在登录时都要求用户输入以图片形式显示的一个字符串,其作用是（ ）。

A．阻止没有键盘的用户登录 B．欺骗非法用户

C．防止用户利用程序自动登录 D．限制登录次数

10．以下对信息安全管理的描述错误的是（ ）。

A．信息安全管理的核心就是风险管理

B．人们常说，三分技术，七分管理，可见管理对信息安全的重要性

C．安全技术是信息安全的构筑材料，安全管理是真正的黏合剂和催化剂

D．信息安全管理工作的重点是信息系统，而不是人

11．（ ）不是信息安全项目的需求来源。

A．国家和地方政府法律法规与合同的要求

B．风险评估的结果

C．组织原则目标和业务需要

D．企业领导的个人意志

12．构成风险的关键因素有（ ）。

A．人、财、物 B．技术、管理和操作

C．资产、威胁和弱点 D．资产、可能性和严重性

13．（ ）不是应该识别的信息资产。

A．网络设备 B．客户资料 C．办公桌椅 D．系统管理员

14．（ ）是可能存在的威胁因素。

A．设备老化故障 B．病毒和蠕虫

C．系统设计缺陷 D．保安工作不得力

15．（ ）不是可能存在的弱点。

A．保安工作不得力 B．应用系统存在 Bug

C．内部人员故意泄密 D．物理隔离不足

16．风险分析的目的是（ ）。

A．在实施保护所需的成本与风险可能造成的影响之间进行技术平衡

B．在实施保护所需的成本与风险可能造成的影响之间进行运作平衡

C．在实施保护所需的成本与风险可能造成的影响之间进行经济平衡

D．在实施保护所需的成本与风险可能造成的影响之间进行法律平衡

17．降低企业所面临的信息安全风险，可能的处理手段不包括（ ）。

A．通过良好的系统设计、及时更新系统补丁，降低或减少信息系统自身的缺陷

B．通过数据备份、双机热备等冗余手段来提升信息系统的可靠性

C．建立必要的安全制度和部署必要的技术手段，防范恶意攻击者和恶意软件的攻击

D．通过业务外包的方式，转嫁所有的安全风险

18．风险评估的基本过程是（ ）。

A．识别并评估重要的信息资产，识别各种可能的威胁和严重的弱点，最终确定风险

B．通过以往发生的信息安全事件，找到风险所在

C．风险评估就是对照安全检查单，查看相关的管理和技术措施是否到位

D．风险评估并没有规律可循，完全取决于评估者的经验

19．关于信息安全策略文件以下说法不正确的是（　　）。

A．信息安全策略文件应由管理者批准、发布

B．信息安全策略文件应传达给所有员工和外部相关方

C．信息安全策略文件必须打印成纸质文件进行分发

D．信息安全策略文件应说明管理承诺，并提出组织管理信息安全的方法

20．对于信息安全策略的描述错误的是（　　）。

A．信息安全策略是以风险管理为基础，需要做到面面俱到，杜绝风险的存在

B．信息安全策略是在有限资源的前提下选择最优的风险管理对策

C．防范不足会造成直接的损失；防范过多又会造成间接的损失

D．信息安全保障需要从经济、技术、管理的可行性和有效性上作出权衡和取舍

21．（　　）不是 OSI 安全体系结构中的安全机制。

A．数字签名　　B．路由控制

C．数据交换　　D．抗抵赖

22．结合本节学习内容，规划一个企业信息安全总体框架模型，要求涉及安全需求问题、网络安全防护体系和保障体系等内容，并描述这一模型。

4.2　终端接入安全设计

学习提示

网络是组织内各种业务系统的载体，必须保证网络持续可靠地运行，保护内部网络安全的重要任务之一就是保护路由器和交换机。路由器是网络系统的主要设备，也是网络安全的前沿关口，如果路由器连自身的安全都无法保障，整个网络也就毫无安全可言。

本节讨论路由器的交互式访问、口令保护和路由协议认证等安全机制，这些安全机制缓解了路由器因自身安全问题而给整个网络带来的漏洞和风险。交换机作为网络环境中重要的转发设备，一般都嵌入了各种安全模块，实现了相当多的安全机制，包括各种类型的 VLAN 技术、端口安全技术、802.1X 接入认证技术等，有些交换机还具有防范欺骗攻击的功能，如 DHCP Snooping、源地址防护和动态 ARP 检测等。最后还介绍了网络安全监控工具，包括系统日志（Syslog）、网络时间协议（NTP）和 NetFlow 等。

课前评估

请读者独立思考并回答下列问题。

1．带内管理与带外管理的区别是什么？

2．列举常见的密码安全策略。

3．计算机的 COM 端口与交换机的 Console 端口连接应使用（　　）线。

4．使用远程登录方式配置交换机，必须进行的是（　　）。

A．IP 地址配置　　B．主机地址配置

C．服务器配置　　D．网络地址配置

5. 下面是路由器带外登录方式的有（　　）。

A. 通过 Telnet 登录　　B. 通过超级终端登录

C. 通过 Web 方式登录　　D. 通过 SNMP 方式登录

6. 网络管理员想为一台可网管的交换机配置 IP 地址，将如何分配 IP 地址？为交换机配置默认网关的原因是什么？

7. AAA 包含哪三个组件？

8. AAA 能支持的通信协议有哪些？分别指出它们使用的传输协议及端口号？

9. 下列关于 RADIUS 和 TACACS+差异的说法中，（　　）是正确的。

A. RADIUS 使用 TCP，而 TACACS+使用 UDP

B. RADIUS 由思科安全访问控制服务器（ACS）软件提供支持，TACACS+则没有

C. RADIUS 只加密密码，而 TACACS+则加密所有通信。

D. RADIUS 将身份验证和授权分开，而 TACACS+ 将它们组合为一个过程

10. AAA 的（　　）组件用于确定用户可以访问哪些资源以及允许用户执行哪些操作。

A. 审核　　B. 计费　　C. 授权　　D. 认证

4.2.1 网络设备安全管理

交换机或路由器等网络设备的访问方式包括物理访问和逻辑访问两种方式，可以通过控制台（Console）端口或辅助（Auxiliary）端口来物理访问 CLI，也可以通过 Telnet 或 SSH 连接来逻辑访问 CLI。

1. 防止物理路由器被攻击

（1）除管理员外其他人不能随意接近网络设备。如果攻击者物理上能接触到网络设备，则攻击者可以通过断电重启，实施“密码修复流程”，进而登录到网络设备，就可以完全控制网络设备。路由器也提供了一个选项，就是禁止访问 ROMMON 模式，为了保护 ROMMON 模式，需要输入 no service password- recovery。如果禁用密码恢复功能，将无法恢复丢失的密码或访问 ROMMON 模式，因此选择禁用密码恢复功能时一定要格外慎重。

（2）网络设备的物理安全还需考虑适当的温度、湿度等环境条件。

（3）网络设备要做到防振、防电磁干扰、防雷、防电源波动等。

（4）《信息技术设备安全 第 1 部分：通用要求》（GB 4943.1—2011）、《信息技术设备的无线电骚扰限值的测量方法》（GB/T 9254—2008）等标准中的明确规定。

2. 配置健壮的系统密码

（1）配置密码考虑事项。密码使用关注的是如何保护所有的网络资源，对所有需要加强安全性的网络设备来说，应参考以下密码指南。

1）最小长度：密码的字符数越多，猜测密码所需的时间就越长。

2）组合字符：密码应该是大小写字母、数字、元字符（符号和空格）的组合。字符种类和数量越多，攻击者需要尝试的密码组合就越多。

3）不要使用字典单词：避免使用字典中出现的单词，从而减少字典攻击的成功率。

4）经常变更密码：经常变更密码可以限制密码被破解后的有用性，从而降低整体损失。

（2）配置安全访问端口密码。con 0 映射为物理控制台（Console）端口；aux 0 映射为物理辅助（Auxiliary）端口；vty 0 4 表示进入路由器的 5 个默认逻辑虚拟终端（VTY）

接入端口。将控制台端口、辅助端口和虚拟终端端口都看作线路（Line）。在线路（con 0、aux 0 和 vty 0）上使用命令 login 时将启动密码检查，如果没有该命令（no login），则不检查已配置的密码（默认非加密），或者在激活线路时进行密码检查。由于通过特权模式，用户可以完全地访问路由器，因而应该将特权模式接入的访问保留给受信的网络管理员。

1）严格控制 Console 端口的访问。如果可以开机箱，则可以切断与 Console 端口互连的物理线路。

改变默认的连接属性，如修改波特率（默认是 9600，可以改为其他值）。

配合使用访问控制列表控制对 Console 端口的访问，如：

```
R1(config)#access-list 1 permit 192.168.0.1      //定义访问列表
R1(config)#line con 0                             //进入 Console 线路终端模式
R1(config-line)#transport input none              //拒绝所有输入
R1(config-line)#login local                       //使用路由器本地的用户数据库进行远程登录验证
R1(config-line)#exec-timeout 5 0                  //线路超时时间为 5min
R1(config-line)#access-class 1 in                 //将上面定义的访问列表应用在 Console 端口上
```

给 Console 端口设置高强度的密码。

```
R1(config)#line con 0                             //进入 Console 线路终端模式
R1(config-line)#password Up&atm@7!                //给 Console 端口设置高强度密码
R1(config-line)#login                             //使用本地密码验证登录方式
```

2）禁用不需要的 Auxiliary 端口。如果不使用 Auxiliary 端口，则禁止这个端口，默认是未被启用，如：

```
R1(config)#line aux 0                             //进入 Auxiliary 线路终端模式
R1(config-line)#transport input none              //拒绝所有输入
R1(config-line)#no exec                           //关闭连接
```

3）设置使能密码。由于通过特权模式，用户可以完全地访问路由器，因而应该将特权模式接入的访问保留给受信的网络管理员，如：

```
R1(config)#enable password cisco                  //密码未加密，执行 show run 命令能查看到
R1(config)#enable secret cisco                    //密码已使用 MD5 加密，执行 show run 命令不能获得
密码的真实内容
```

若同时配置了 enable password 和 enable secret 密码，后一命令生效。

4）加密配置文件中的密码。执行 service password-encryption 命令将配置文件中当前和将来的所有密码加密为密文，主要用于防止未授权用户查看配置文件中的密码，但很容易使用密码破解程序进行破解，如图 4-5 所示。

图 4-5 密码加密

5）设置密码最小长度。网络管理策略应说明用于访问网络设备的密码的最小长度，最

小密码长度的范围是 1～16 个字符，建议路由器密码的最小长度设置为 10 个字符。在执行 user password、enable secret password 和 line password 等命令设置密码时，其长度也至少是 10 个字符，命令如下：

```
R1(config)#security passwords min-length 10                //设置密码的最小长度为 10 位
```

6）创建本地用户数据库。在本地数据库中维护用户和密码列表以执行本地登录验证，执行如下命令：

```
R1(config)#username name secret 0 password|5 encrypted-secret
```

表 4-1 为以上命令各参数的详细说明。

表 4-1　参数说明

参数	说明
name	指定用户名
0	（可选）这个选项指出明文密码被路由器用 MD5 进行散列
password	明文密码，用 MD5 进行散列运算
5	（可选）这个选项指出加密的安全密码被路由器用 MD5 进行散列
encrypted-secret	加密的安全密码，用 MD5 进行散列运算

3. 虚拟登录的安全配置

网络管理员通常会使用 Telnet 来访问交换机或路由器。但 SSH 正在成为企业标准，因为它对于安全性具有更为严格的要求。同样地，通过 HTTP 访问设备也正在被安全的 HTTPS 所取代。

Telnet 是一种不安全的协议，并且包含以下漏洞：

（1）所有的用户名、密码和数据都是以明文的方式穿越公共网络。

（2）用户使用系统中的一个账户可以获得更高的权限。

（3）远程攻击者可以使 Telnet 服务瘫痪，通过发起 DoS 攻击，比如打开过多的虚假 Telnet 会话，就可以阻止合法用户使用该服务。

（4）远程攻击者可能会找到启用的客户账户，而这个客户账户可能属于服务器可信域。

在使用 SSH 进行登录时，整个登录会话（包括密码的传输）都是加密的，因此外部攻击者无法获取密码。SSHv1 有各种安全性隐患，建议管理员使用 SSHv2 代替 SSHv1。

动手操练：使用 ACL 限制 Telnet 访问交换机

使用 ACL 限制 Telnet 访问交换机（微课）

（1）网络拓扑及 IP 地址规划。如图 4-6 所示的网络拓扑结构中，管理终端接入交换机，同时交换机与路由器相连，其主要功能是为管理终端和管理交换机提供网关功能。终端采用本地鉴别方式实现对交换机的远程管理，具有一定的安全性。IP 地址及 VLAN 规划如图 4-6 所示。

（2）网络基本配置。管理终端和交换机的管理 IP 地址处于不同的网段，因此需要在交换机上划分 2 个不同的 VLAN（默认已有 VLAN 1，所以还需要创建 VLAN 2）。另外，管理终端要能够远程管理交换机，必须借助三层设备实现两个不同网段之间的通信，因此将交换机上与路由器相连的端口 Fa0/1 设置为 Trunk，以传输两个不同 VLAN 的流量，同时将路由器的 Fa0/1 划分为 2 个子接口，并配置 IP 地址，用作 2 个 VLAN 之间通信的管理中端和管理交换机的网关地址。按图 4-6 中规划的 IP 地址配置终端和服务器的 IP 地址。完成这些配置后，确保管理终端能够 ping 通服务器的 IP 地址和交换机的管理 IP 地址。

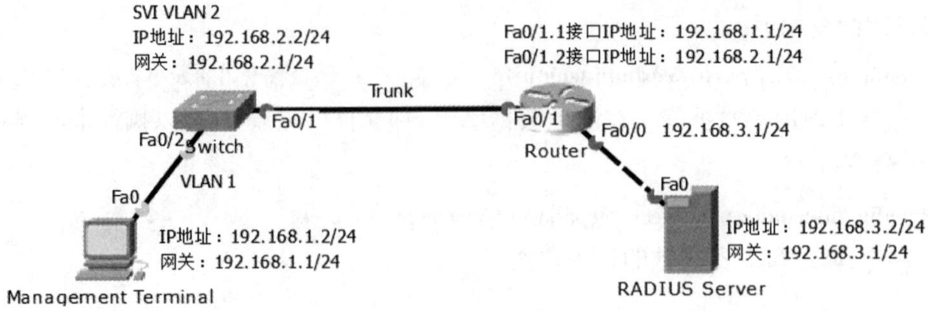

图 4-6 Telnet 远程管理网络拓扑结构

（3）远程管理交换机的配置。

1）设置交换机的远程登录密码：

```
SW1(config)#line vty 0 4                //进入线程，0 4 表示为同时允许 5 台主机登录
SW1(config-line)#password 1234          //配置 Telnet 密码并配置本地验证
SW1(config-line)#login local            //使用交换机本地的用户数据库进行远程登录验证
```

2）设置交换机的 enable 密码：

```
SW1(config)#enable password/secret 1234
//如密码设置为 1234，其中选项 password 以明文方式存储，secret 以密文方式存储
```

3）建立交换机本地的用户数据库：

```
SW1(config)#username  deng  password  deng
```

4）限制交换机远程登录的 IP 地址范围：

```
SW1(config)#access-list 10 permit 192.168.1.0 0.0.0.255
//定义访问列表 10，设置可登录的 IP 地址访问为 192.168.1.0 网段
SW1(config)#line vty 0 4                //进入线程，0 4 表示为同时允许 5 台主机登录
SW1(config-line)#access-class 10 in     //将上面定义的访问列表应用在虚拟终端 vty 0～vty 4 上
```

5）验证 Telnet 配置。执行 telnet 192.168.2.2 命令，正确输入用户名和密码，登录成功，执行 show users 命令，查看当前登录用户及所在 IP 地址；再输入 enable 密码，执行 show run 命令查看。

（4）使用 SSH 远程管理访问配置。

1）SSH 的简单运行过程：

- Client 端向 Server 端发起 SSH 连接请求。
- Server 端向 Client 端发起版本协商。
- 协商结束后 Server 端发送 Host Key 公钥、Server Key 公钥、随机数等信息。到这里所有通信是不加密的。
- Client 端返回确认信息，同时附带用公钥加密过的一个随机数，用于双方计算 Session Key。
- 进入认证阶段，从此以后所有通信均加密。
- 认证成功后，进入交互阶段。

2）配置 SSH 前的准备工作：

- 检查设备 IOS 版本，以支持 SSH。

- 确保网络设备有唯一的主机名（不要使用 Router）。
- 确保路由器使用正确的网络域名（必须设置）。
- 确保目标网络设备配置了本地验证或用于用户名和密码验证的 AAA 服务。

动手操练：通过本地鉴别方式使用 SSH 访问网络设备

通过本地鉴别方式使用 SSH 访问网络设备（微课）

本任务采用与图 4-6 完全相同的网络拓扑结构，并在已完成“使用 ACL 限制 Telnet 访问交换机”配置的基础上，继续实现通过本地鉴别方式使用 SSH 访问路由器的配置。具体操作步骤如下：

```
Router(config)#hostname R1                                          //修改主机名
R1(config)#ip domain-name span.com                                  //配置网络的域名
R1(config)#crypto key generate rsa general-keys modulus 1024       //产生单向密钥，长度为 1024 位
The name for the keys will be: R1.span.com
% The key modulus size is 1024 bits
% Generating 1024 bit RSA keys, keys will be non-exportable...[OK]
R1(config)#
*Dec 13 16:19:12.079: %SSH-5-ENABLED: SSH 1.99 has been enabled
R1(config)#username Bob secret cisco                                //验证或创建一个本地用户名数据库
R1(config)#line vty 0 4
R1(config-line)#login local
R1(config-line)#transport input ssh                                 //启用 VTY 入向的 SSH 会话
R1(config-line)#exit
//以下为可选配置
R1(config)#ip ssh version 2                                         //版本号
R1(config)#ip ssh time-out 30                                       //超时时间
R1(config)#ip ssh authentication-retries 3                          //认证重试次数设置
```

完成以上配置后，在与 R1 路由器连通的交换机上，执行 ssh -l Bob 192.168.2.1 命令，输入密码 cisco，在路由器和交换机之间便建立了一个 SSH 连接，然后在 R1 路由器的特权模式下执行 show ssh 命令，可查看进出 R1 的 SSH 会话和用户名。

试一试

完成通过本地鉴别方式使用 SSH 访问路由器的配置与验证后，请归纳总结配置 SSH 访问网络设备的步骤。

动手操练：通过 AAA 本地认证方式使用 SSH 访问网络设备

通过 AAA 本地认证方式使用 SSH 访问网络设备（微课）

AAA（认证、授权、审计）使用集中部署的标准化方法来质询用户的认证凭证，审计记录用户在网络设备上的操作行为。用户通过身份认证后，才能对授权资源进行访问。本任务采用如图 4-7 所示的网络拓扑结构。

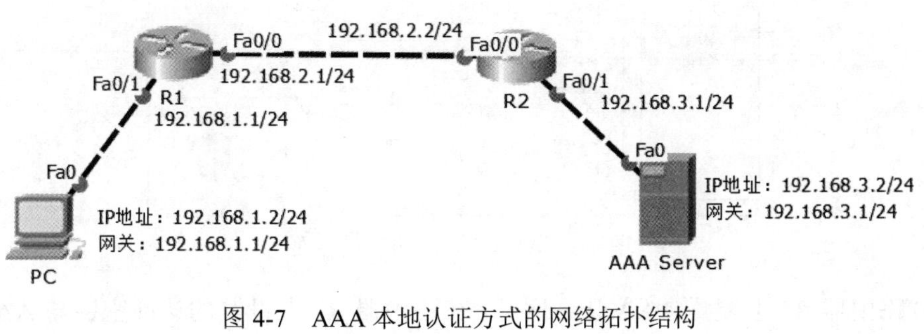

图 4-7　AAA 本地认证方式的网络拓扑结构

（1）网络基本配置。按照图 4-7 规划 IP 地址，在路由器上完成设备名称、接口 IP 地址和静态路由的配置；在 PC 和 AAA Server 上配置 IP 地址参数；在 PC 上 ping 通 AAA Server 的 IP 地址，确保网络的连通性。

（2）SSH 的 AAA 本地认证方式配置。

具体配置过程如下（需要注意的是，为了避免因交换机或路由器配置不当而导致被锁到系统之外，配置 AAA 时应当使用控制台连接）：

```
R2(config)#enable password/secret 1234
//如密码设置为 1234，其中选项 password 以明文方式存储，secret 以密文方式存储
R2(config)#line vty 0 4                              //0 4 表示为同时允许 5 台主机登录
R2(config-line)#transport input ssh                  //只允许 SSH 登录
R2(config-line)#login local                          //本地验证
R2(config)#aaa new-model                             //启用 AAA 服务
R2(config)#enable service ssh-server                 //启用 SSH 服务
R2(config)#aaa authentication login default local    //在 AAA 中设置本地认证
R2(config)#username ruijie password 1234             //添加用户名（用于稍后的 SSH 登录）
R2(config)#crypto key generate rsa                   //生成一个基于 rsa 算法的超强度密码
R2(config)#ip ssh authentication 4                   //设置一个认证强度
```

（3）配置结果的验证。在 PC 上执行命令：ssh -l ruijie 192.168.2.2，输入密码 1234，成功登录 R2。

通过外部服务器认证方式使用 SSH 访问网络设备（微课）

动手操练：通过外部服务器认证方式使用 SSH 访问网络设备

本任务采用与图 4-7 相同的网络拓扑结构，其中的 AAA Server 认证服务器为终端 PC 远程管理路由器 R2 提供统一鉴别方式。

（1）网络基本配置。与完成任务“通过 AAA 本地认证方式使用 SSH 访问网络设备”时配置基础网络的步骤完全相同。

（2）外部认证服务器配置。在 Packet Tracer 7.3 中打开 AAA Server 的配置界面，如图 4-8 所示，设置客户端的名称为 R2，客户端 IP 地址为 192.168.3.1，服务器类型选择为 Radius，认证密钥为 123456，单击“添加”按钮即可。添加用户名为 cqcet，密码为 cisco 的用户账号，用于设备登录的身份认证。

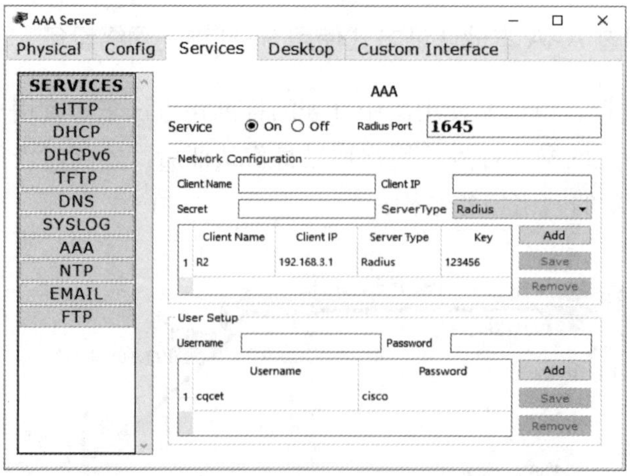

图 4-8　AAA Server 的配置界面

（3）路由器 R2 上配置 AAA 认证服务。在路由器 R2 上设置的认证密钥与 AAA Server

上配置的密钥要完全一致，配置过程如下：

```
R2(config)#aaa new-model                                  //启用 AAA 服务
R2(config)#aaa authentication login default group radius  //在 AAA 中设置认证方法列表
R2(config)#radius-server host 192.168.10.3 key 123456     //设置 Radius 服务器的 IP 地址和认证密钥
R2(config)#line vty 0 4                                   //进入线路模式
R2(config-line)#login authentication default              //在 R2 的线路上应用认证方法列表
```

（4）配置结果的验证。在 PC 上执行命令：ssh -l cqcet 192.168.2.2，输入密码 123456，成功登录 R2。

想一想

前面的任务在路由器上分别实现了路由器本地鉴别、AAA 的本地鉴别和 AAA 的外部认证，能不能在路由器上实现先路由器本地鉴别，再 AAA 本地认证，最后 AAA 外部认证的认证措施呢？请给出解决方案。

4.2.2　内部网络安全机制

实现内部网络安全的常见技术措施有端口安全、DHCP Snooping、动态 ARP 检测、802.1X 接入认证、缓解 VLAN 跳跃攻击、STP 防护、PVLAN、端口保护及抑制广播风暴等，限于篇幅，本节只详细讨论端口安全、DHCP Snooping 和 802.1X 接入认证等三项安全技术措施的部署与实现。为了讨论方便，本节以案例的形式进行介绍。

1. 端口安全防护技术

端口安全特性会通过 MAC 地址表记录连接到交换机端口的以太网 MAC 地址，并只允许某个 MAC 地址通过本端口通信。其他 MAC 地址发送的数据包通过此端口时，端口安全特性会阻止它。使用端口安全特性可以防止未经允许的设备访问网络，并增强安全性。另外，端口安全特性也可用于防止 MAC 地址泛洪造成 MAC 地址表填满。

动手操练：端口安全机制的规划与实施

端口安全机制的规划与实施（微课）

某企业采用如图 4-9 所示的网络拓扑结构，交换机连接集线器来扩展一个端口上接入用户终端的数量。这样的网络架构存在非法用户接入的安全风险，如 MAC 地址欺骗、交换机 MAC 地址表泛洪攻击和 IP 地址资源耗尽。为了解决这些攻击带来的危害，需要在接入层交换机上启用端口安全机制，如静态安全 MAC 地址绑定、动态安全 MAC 地址和黏滞安全 MAC 地址等。

（1）将交换机 S1 的 Fa0/1-3 端口配置为接入端口。

（2）端口安全参数配置。设置端口接入的最大 MAC 地址数为 1，分别在 Fa0/1、Fa0/2 和 Fa0/3 端口上设置 shutdown、restrict 和 protect 违例规则。

```
S1(config)#interface range fastEthernet 0/1-3                  //选定启用端口为安全的端口
S1(config-if-range)#switchport port-security                   //启用端口安全
S1(config-if-range)#switchport port-security maximum 1         //设置端口接入最大 MAC 数量
S1(config)#interface fastEthernet 0/1                          //选定交换机的 Fa0/1 端口
S1(config-if)#switchport port-security violation shutdown      //设置 Fa0/1 端口违例的处理方式为 shutdown
S1(config)#interface fastEthernet 0/2                          //选定交换机的 Fa0/2 端口
S1(config-if)#switchport port-security violation restrict      //设置 Fa0/2 端口违例的处理方式为 restrict
S1(config)#interface fastEthernet 0/3                          //选定交换机的 Fa0/1 端口
S1(config-if)#switchport port-security violation protect       //设置 Fa0/3 端口违例的处理方式为 protect
```

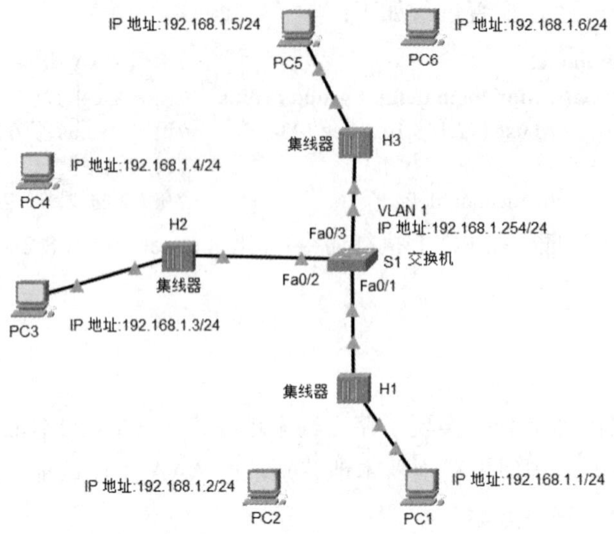

图 4-9 端口安全规划网络拓扑结构

（3）配置安全端口的安全地址。在 Fa0/1 上设置静态安全 MAC 地址，在 Fa0/2 上设置动态安全 MAC 地址，在 Fa0/3 上设置黏滞安全的 MAC 地址。

```
S1(config)#interface fastEthernet 0/1                          //选定交换机的 Fa0/1 端口
S1(config-if)#switchport port-security mac-address 00D0.5819.EE5C   //在 Fa0/1 端口配置静态安全 MAC 地址为 PC1 的 MAC 地址
在 Fa0/2 端口设置动态 MAC 地址（不需要配置）
S1(config-if)#interface Fa0/3                                  //选定交换机的 Fa0/3 端口
s1(config-if)#switchport port-security mac-address sticky      //将在 Fa0/3 端口设置为黏滞安全的 MAC 地址
```

（4）配置结果验证。

1）按照图 4-9 规划的 IP 地址，在测试终端和交换机上配置 IP 地址，然后在 S1 上执行 ping 192.168.1.255 命令发送广播包，执行 show port-security address 命令查看端口安全地址表，发现有静态安全、动态安全和黏滞安全三种类型。

2）连接 PC2 到集线器 H1，发现 Fa0/1 端口因违例而关闭，与预设的安全策略一致。

3）连接 PC4 到集线器 H2，执行 ping S1 的 SVI 接口地址命令，发现不能 ping 通，执行 show port-security 命令，发现 Fa0/2 端口状态受限（restrict）且有违例次数提示，继续用 PC3 ping S1 的 SVI 接口 IP 地址，发现不受影响。

4）连接 PC6 到集线器 H3，执行 ping S1 的 SVI 接口地址命令，发现不能 ping 通，执行 show port-security 命令，发现 Fa0/3 端口状态保护（protect）且没有提示违例次数，继续用 PC5 ping S1 的 SVI 接口 IP 地址，发现不受影响。

以上结果说明：违例方式为关闭（shutdown）时，会影响到原有用户终端的通信；而违例方式为 restrict 和 protect 时，不会影响到原有用户终端的通信。

通过以上配置过程，可以总结出端口安全设计要点：确定需要保护的接入层交换机接口；规划端口所能支持最大 MAC 地址数量；根据网络环境条件选择应采用的端口安全技术和采用的违例方式。

需要注意的是，如果端口进入“err-disable”状态后，要恢复正常，必须在全局模式下输入命令 errdisable recovery cause secure-violation 开启，或者可以手动地输入 shutdown 命令关闭端口，再输入 no shutdown 激活端口。

2. DHCP Snooping

DHCP 的主要作用是为主机动态分配 IP 地址信息，它的缺点是不具备验证机制。如果非法的 DHCP 服务器连接到网络，将向合法的客户端提供错误 IP 配置参数，从而将客户机的流量引向攻击者所期望的目的地。

DHCP 监听安全机制的规划与实施（微课）

动手操练：DHCP 监听安全机制的规划与实施

本节采用如图 4-10 所示的网络拓扑结构，Router 模拟一台合法的 DHCP 服务器，向用户 PC 动态分配 IP 地址。在交换机 Switch 上规划了 VLAN 5，将端口 Fa0/1、Fa0/2 和 Fa0/3 划分至 VLAN 5 中。网络中模拟了一台攻击服务器接入 Switch 的 Fa0/3，将造成合法用户主机获取错误的 IP 地址。

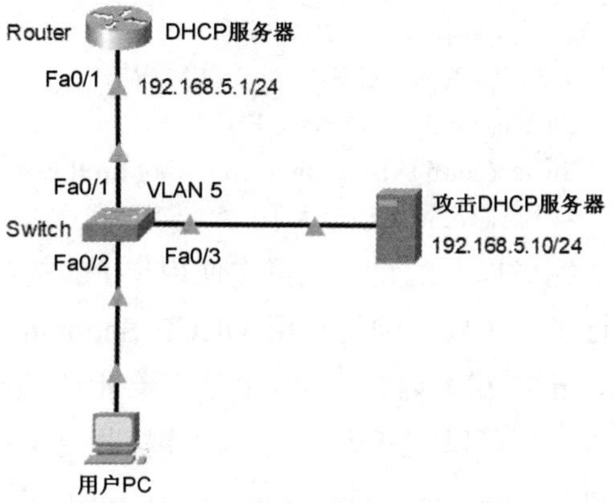

图 4-10　DHCP Snooping 防护网络拓扑结构

（1）网络基本配置。按照图 4-10 规划的 VLAN 及 IP 地址，在交换机上完成 VLAN 5 的创建与划分操作，在路由器上配置接口 IP 地址。

（2）DHCP 服务配置。在路由器上配置合法的 DHCP 服务器，具体要求是建立地址池名称为 NET5，分配的网段为 192.168.5.0/24，下发默认网关为 192.168.5.1；配置非法 DHCP 服务器的 IP 地址为 192.168.5.10。在攻击服务器的配置界面中，打开 Servers 菜单，在弹出界面的左侧窗格中选中 DHCP，然后在右侧窗格的 Service 选项中选择 On 单选按钮，在 Pool Name 文本框中输入 NET5，默认网关项中不输入任何值，这样做的目的是看清用户 PC 究竟获得的是哪一台服务器的 IP 地址。在 Start IP Address 文本框中输入 192.168.5.1，在 Subnet Mask 文本框中输入 255.255.255.0，单击“添加”按钮即可，如图 4-11 所示。

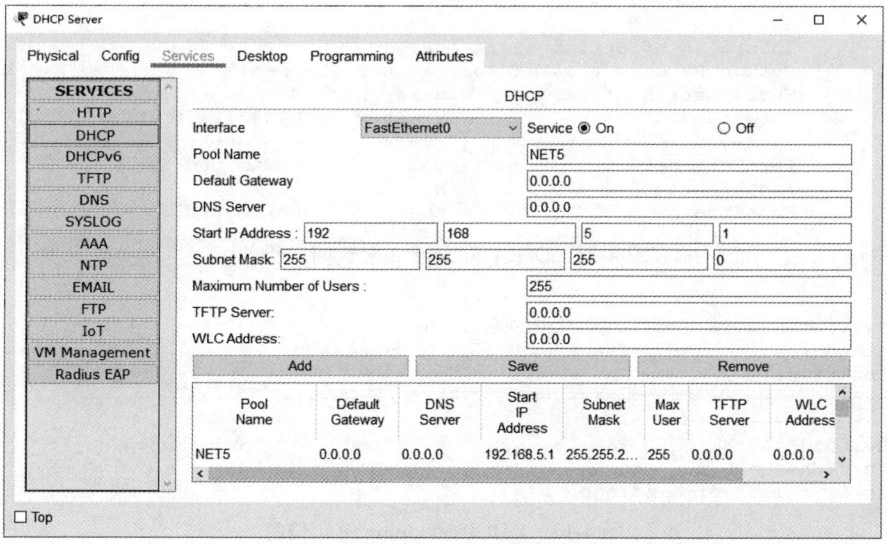

图 4-11　DHCP 服务配置界面

（3）验证用户 PC 获取的 IP 地址。将用户 PC 获取 IP 地址的方式设置为自动获取，发现用户 PC 获取 IP 地址，但没有网关，说明获取的是攻击 DHCP 服务器提供的 IP 地址，此时 DHCP 欺骗就发生了。

（4）配置 DHCP Snooping。配置过程如下：

Switch(config)#**ip dhcp snooping** //全局启动 DHCP Snooping

Switch(config)#**ip dhcp snooping vlan** 5 //针对特定 VLAN 启用 DHCP Snooping

Switch(config)#**interface fastEthernet** 0/1 //选定 Fa0/1 端口

Switch(config-if)#**ip dhcp snooping trust** //将 Fa0/1 端口设置为信任端口，其余为非信任端口，信任端口会放行 DHCP Offer 报文，非信任端口会阻止 DHCP Offer 报文。也就是将连接合法 DHCP 的服务端口设置为信任端口

Switch(config)#**interface** Fa0/2 //选定 Fa0/2 端口

Switch(config-if)#**ip dhcp snooping limit rate** 10 //配置下连端口每秒可接收的 DHCP 数据包的数量（这里我们设置每秒最大 10 个）。其功能主要是缓解对 DHCP 服务器的恶意请求攻击

完成以上配置后，再次使用用户 PC 重新获取 IP 地址，此时发现用户 PC 不能获取到 IP 地址了，主要原因是启用 DHCP Snooping 的交换机会自动将接收到的 DHCP 数据包插入 Option 82 相关内容，DHCP 服务会拒绝接收这一报文，因此需要在 DHCP 服务器上设置这类报文为可以信任的报文，才能接收这类报文。具体做法是，在 DHCP 服务器（路由器）上执行 ip dhcp relay information trust-all 命令，使服务器能够接收带有 option 82 字段的 DHCP 报文。

使用用户 PC 重新获取 IP 地址，发现能够获取到 IP 地址，并且是合法 DHCP 服务器提供的 IP 地址。

（5）配置结果验证。执行 show ip dhcp snooping 命令，在输出结果中，可以看到交换机上哪些是信任端口和非信任端口，端口上是否对 DHCP 报文进行速率限制等信息，如图 4-12 所示；执行 show ip dhcp snooping binding 命令，其输出结果中包含了终端 MacAddress、IpAddress、Lease 租赁时间(sec)、是否启用 DHCP snooping Type、VLAN Interface 等相关信息，如图 4-13 所示。

```
Switch#show ip dhcp snooping
Switch DHCP snooping is enabled
DHCP snooping is configured on following VLANs:
5
Insertion of option 82 is enabled
Option 82 on untrusted port is not allowed
Verification of hwaddr field is enabled
Interface                  Trusted    Rate limit (pps)
-----------------------    -------    ----------------
FastEthernet0/1            yes        unlimited
FastEthernet0/2            no         10
FastEthernet0/3            no         unlimited
```

图 4-12 DHCP Snooping 配置结果验证

```
Switch#show ip dhcp snooping binding
MacAddress          IpAddress        Lease(sec)  Type           VLAN
Interface
------------------  ---------------  ----------  -------------  ----
------------------
00:60:3E:A3:3E:DD   192.168.5.2      86400       dhcp-snooping  5
FastEthernet0/2
Total number of bindings: 1
```

图 4-13 DHCP Snooping 绑定信息

从 DHCP Snooping 的配置过程可以总结出进行 DHCP 服务防护的安全设计要点：确定 DHCP 服务器的位置，将交换机上连接 DHCP 服务器的端口设置为信任端口。

想一想

如果在接入层交换机上连汇聚层交换机，DHCP 服务器部署在汇聚层交换机上，如何规划 DHCP Snooping？

3. 使用 802.1X 实现安全访问控制

在前面的学习中，使用安全端口、地址绑定及限制最大连接数等措施实现了网络接入安全控制。但这些方法使用起来不够灵活，不能针对客户网络实施接入管理。在简单、廉价的以太网技术基础上，提供用户对网络或设备访问的合法性验证，已经成为业界关注的焦点，802.1X 正是在这样的背景下提出来的。

动手操练：802.1X 安全机制的规划与实施

802.1X 安全机制的规划与实施（微课）

本节采用如图 4-14 所示的网络拓扑，接入层交换机 SW 支持 802.1X，RADIUS Server 实现用户的集中管理，管理员不必考虑用户连接到哪个端口上，因此将与 RADIUS 服务器相连的接口配置为非受控端口，以便 SW 能正常地与 RADIUS 服务器进行通信，使验证用户能通过该端口访问网络资源；将与用户 PC 相连的端口配置为受控端口，实现对用户的控制，用户必须通过验证后才能访问网络资源。

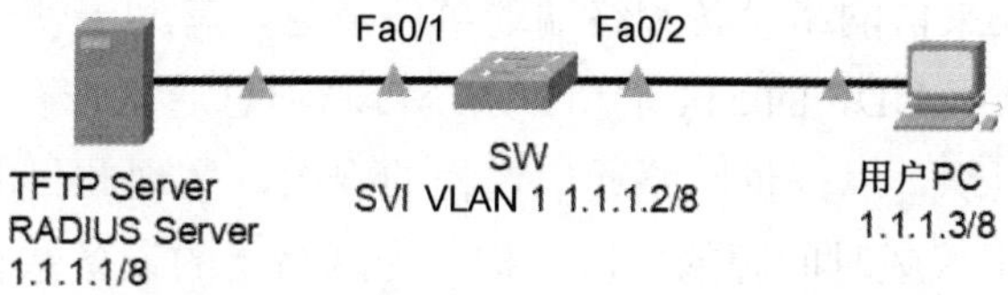

图 4-14 使用 802.1X 实现安全访问控制

（1）配置接口 IP 地址和主机 IP 地址。这里在交换机上 SVI VLAN 1 接口的 IP 地址为 1.1.1.2/8，主要原因是目前交换机使用的 IOS 版本低于 15.0（执行 show version 命令查看），不支持 802.1X，因此需要在交换机 SW 上升级 IOS 版本至 15.0 及以上，为了完成和服务器之间的通信，必须要有一个 IP 地址。

（2）升级交换机 IOS。在交换机的特权配置模式下执行 dir 命令，可以看见当前交换机 IOS 的名称为 c2960-lanbase-mz.122-25.FX.bin，文件名称比较长，可以选定后复制。执行 del c2960-lanbase-mz.122-25.FX.bin 命令删除该镜像文件。在 TFTP 服务器上，可以看到 2960 交换机的 15.0 镜像文件 c2960-lanbasek9-mz.150-2.SE4.bin，然后执行 copy tftp flash 命令，将 TFTP 的镜像下载到交换机的 flash 中。执行 reload 命令，重启交换机，使新的 IOS 镜像文件生效。交换机重启后，执行 dir 命令，可以看到新的 IOS 文件名称为 c2960-lanbasek9-mz.150-2.SE4.bin。

（3）配置 RADIUS 服务器。在 AAA 服务配置页面的 Service 选项中选择 On 单选按钮。在网络配置项，将客户端名称设置为 AAA，客户端 IP 地址为 1.1.1.2，共享密钥设置为 123456，服务类型设置为 Radius，单击“添加”按钮。在 Username 文本框中输入 tester，在 Password 文本框中输入 testing，单击“添加”按钮。单击左侧窗格的 Radius EAP，在右侧窗格中，勾选 Allow EAP-MD5 复选按钮。

（4）在交换机上配置 802.1X：

```
SW(config)#aaa new-model                    //启用 AAA 功能
```

```
SW(config)#radius-server host 1.1.1.1 auth-port 1645 key 123456     //配置RADIUS服务器的IP地址、设置认证端口与通信密钥。
SW(config)#aaa authentication dot1x default group radius     //使用默认的认证方法列表
SW(config)#dot1x system-auth-control     //启用系统认证控制命令。
SW(config)#int Fa0/2     //选定 Fa0/2 端口
SW(config-if)# authentication port-control auto     //启用 802.1X 功能
SW(config-if)#dot1x pae authenticator     //设置端口的认证角色为认证者
```

（5）验证配置结果。在用户 PC 上执行 ping 服务器 IP 地址命令，发现不能 ping 通，原因是连接用户 PC 的端口上启用了 802.1X，当前还没通过认证。打开用户 PC 的 IP 地址配置界面，在 802.1X 项中勾选 Use 802.1X Security 复选框。在 Username 的文本框中输入 RADIUS 服务器中创建的用户 tester，Password 文本框中输入 testing。此时，在用户 PC 上执行 ping 服务器 IP 地址命令，发现能 ping 通了。

4.2.3 网络安全监控机制

网络运行中会发生很多突发情况，因此需要对网络设备进行监控，有利于管理员使用各种类型的数据来检测、验证和遏制漏洞攻击等。网络运行监控主要使用的技术措施是配置系统日志（Syslog）、网络时间协议（NTP）及 NetFlow 等。

1. 系统日志和网络时间协议概述

系统日志用于记录来自网络设备和终端的事件消息，有助于使安全监控切实可行，运行日志的服务器通常侦听 UDP 的 514 端口。系统日志消息通常带有时间戳，这使得不同来源的消息能够按时间组织，以提供网络通信过程的视图，实现此目的的一种方法是在设备上使用 NTP。NTP 使用权威时间源的层次结构，为网络上的设备共享时间信息，并且共享一致时间信息的设备消息可以提交到系统日志服务器上，NTP 通常侦听 UDP 的 123 端口。

由于系统日志和设备共享一致的时钟对于安全监控非常重要，因此系统日志服务器和 NTP 基础设施将可能成为威胁发起者的攻击目标，虽然这些攻击不一定会导致安全监控数据损坏，但它们可能会破坏网络可用性。

2. 系统日志信息格式简介

日志信息通常是指 IOS 中系统所产生的报警信息，其中每一条信息都分配了一个告警级别，并携带一些说明问题或事件严重性的描述信息，如图 4-15 所示。默认情况下，IOS 只发送日志信息到 Console 端口，但是日志信息发送到 Console 端口并不方便存储和管理，更多情况下是将日志发送至 Logging buffer、Logging file、Syslog server 或 SNMP 管理终端上去。

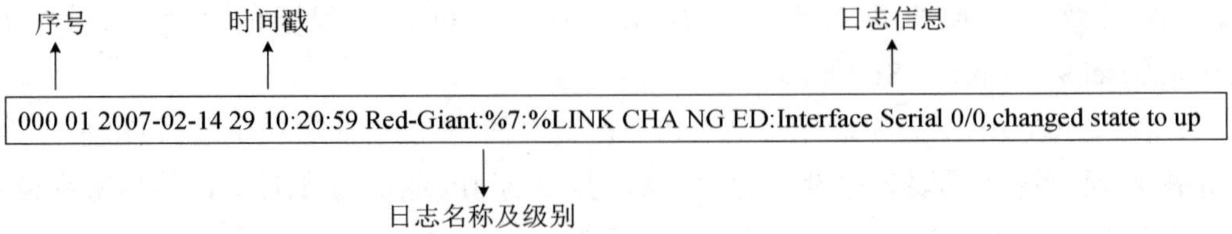

图 4-15 日志信息格式

IOS 规定，日志信息分为 7 个级别，每个级别都和一个严重等级相关，级别 0 最高，级别 6 最低，见表 4-2。使用 logging 命令后的参数，可以设置所记录的日志等级。需要注意的是，如果在 ACL 中使用关键字 log，则只有严重级别为 5 或 6 时，才会在控制台上显示输出信息。

表 4-2 日志信息的严重等级

级别	名称	描述
0	Emergencies	不可用
1	Alerts	需要立即采取行动
2	Critical	情况危急
3	Errors	错误
4	Warnings	警告
5	Notice	正常但重要的事件
6	Informational	报告性消息

3. 流量分析工具 NetFlow

NetFlow 是思科开发的一种协议，为 IP 应用提供一系列高效的重要服务，包括网络流量统计、基于利用率的网络账单、网络规划、安全、拒绝服务监控、网络监控，可提供有关网络用户、应用程序、高峰使用时间以及流量路由的重要信息。

NetFlow 不像完整的数据包捕获一样捕获数据包的全部内容，而是记录有关数据包流的信息。例如，在 Wireshark 中可以查看完整的数据包捕获，而 NetFlow 收集元数据或有关流的数据，而不是数据流本身，将高速缓存中的流量进行归纳总结，以更为直观的图形化方式在管理终端上显示出来，如图 4-16 所示。

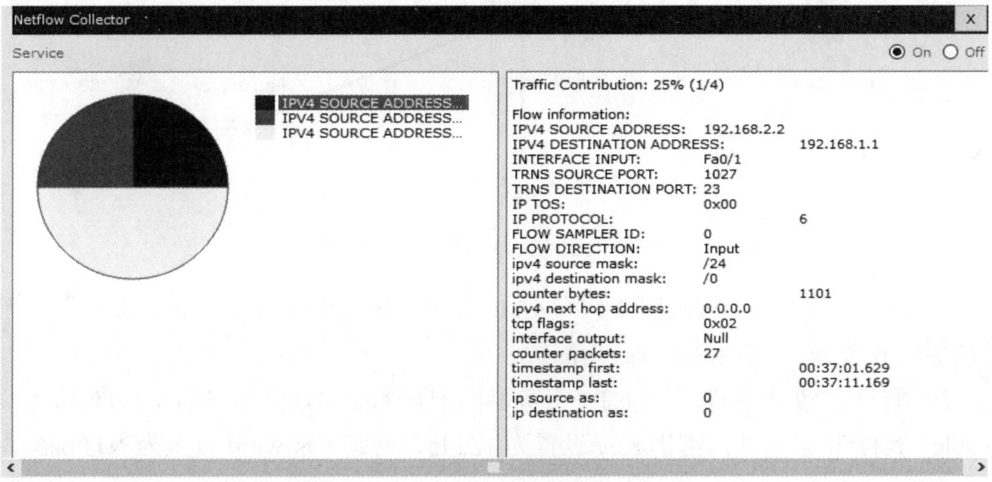

图 4-16 NetFlow 网络流量统计图形

传统的 IP 流是基于单个方向上流动的一组 5 个或最多 7 个属性的 IP 数据包，包含 TCP 会话终止前传输的所有数据包。NetFlow 使用的 IP 数据包的 7 个关键属性为：

（1）源 IP 地址。

（2）目的 IP 地址。

（3）源端口。

（4）目的端口。

（5）第 3 层协议类型。

（6）服务类别。

（7）路由器或交换机接口。

所有具有相同源/目的 IP 地址、源/目的端口、协议接口和服务类的数据包都分组到一个流中，然后对数据包和字节进行计数。这种指纹识别或确定流的方法是可扩展的，因为大量的网络信息被压缩到称为 NetFlow 缓存的 NetFlow 信息数据库中。

4. 网络安全监控工具部署与实施

很多组织的网络安全管理员需要收集部分或全部的重要网络数据：监督谁在使用网络资源，使用这些资源的目的何在；利用收集到的信息进行更有效的网络安全规划，使资源配置和部署更符合客户的要求；使用这些信息更好地构架和定制可用的应用和服务，以满足用户的需求和客户服务的要求。

网络安全监控工具的部署与实施（微课）

动手操练：网络安全监控工具的部署与实施

本节采用如图 4-17 所示的网络拓扑结构，将路由器 R1 和 R2 的日志信息记录到日志服务器上；为了确保记录信息的有序，网络中部署了 NTP 服务器。日志信息和 NTP 服务的安全性主要由服务器自身来保障。在时间同步过程中，R1 和 R2 与 NTP 服务之间交互的信息通过协议认证来加强。另外，在网络中的 R1 上部署了 NetFlow，将通过 R1 的 Fa0/0 接口下的流量（ICMP、Telnet）统计到报告系统，并用流量分析器进行监控。

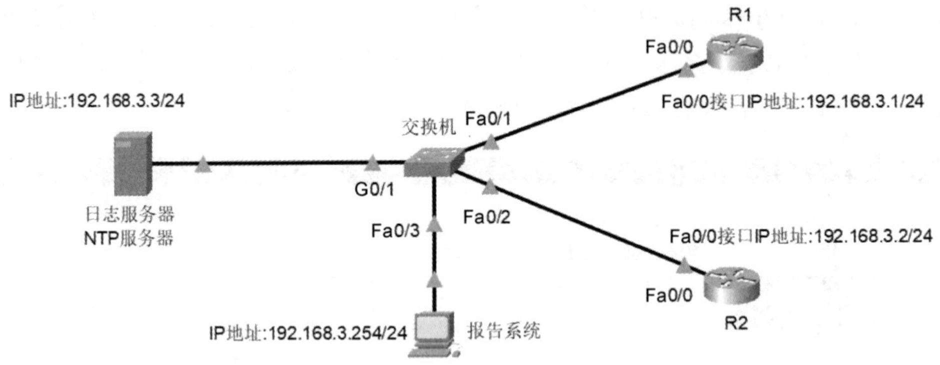

图 4-17　网络安全监控规划与部署的网络拓扑结构

（1）网络基本配置。按照图 4-17 规划 IP 地址，配置路由器接口 IP 地址、服务器和报告系统主机 IP 地址，交换机无须任何配置。

（2）配置 NTP 服务器。在 NTP 服务器的配置界面中，开启（On）NTP 服务，启用（Enable）NTP 认证功能，密钥 Key 设置为 12345，密码 Password 设置为 NTPpa55，如图 4-18 所示。

（3）配置日志服务器。在日志服务器的配置界面中，开启（On）Syslog 服务，如图 4-19 所示。注意该服务没有认证功能。

（4）配置 NTP 客户端。分别在 R1 和 R2 全局配置模式下，完成 NTP 协议的认证等，具体配置过程如下：

```
clock timezone pst -8                    //设置时区
ntp server 192.168.3.3 key 1             //指定时钟服务器的 IP 地址和密钥 ID
ntp authenticate                         //启用 NTP 认证
ntp authentication-key 1 md5 NTPpa5      //设置 NTP 认证用的密码，使用 MD5 加密。需要和 NTP Server 一致
ntp trusted-key 1                        //设置可以信任的 Key
ntp update-calendar                      //硬件时钟更新源
```

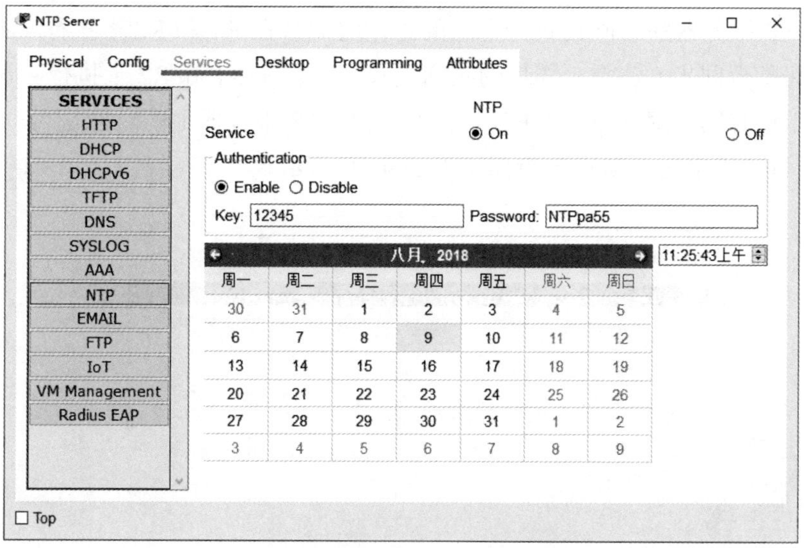

图 4-18　NTP 服务器的配置界面

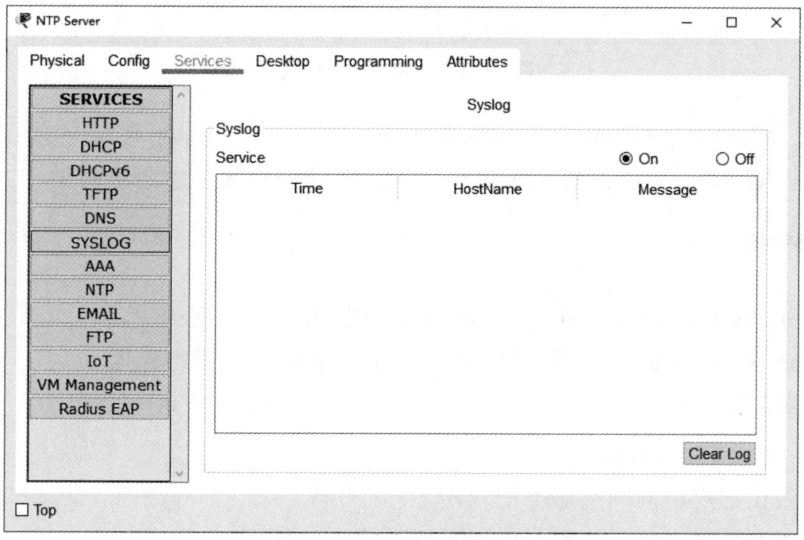

图 4-19　日志服务器的配置界面

（5）配置日志服务。在路由器 R1 上，完成审计相关的配置，具体配置步骤如下：

```
logging host 192.168.3.3                        //配置日志服务器的 IP 地址
logging on                                      //开启记录事件功能
logging console                                 //设置记录控制台日志
logging buffered 4096                           //设置日志缓冲区大小
logging trap                                    //设置日志记录安全级别
logging userinfo                                //记录账户登录信息
service timestamps log datetime    msec         //记录时间精确至毫秒
```

（6）在 R2 上开启 Telnet 服务。

（7）在 R1 上配置 NetFlow。NetFlow 的配置也很简单，首先 NetFlow 可以从入站或出站数据包中捕获流量，因此在 R1 的 Fa0/0 端口下，执行 ip flow egress、ip flow ingress 命令指定需要捕获出入该接口的流量；执行 ip flow-export destination 192.168.3.254 9996 命令，指定 NetFlow 报告收集器的 IP 地址和侦听的端口号，将数据导出到报告系统上。

（8）配置结果验证。

1）将 NTP 服务器的时间设置为电脑的工作时间，在 R1 和 R2 上执行 show ntp status 命令查看时间是否同步。注意，同步的时间要长一些。在 R1 和 R2 上执行 show clock 命令查看路由器工作时间。对比 R1 和 R2 上的时间和 NTP 服务器上的时间是否一致。

2）在报告主机上运行流量分析器，如图 4-20 所示。

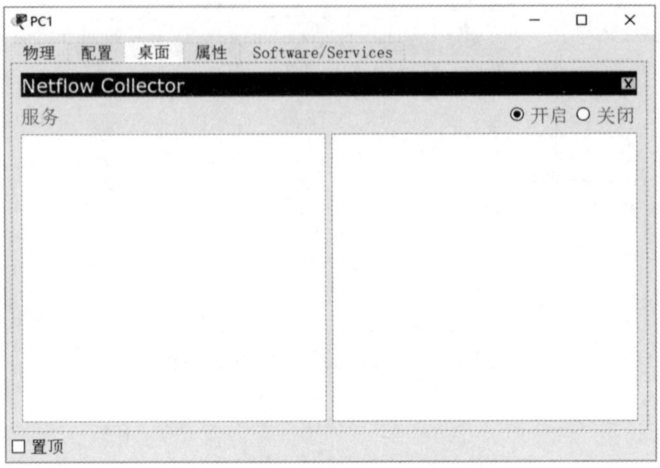

图 4-20　流量分析器界面

3）在报告主机上 ping R1（入方向流量），让 R1 能够 Telnet R2，因此在 R1 的 Fa0/0 接口上产生出入流量，以上过程需多执行几次，统计分析效果才会更明显。

课后检测

1．执行 no service password-recovery 命令将禁用（　　）功能。

A．aaa new-model 全局配置命令　　B．更改为配置寄存器

C．密码加密服务　　D．能够访问 ROMMON

2．（　　）是访问攻击。

A．阻止用户访问网络服务的攻击

B．攻击会在流量通过网络传播时修改或破坏流量

C．利用漏洞进行攻击以获取敏感信息的攻击

D．涉及未经授权发现、映射系统或服务和漏洞的攻击

3．（　　）与带内网络管理有关。

A．仅将带内管理应用于必须在生产网络上进行管理的设备

B．为生产网络和管理网络实现单独的网段

C．将所有网络设备连接到同一管理网络

D．必须在同一网段内远程管理设备

4．（　　）不是路由器上配置 SSH 所需的命令。

A．全局配置模式下的 IP 域名　　B．在 VTY 线上传输输入 SSH

C．VTY 线上的 password 删除一个　　D．加密密钥在全局配置模式下生成 RSA

5．交换机或路由器上支持常见的登录验证方式主要有（　　）（　　）和（　　）。

6．访问路由器的第一个关口，也是防御攻击的第一道防线是（　　）。

A．VTY 登录端口　　B．Console 端口

C．根端口　　D．Auxiliary 端口

7．如果字符“cisco”经过 service password-encryption 加密后生成的密文为：0822455D0A16，那么将路由器的控制台密码设置为 cisco，路由器的配置为

```
Router(config)#line console 0
Router(config-line)#password 7 ?
Router(config-line)#login
Router(config-line)#exit
```

则在“？”处应输入（　　）。

A．cisco　　B．cisco0822455D0A16
C．0822455D0A16　　D．0822455D0A16cisco

8．service password-encryption 和 enable secret 设置的两种加密密文，（　　）更安全。

A．service password-encryption
B．enable secret
C．由于它们都采用 MD5 单向散列算法，所以安全性相同
D．无法比较，因为它们采用的算法不同

9．需输入（　　）线路配置模式命令，防止由于休眠而造成的线路（如控制台、AUX 或 VTY 线路）连接超时。

A．no service timeout　　B．timeout-line none
C．exec-timeout 0 0　　D．service timeout default

10．（　　）最能描述 MAC 地址欺骗攻击。

A．更改攻击主机的 MAC 地址以匹配合法主机的 MAC 地址
B．用伪造的源 MAC 地址攻击交换机
C．强迫选举非法根网桥
D．大量流量淹没局域网

11．（　　）攻击允许攻击者通过使交换机淹没所有传入的流量来查看广播网络上的所有帧。

A．VLAN 跳变　　B．STP 操作　　C．MAC 表溢出　　D．802.1q 双重标记

12．当交换机上启用端口安全性时，超过允许的最大 MAC 数，默认操作是（　　）。

A．端口的违反模式设置为限制
B．清除了 MAC 地址表，并将新的 MAC 地址输入到该表中
C．端口将保持启用状态，但是带宽将受到限制，直到旧的 MAC 地址过期
D．端口被关闭

13．（　　）缓解技术可以帮助防止 MAC 表溢出攻击。

A．根防护　　B．PDU 防护　　C．风暴控制　　D．端口安全

14．（　　）不是执行动态学习单个 MAC 地址并禁用该端口的端口安全命令。

A．switchport mode access
B．switchport port-security
C．switchport port-security mac-address sticky
D．switchport port-security maximum 2

15．802.1X 是基于（　　）的一项安全技术。

A．IP 地址　　B．物理端口　　C．应用类型　　D．物理地址

16．下面关于 802.1X 受控端口的描述中，错误的是（　　）。

A．对于 Authenticator（认证设备）来讲，其端口分为受控端口（Controlled Port）和非受控端口（Uncontrolled Port）两类

B．非受控端口始终处于双向连通状态，不必经过任何授权就可以访问或传递网络资源和服务。受控端口则必须经过授权才能访问或传递网络资源和服务

C．对于一个全局启用了 802.1X 的设备而言，默认所有的端口都是受控端口

D．端口初始状态一般为非授权（unauthorized），在该状态下，除 802.1X 报文及广播报文外不允许任何输入、输出进行通信。当客户通过认证，则端口状态切换到授权状态（authorized），允许客户端通过端口进行正常通信

17．DHCP 监听是一种 DHCP 安全特性，可以有效防范 DHCP Snooping 攻击，（　　）不是该安全特性的描述。

A．比较 DHCP 请求报文的源 MAC 地址和 DHCP 客户机的硬件地址是否一致

B．将交换机端口划分为信任端口和非信任端口两类

C．限制端口被允许访问的 MAC 地址的最大条目

D．对端口的 DHCP 报文进行限速

18．（　　）命令可以查看“开启端口安全功能”的端口 MAC 地址表。

A．show mac-address-table　　B．show port-security address

C．show arp incomplete　　D．show security

19．DHCP 环境下，防止私自架设 DHCP 服务器最方便有效的方式为（　　）。

A．在接入交换机的下联口配置 ACL，将服务器返回的 DHCP 响应报文丢弃掉

B．在接入交换机的下联口配置 ACL，将主机发出的 DHCP 请求报文丢弃掉

C．开启 DHCP Snooping 功能，并在上联口应用 DHCP Snooping trust

D．开启 DHCP Snooping 功能，并在下联口应用 DHCP Snooping trust

20．以下关于 DHCP Snooping 技术的描述，不正确的是（　　）。

A．通过配置使用 DHCP Snooping 功能，可屏蔽非法 DHCP 服务器，避免这些服务器为用户分配错误的 IP 信息

B．通过配置使用 DHCP Snooping 功能，可实现阻止用户私设 IP 地址

C．DHCP Snooping 功能将交换机端口划分为 DHCP 信任口和非信任口两类，默认均为 DHCP 非信任口

D．通过配置使用 DHCP Snooping 功能，还可防止 ARP 欺骗

21．NTP 的作用是什么？

22．系统日志的日志记录服务具有哪些功能？

23．下列（　　）协议或服务用于自动同步路由器上的软件时钟。

A．NTP　　B．DHCP　　C．DNS　　D．SNMP

24．（　　）不是 Netflow 的特性。

A．记录 IP 流量的“W”问题　　B．记录流经和终止在路由器的流量

C．降低设备 CPU 和内存负载　　D．支持采样

25．在下列日志管理命令中，能将日志信息写入 VTY 的是（　　）

A．Router(config)#terminal monitor　　B．Router(config)#logging on

C．Router(config)#logging host　　D．Router(config)#loggingbuffered

26．NTP 使用的端口为（　　）。

A．UDP123　　B．TCP123　　C．TCP321　　D．UDP321

4.3　访问控制安全设计

学习提示

网络基础设施定义了设备为实现端到端通信而连接到一起的方式，就像有多种规模的网络一样，构建基础设施也有多种方法。但是，为了实现网络的可用性和安全性，网络行业推荐了一些标准设计。如果希望一个子网中的主机能够在整个组织网络中进行通信，则必须要有一小堆服务器保护敏感数据，以及政府的隐私规则要求：不仅能通过用户名和登录名来保护访问权限，还需要有将数据包传递到受保护主机或服务器的能力。访问控制列表（ACL）为实现这些目标提供了有用的解决方案，并且可以运行在路由器或三层交换机设备上。

本节详细分析了 ACL 的概念、分类、操作，提出 ACL 规划建议，针对具体实例，配置相应的安全规则，达到了期望的效果。ACL 除了提供基本的安全访问控制外，也是优化通信流量、区分或匹配特定的数据流类型，如 QoS、NAT、VPN 等的重要工具。

课前评估

请读者独立思考并回答下列问题。

1．画图表示 TCP 的三次握手过程。

2．写出 WWW、FTP、Telnet、SSH、DNS、SSL、远程桌面等服务工作的默认端口号。

3．描述 Ping 是如何用来测试网络连通性。

4．TCP 协议在建立连接的过程中会处于不同的状态，采用（ ① ）命令显示出 TCP 连接的状态。下列所示的结果中显示的状态是（ ② ）。

TCP　192.168.86.183:49154　111.206.37.70:https　CLOSE_WAIT

①A．netstat　　B．ipconfig　　C．tracert　　D．show state

②A．已主动发出连接建立请求　　B．接收到对方关闭连接请求

C．等待对方的连接建立请求　　D．收到对方的连接建立请求

5．TCP 在建立连接的过程中可能处于不同的状态，用 netstat 命令显示出 TCP 连接的状态为 SYN_SEND，则这个连接正处于（　　）。

A．监听对方的建立连接请求　　B．已主动发出连接建立请求

C．等待对方的连接释放请求　　D．收到对方的连接建立请求

6．浏览网页时浏览器与 Web 服务器之间需要建立一条 TCP 连接，该连接中客户端使用的端口是（　　）。

A．21　　B．25　　C．80　　D．大于 1024

7．IP 数据报的分段和重装配要用到报文头部的标志符、数据长度、段偏置值和（ ① ）等四个字段，其中（ ② ）字段的作用是为了识别属于同一个报文的各个分段，（ ③ ）的作用是指示每一分段在原报文中的位置。

①A．IHL　　B．M 标志　　C．D 标志　　D．头校验和

②A．IHL　　B．M 标志　　C．D 标志　　D．标识符

③A．段偏置值　　B．M 标志　　C．D 标志　　D．头校验和

8．TCP 使用三次握手机制建立连接，其中被请求方在第二次握手时需应答的关键信息及其作用是（　　）。

A．确认号是发起方设定的初始序号+1 之后的数值，确认被请求者的身份

B．确认号是发起方设定的初始序号+1，确认发起方的身份

C．确认号是被请求者设定的初始序号+1，同步将要接收的数据流编号

D．确认号是被请求者设定的初始序号+1，确认发起方的身份

9．FTP 需要建立两个连接，当工作于 PASSIVE 模式时，其数据连接的端口号是（　　）。

A．20　　B．21

C．由用户确定的一个整数　　D．由服务器确定的一个整数

10．TCP 段头的最小长度是（　　）字节。

A．16　　B．20　　C．24　　D．32

11．TCP 协议中，采用（　　）来区分不同的应用进程。

A．端口号　　B．IP 地址　　C．协议类型　　D．MAC 地址

12．TCP 是互联网中的传输层协议，使用（ ① ）次握手协议建立连接。这种建立连接的方法可以防止（ ② ）。

①A．1　　B．2　　C．3　　D．4

②A．出现半连接　　B．无法连接

C．产生错误的连接　　D．连接失效

13．“TCP SYN Flooding”建立大量处于半连接状态的 TCP 连接，其攻击目标是网络的（　　）。

A．保密性　　B．完整性　　C．真实性　　D．可用性

14．在 TCP/IP 网络中，为各种公共服务保留的端口号范围是（　　）。

A．1～255　　B．256～1023　　C．1～1023　　D．1024～65535

15．当 TCP 实体要建立连接时，其段头中的（　　）标志置 1。

A．SYN　　B．FIN　　C．RST　　D．URG

16．FTP 客户上传文件时，通过服务器建立的连接是（ ① ），FTP 客户端应用进程的端口可以为（ ② ）。

①A．建立在 TCP 之上的控制连接　　B．建立在 TCP 之上的数据连接

C．建立在 UDP 之上的控制连接　　D．建立在 UDP 之上的数据连接

②A．20　　B．21　　C．80　　D．4155

17．ICMP 协议属于 TCP/IP 网络中的（ ① ）协议，ICMP 报文封装在（ ② ）包中传送。

①A．数据链路层　　B．网络层

C．传输层　　D．会话层

②A．IP　　B．TCP　　C．UDP　　D．PPP

18．（　　）字段的信息出现在 TCP 头部而不出现在 UDP 头部。

A．目标端口号　　B．顺序号

C．源端口号　　D．校验和

4.3.1　访问控制列表概述

ACL 是基于协议（主要是 IP）有序匹配规则的过滤器列表（由若干条语句组成），每条规则（Rule）包括了过滤信息及匹配此规则时应采取的动作（允许或拒绝），规则包含的信息可以是 IP 地址、协议、端口号等条件的有效组合，如图 4-21 所示。

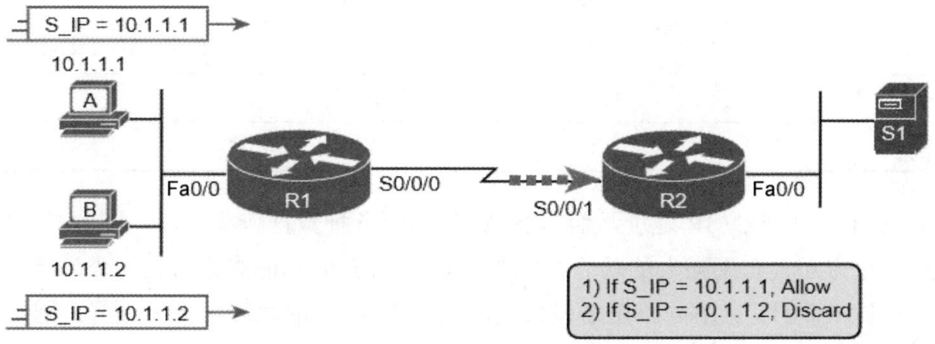

图 4-21　访问控制列表概念示意图

ACL 为网络工程师提供了一种识别不同类型数据包的方法。ACL 的配置列出了路由器可以在 IP、TCP、UDP 和其他包头中看到的值，如图 4-22 所示。例如，ACL 可以匹配源 IP 地址为 1.1.1.1，或目标 IP 地址是子网 10.1.1.0/24 中某个地址的数据包，或目标端口为 TCP 端口 23（Telnet）的数据包。

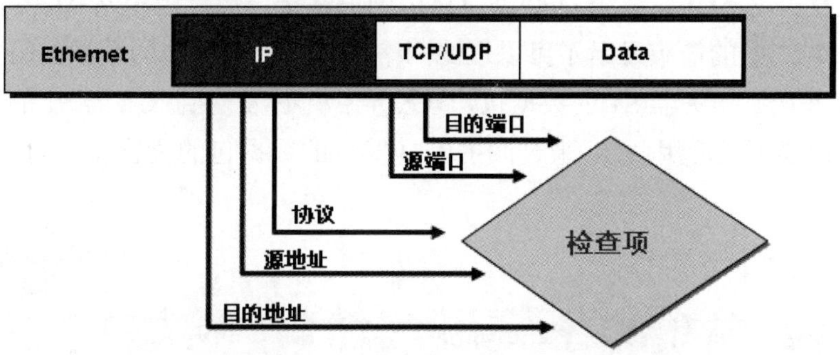

图 4-22　访问控制列表的检查项

1. 访问控制列表的主要功能

（1）限制网络流量以提高网络性能。例如，如果组织的安全策略不允许在网络中传输视频流量，那么就应该配置和应用 ACL 以阻止视频流量，这可以显著降低网络负载并提高网络性能。

（2）提供控制或优化通信流量的手段。例如在前缀列表、分发列表和路由图等工具中调用 ACL，可以限制路由更新的传输，从而确保更新都来自一个已知的来源。

（3）提供基本的网络访问安全控制。ACL 可以允许一台主机访问部分网络，同时阻止其他主机访问同一区域，例如，“人力资源”网络仅限授权用户进行访问。

（4）区分或匹配特定的数据流。路由器还可以针对许多不同的应用程序使用匹配数据包以作出过滤决策。例如，使用 NAT 扩展网络地址时就应用了 ACL 匹配数据包的功能，本模块 VPN 设计主题中也将应用 ACL 来匹配数据包以作出建立 VPN 的决策。

2. 访问控制列表的分类

在路由器上，按照 ACL 的创建方式来划分，使用数字或名称来标识 ACL，同时 ACL 分为标准的或扩展的。表 4-3 显示了 IP ACL 类别有关的重要信息。

表 4-3 访问控制列表的分类

ACL 类型	数字	扩展数字	检查项目
IP 标准 ACL	1~99	1300~1999	源地址
IP 扩展 ACL	100~199	2000~2699	源地址、目的地址、协议、端口号及其他
命名标准 ACL	名字		源地址
命名扩展 ACL	名字		源地址、目的地址、协议、端口号及其他

标准 ACL 仅匹配源 IP 地址，而扩展 ACL 匹配各种数据包头字段，因此扩展的 ACL 在匹配数据包方面具有更强大的功能。另外，按照 ACL 的功能来划分，可分为基本型、时间型等。需要注意的是，不同路由器设备生产商支持 ACL 的功能会有所差异，因此分类的方法和名称会有所不同。

3. 访问控制列表的工作原理

路由器的 ACL 与接口关联，并与数据包流动方向（输入或输出）关联。因此，ACL 要么配置用于入站流量过滤，要么用于出站流量过滤。每当分组经过有 ACL 的接口时，路由器将在 ACL 中按从上到下的顺序查找与分组匹配的语句，ACL 使用允许或拒绝规则来决定数据包的命运。当配置入站 ACL 时，传入数据包经过 ACL 处理之后才会被路由到出站接口；当配置出站 ACL 时，传入数据包路由到出站接口后，由出站 ACL 进行处理。

例如，图 4-23 中的箭头显示了可以过滤网络中从左到右流动的数据包的位置。这里假设允许主机 A 发送到服务器 S1 的数据包，但丢弃主机 B 发送到服务器 S1 的数据包。每条箭头线表示路由器可以应用 ACL 来过滤主机 B 发送的数据包的位置和方向。

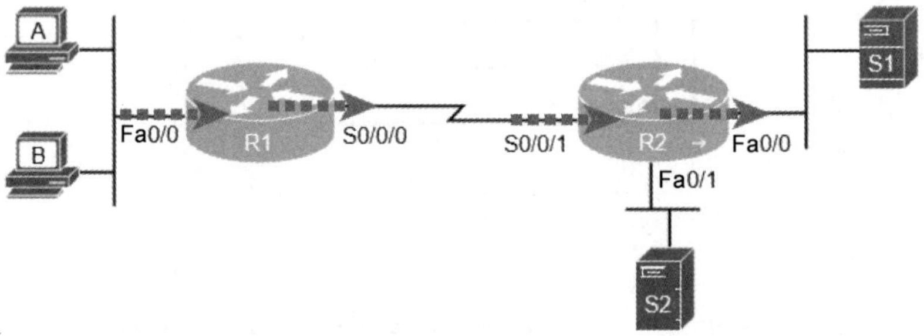

图 4-23 过滤来自主机 A 和 B 到达服务器 S1 的数据包的位置

4.3.2 访问控制列表设置规则

在路由器上设置 ACL 时，需遵循如下规则：

（1）当没有配置 ACL 时，路由器默认允许所有数据包通过。

（2）ACL 对路由器自身产生的数据包不起作用。

（3）对于每个协议，每个接口的每个方向只能设置一个 ACL。

（4）每个 ACL 中包含一条或多条语句，但是有先后顺序之分。

（5）每个 ACL 的末尾都隐含一条“拒绝所有流量”语句。

（6）ACL 条件中必须至少存在一条 permit 语句，否则将拒绝所有流量。

（7）不能单独删除数字标识 ACL 中的一条语句。

（8）可以在名称标识 ACL 中单独增加或删除一条语句。

4.3.3　访问控制列表的匹配操作

一条 ACL 语句通常包括命令、动作和匹配参数。其中数字标识 ACL 使用 access-list 命令，名称标识 ACL 使用 ip access-list 命令；动作要么允许，要么拒绝，取决于制定的安全策略；匹配参数比较复杂，对于标准 ACL，只能使用称为 ACL 通配符掩码的内容来匹配源 IP 地址或部分源 IP 地址，对于扩展的 ACL，除了与通配符掩码相关，还与使用的协议、端口号等有关。

1. 通配符掩码的概念

网络中有几种类型的掩码，在 IP 地址的表示中使用的是默认掩码或子网掩码（Mask）：网络号为连续的 1，主机号为连续的 0，用来区分 IP 地址的网络部分与主机部分；在 OSPF 路由进程宣告某一区域的直连网络 IP 地址时使用的是反掩码（Wild card）：网络号为连续的 0，主机号为连续的 1，用来确定同一区域内主机 IP 地址的范围，如 OSPF 中要求处于同一子网的主机才能建立邻居关系；在 ACL 中使用通配符掩码（Wildcard）：网络号中的 1 可以不连续，用于指示路由器怎样检查数据包中的 IP 地址，用来匹配一个或者一组 IP 地址。

通配符掩码与 IP 地址配合使用，采用“IP 地址 通配符掩码”的表达形式，其中通配符掩码位是“0”表示必须匹配 IP 地址对应的比特，通配符掩码位是“1”表示不必匹配 IP 地址对应的比特，如图 4-24 所示。

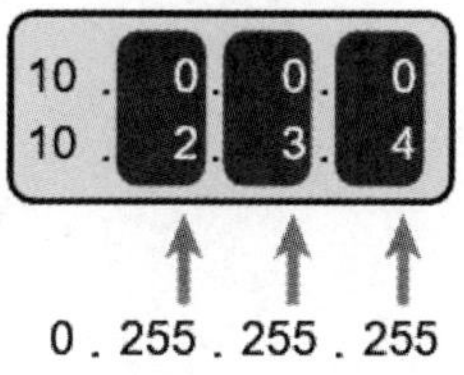

图 4-24　通配符掩码操作示意图

图 4-24 中显示了两个明显不同的 IP 地址，通配符掩码 0.255.255.255 告诉路由器在比较时忽略最后 3 个八位字节，第 1 个八位字节的值必须为 10。因此，这个示例给定的 2 个 IP 地址都是匹配的。

2. 常用的通配符掩码

（1）全 0 通配符掩码。全 0 的通配符掩码要求对应 IP 地址的所有位都必须匹配。例如 123.1.2.3 0.0.0.0 表示的就是 IP 地址 123.1.2.3 本身，在访问列表中亦可表示为 host 123.1.2.3。

（2）全 1 通配符掩码。全 1 的通配符掩码表示对应的 IP 地址的所有位都不必匹配。也就是说，IP 地址可任意。例如 0.0.0.0 255.255.255.255 表示的就是任意主机的 IP 地址，在访问列表中亦可表示为 any。

表达一段地址。网络管理员要想使用通配符掩码让路由器检测数据是否来自 172.30.16.0～172.30.31.0 的子网，从而决定来自这些子网的数据是允许还是拒绝，则表示为 172.30.16.0 0.0.15.255。

通过以上分析，可以得到一个求解通配符掩码的捷径，用最大的 IP 地址减去最小的 IP 地址即为通配符掩码，匹配 IP 地址的范围是最小 IP 地址～最小 IP 地址+通配符掩码。读者可以利用该结论很快写出以下例子的通配符掩码。

- 写出匹配 192.168.1.0～192.168.1.255 中所有奇数或偶数地址的通配符掩码（提示：偶数最小地址是 192.168.1.0，奇数最小地址是 192.168.1.1）。

- 写出匹配 172.16.0.0/24，172.16.1.0/24，172.16.2.0/24，172.16.3.0/24，…，172.16.7.0/24 的所有偶数路由条目的通配符掩码。
- 使用一条 ACL 来匹配 10.1.1.0/24，10.1.3.0/24，10.1.5.0/24，10.1.7.0/24，…，10.1.17.0/24，10.1.19.0/24，10.1.21.0/24，10.1.23.0/24 这些 IP 地址的通配符掩码。

在配置 ACL 时必须有通配符掩码，而且通配符掩码的正确与否直接决定了 ACL 如何工作，在实际应用中应多加注意。

想一想

通配符掩码就是反掩码，对吗？

3. 匹配操作过程分析

如图 4-25 和图 4-26 所示，图中的 ACL 伪代码使用了通配符掩码创建的逻辑。这两个图中的 ACL 伪代码中的逻辑包括以下内容。

第 1 行：匹配并允许所有源地址为 10.1.1.1 的数据包。

第 2 行：匹配并拒绝源地址为前 3 个八位字节 10.1.1 的所有数据包。

第 3 行：将所有地址匹配并允许使用第 1 个八位字节 10。

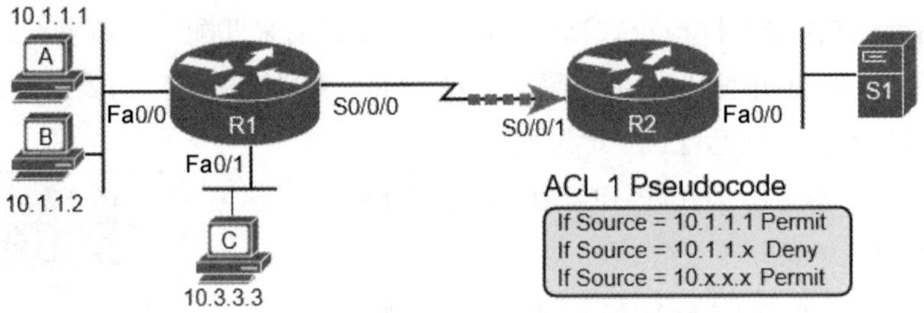

图 4-25 ACL 中匹配操作过程示意图

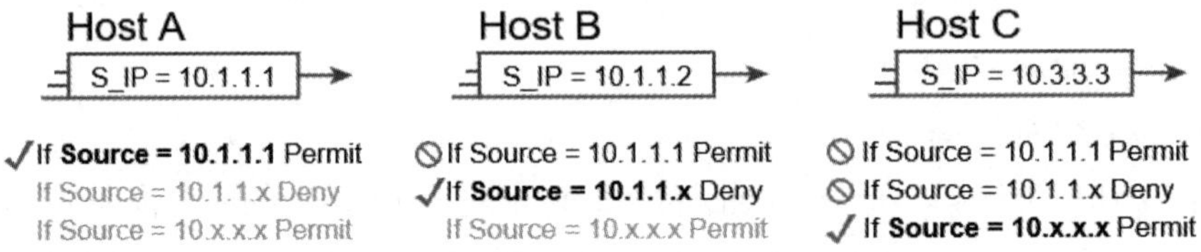

图 4-26 不同主机的 ACL 匹配操作比较

4.3.4 访问控制列表配置命令简介

这里只介绍数字标识 ACL 的配置命令，名称标识 ACL 的配置命令与此类似。

1. 标准访问控制列表配置命令

标准 ACL 使得路由器通过对源 IP 地址的识别，控制对来自某个或某一网段的主机的数据包的过滤。在全局配置模式下，标准 IP ACL 的命令格式为：

Router(config)#**access-list** access-list-number **deny** | **permit** source wildcard-mask

该命令的含义为：定义某编号访问列表，允许（或拒绝）来自 IP 地址 source 和通配符掩码 wildcard-mask 确定的某个或某网段主机的数据包通过路由器。其中：

（1）access-list-number 为列表编号，取值为 1～99，允许扩充使用 1300～1999 的编号。

（2）deny | permit 意为“允许或拒绝”，必选其一，source-ip-address 为源 IP 地址或网络地址；wildcard-mask 为通配符掩码，如果不明确指定，默认为 0.0.0.0。

2. 扩展访问控制列表配置命令

扩展 ACL 除了能基于源 IP 地址对数据包进行过滤外，还可以基于目标 IP 地址、协议或者端口号（服务）对数据包进行控制。使用扩展 ACL 可以更加精确地控制流量过滤，提升网络安全性。在全局配置模式下，扩展 ACL 的命令格式为：

```
access-list acess-list-number deny|permit|remark protocol source source-wildcard-mask
[operator port|protocol-name]destination destination-wildcard-mask [operator port|protocol-name]
[established]
```

各参数的含义见表 4-4。

表 4-4　扩展 ACL 命令参数介绍

关键字或参数	含义
Protocol	协议或协议标识关键字，包括 ip、eigrp、ospf、gre、icmp、igmp、igrp、tcp、udp 等
Source	源地址或网络号
source-wildcard-mask	源通配符掩码
Destination	目标地址或网络号
destination-wildcard-mask	目标通配符掩码
access-list-number	访问列表号，取值 100～199；2000～2699
operator port|Server-name	Operator 操作符，可用的操作符包括 lt（小于）、gt（大于）、eq（等于）、neq（不等于）和 range（范围）等；port 协议端口号，server-name 服务名
established	仅用于 TCP：指示已建立的连接

operator port|protocol-name 用于限定使用某种网络协议的数据包的端口或协议名称或关键字，如：

```
eq 21|ftp
eq 20|ftpdata
//限定使用 TCP 的数据包的端口为 21、20，或协议名称为 FTP 或关键字为 ftpdata
eq 80|http|www
//限定使用 TCP 的数据包的端口为 80，或协议名称为 http 或关键字为 www
```

3. 扩展 ACL 命令实例分析

下面对 Router(config)# access-list 101 deny tcp 172.16.3.0 0.0.0.255 host 172.16.4.110 eq 21 语句进行详细分析。

（1）101：　ACL 表号，表示为扩展 ACL。

（2）deny：说明匹配所选参数的流量会被禁止。

（3）tcp：指出 IP 头部协议字段是 TCP。

（4）172.16.3.0 0.0.0.255：源 IP 地址通配符，前 3 个八位字节必须匹配，而不必关心最后的八位字节。

（5）host 172.16.4.110：目的 IP 地址通配符，IP 地址的所有位都必须匹配。

（6）eq 21：21 是众所周知的 FTP 端口号。

4.3.5　访问控制列表的规划与部署

下面通过一个具体的实例来讨论访问控制列表的规划与部署步骤，规划的网络拓扑结构如图 4-27 所示，网络安全策略是禁止源主机 HOST1 和目标主机 HOST2 之间的通信。

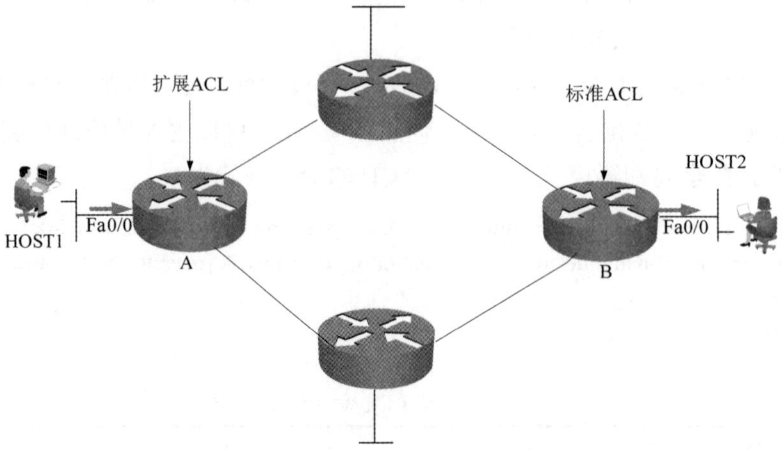

图 4-27　ACL 的规划与部署

1. 位置与方向

首先根据安全策略分析是采用标准的 ACL 还是扩展的 ACL，如果采用标准的 ACL，应将其部署在离目标网络最近的那台路由器的出接口方向上，以免它们无意中丢弃不应丢弃的数据包。本例中，将标准 ACL 部署在路由器 B 的 Fa0/0 接口的出方向，如部署在路由器 A 的 Fa0/0 接口的入方向，虽然也能实现这一安全策略，但是也阻止了 HOST1 访问其他主机，和安全策略不一致。如果使用扩展的 ACL，应将其部署在离数据源最近的路由器的入接口方向上，以避免浪费过多带宽资源。本例中，将扩展 ACL 部署在路由器 A 的 Fa0/0 接口的入口方向上，如部署在路由器 B 的 Fa0/0 接口的出口方向上，虽然也实现了制定的安全策略，但是浪费了路由器 A 与 B 之间链路的带宽资源。

需要注意的是，案例中指定的接口是物理接口，但是 ACL 也是可以应用在逻辑接口上的，如 SVI 接口等。

2. 创建 ACL

确定动作是允许还是拒绝，将影响规则中通配符掩码参数的决定。一个 ACL 中可能需要多条 ACL 语句，应使用优先匹配逻辑顺序搜索列表，将匹配最精确的语句放在 ACL 的最前面，如果数据包与任何访问列表命令都不匹配，则默认操作是拒绝（丢弃）该数据包。

3. 生效 ACL

创建好 ACL 后，在规划的接口配置模式下，执行 ip access-group number {in | out} 命令关联 ACL，使 ACL 生效。

访问控制列表的部署与配置（微课）

动手操练：访问控制列表的部署与配置

1. 网络拓扑结构

某公司采用如图 4-28 所示的网络拓扑结构。其中，公司办公人员的终端划分在 VLAN 10 中，使用 192.168.10.0/24 网段；财务人员的终端划分在 VLAN 20 中，使用 192.168.20.0/24 网段；公共 Web 服务器划分在 VLAN 30 中，使用 10.1.30.0/24 网段；财务 Web 服务器划分在 VLAN 40 中，使用 10.1.40.0/24 网段，各网段所使用的网关都部署在核心交换机上，均使用每个网段的第 1 个地址，172.16.1.0/24 网段用于设备互连使用，ISP 路由器用于模拟 Internet。

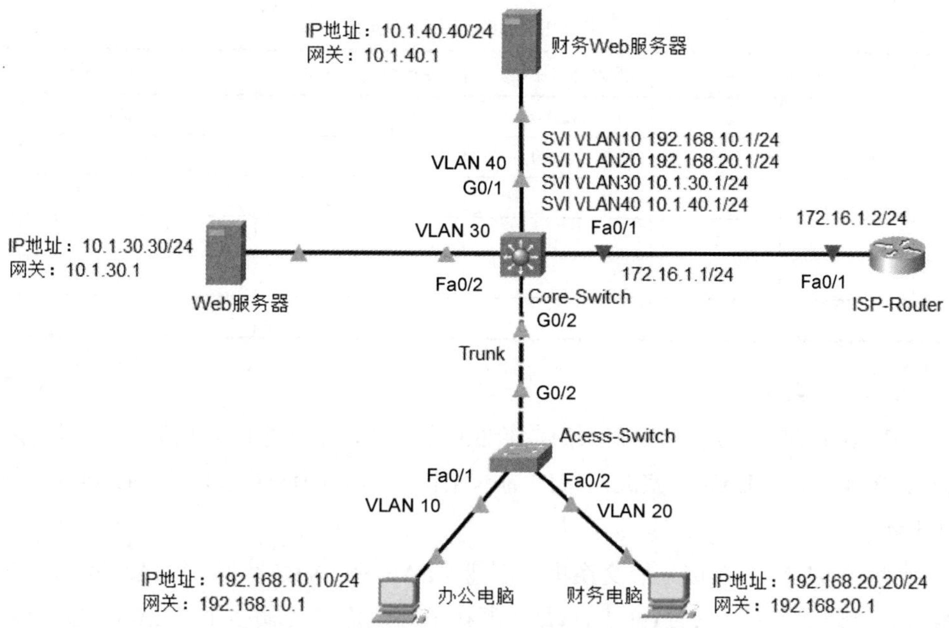

图 4-28　ACL 设计与配置的网络拓扑结构

2. 制定安全策略

为了提高公司网络运行的安全性，要求使用访问控制列表，实施以下安全策略：办公电脑和财务电脑之间不能相互通信，财务电脑不能访问公共 Web 服务，办公电脑不能访问财务 Web 服务，财务人员电脑不能访问 Internet，财务 Web 服务器不能与 Internet 通信。

3. ACL 设计与部署

在实施 ACL 前，需要针对具体的安全策略进行分析，决定使用何种 ACL，应用在哪个路由器的接口上，是 in 方向还是 out 方向。因内部网络中只有一台三层设备，规则统一建立在核心交换机上。另外源和目标之间的安全策略相互交织，不能通过在一个 ACL 中建立多条规则来实现，需要建立多个 ACL，供不同的接口调用。

（1）实现办公人员和财务人员主机之间不能相互通信，可使用标准 ACL，应用在 VLAN 10 和 VLAN 20 接口的 out 方向。

（2）实现财务人员主机不能访问公共 Web 服务，使用扩展 ACL，应用在 VLAN 20 接口的 in 方向。

（3）实现办公人员主机不能访问财务 Web 服务，使用扩展 ACL，应用在 VLAN 10 接口的 in 方向上。

（4）实现财务人员主机不能访问 Internet，使用基本 ACL，应用在 Fa0/1 接口的 out 方向。

（5）实现财务 Web 服务器不能与 Internet 通信，使用标准 ACL，应用在 Fa0/1 接口的 out 方向。

经过以上分析后，第（1）规则，建立 2 个表，表号为 10 和 20；第（2）规则，建立 1 个表，表号为 120；第（3）规则，建立 1 个表，表号为 110；第（4）和第（5）规则，建立 1 个表，使用表号 40。最后形成如表 4-5 所示的一个表。请读者按照规则提示完善表格中的内容，作为 ACL 实施的依据。

表 4-5 ACL 规则设计表

表号	执行动作	使用协议	源网络（主机）	目标网络（主机）	端口	应用接口	方向
10	deny		192.168.20.0	----		VLAN 10	out
20	deny		192.168.10.0	---		VLAN 20	out
120							
110							
40							
40							

4. 网络基本配置

在实施 ACL 前，一定要保证网络是连通的。因此，接下来的步骤是根据网络拓扑结构和规划的 IP 地址及 VLAN，完成网络的基本配置。本案例使用思科的 Packet Tracer 7.3 模拟软件来实现。

（1）划分 VLAN。在接入层交换机上创建 VLAN 10、VLAN 20、VLAN 30 和 VLAN 40，并将相应接口划分至对应 VLAN 中，G0/2 所在链路上需要传输多个 VLAN 数据流量，因此需要将该接口设置为 Trunk。在核心层交换机上，创建 VLAN 10、VLAN 20、VLAN 30 和 VLAN 40，将 Fa0/2 接口划分至 VLAN 30 中，G0/1 接口划分至 VLAN 40 中，把与接入层交换机互连的接口 G0/2 设置为 Trunk，不过需要先封装 Dot1Q 协议。

（2）配置接口 IP 地址。在核心层交换机上，先创建 VLAN 10、VLAN 20、VLAN 30 和 VLAN 40 等 4 个 SVI 接口，按照图 4-28 的 IP 地址规划，为其配置 IP 地址。配置 Fa0/1 接口 IP 地址时，需要注意的是，核心层交换机的接口默认处于非路由端口状态，不能直接为其配置 IP 地址，需要执行 no switchport 命令切换为路由端口后，才能配置 IP 地址。配置路由器的 Fa0/1 接口的 IP 地址为 172.16.1.2/24。

（3）配置路由。为了简化配置，这里使用 RIPv2 动态路由协议。在核心交换机上，先执行 ip routing 命令开启路由功能，在 RIP 进程下，指定 RIP 版本为 2，关闭自动汇总功能，宣告 4 个 SVI 接口形成的直连网段和与路由器相连的网段。按照同样方法，在路由器上配置 RIPv2 动态路由协议，宣告的直连网段是 172.16.1.0。

（4）配置主机 IP 地址。按照 IP 地址规划，分别为办公人员主机、财务人员主机、财务 Web 服务器、公共 Web 服务器配置 IP 地址。

（5）验证网络基本配置。在 ISP 路由器上执行 show ip route rip 命令，查看是否正确获取到办公电脑、财务电脑、财务 Web 服务器、公共 Web 服务器所在网络的路由信息。在获取到相应网段的路由信息后，在办公电脑的命令行界面，执行 ping 命令分别测试与财务电脑、财务 Web 服务器、公共 Web 服务器和路由器接口 IP 地址之间的网络连通性，能够 ping 通，则说明网络已连通，网络基本配置没有问题。

5. 配置访问列表

基本操作是：先建立表，然后在表中添加规则，最后应用到接口上。

（1）实现办公人员和财务人员主机之间不能相互通信的访问列表。以下命令实现财务电脑不能访问办公电脑：

```
access-list 10 deny 192.168.20.0 0.0.0.255
access-list 10 permit any
interface VLAN 10
```

```
ip access-group 10 out
```

以下命令实现办公电脑不能访问财务电脑：

```
access-list 20 deny 192.168.10.0 0.0.0.255
access-list 20 permit any
interface VLAN 20
ip access-group 20 out
```

（2）以下命令实现办公电脑不能访问财务 Web 服务的访问列表：

```
access-list 110 deny tcp 192.168.10.0 0.0.0.255 host 10.1.40.40 eq 80
access-list 110 permit ip any any
interface VLAN 10
ip access-group 110 in
```

（3）以下命令实现财务电脑不能访问公共 Web 服务的访问列表：

```
access-list 120 deny tcp 192.168.20.0 0.0.0.255 host 10.1.30.30 eq 80
access-list 120 permit ip any any
interface VLAN 20
ip access-group 120 in
```

（4）以下命令实现财务电脑不能访问 Internet 和财务 Web 服务器不能与 Internet 通信的访问列表：

```
access-list 40 deny 192.168.20.0 0.0.0.255
access-list 40 deny 10.1.40.40 0.0.0.0
access-list 40 permit any
interface Fa0/1
ip access-group 40 out
```

6. 验证访问列表配置结果

（1）在办公电脑上 ping 财务电脑的 IP 地址，结果是（　　）。

（2）在财务电脑上 ping 办公电脑的 IP 地址，结果是（　　）。

（3）在财务电脑的 Web 浏览器中使用 http://10.1.30.30 访问公共 Web 服务，结果是（　　）。

（4）在办公电脑的 Web 浏览器中使用 http://10.1.40.40 访问财务 Web 服务，结果是（　　）。

（5）在财务电脑上 ping ISP 路由器接口的 IP 地址，结果是（　　）。

（6）在财务 Web 服务器上 ping ISP 路由器接口的 IP 地址，结果是（　　）。

（7）在办公电脑上分别 ping 公共 Web 服务器的 IP 地址和 ISP 路由器接口的 IP 地址，结果是（　　）。

（8）在财务电脑上 ping 财务服务器的 IP 地址，结果是（　　）。

课后检测

1．根据判断条件不同，ACL 分为（　　）和（　　）；根据标识方法不同，ACL 分为（　　）和（　　）。

2．ACL 必须应用在（　　）才能生效，对于（　　）方向的数据包，先检查（　　），后检查（　　）。

3．ACL 中有两种特殊的通配符掩码，如 192.168.1.1 0.0.0.0 通配符掩码可表示为（　　）；0.0.0.0 255.255.255.255 通配符掩码可表示为（　　）。

4．标准 ACL 以（　　）作为判别条件。

A．数据包的大小　　B．数据包的源地址

C．数据包的端口号　　D．数据包的目的地址

5．标准 ACL 应被放置的最佳位置是（　　）。

A．越靠近数据包的源越好　　B．越靠近数据包的目的越好

C．无论放在什么位置都行　　D．入接口方向的任何位置

6．在 ACL 中，地址和掩码为 192.168.64.0 0.0.3.255 表示的 IP 地址范围是（　　）。

A．192.168.67.0～192.168.70.255　　B．192.168.64.0～192.168.67.255

C．192.168.63.0～192.168.64.255　　D．192.168.64.255～192.168.67.255

7．将 ACL 用作数据包过滤有何用途？

8．标准 ACL 和扩展 ACL 有什么区别？

9．如图 4-29 所示，完成办公网络的互连互通，实现数据交换和资源共享功能。针对办公网络中销售部和财务部两个不同的子网，实现销售部和财务部所在子网相互隔离，不能互访。实现财务部子网用户只能访问服务子网中的财务服务器，销售部子网中的用户只能在上班时间访问服务子网 Web 和 FTP 服务器，在任何时间都不能访问财务服务器，任何其他通信都是允许的。

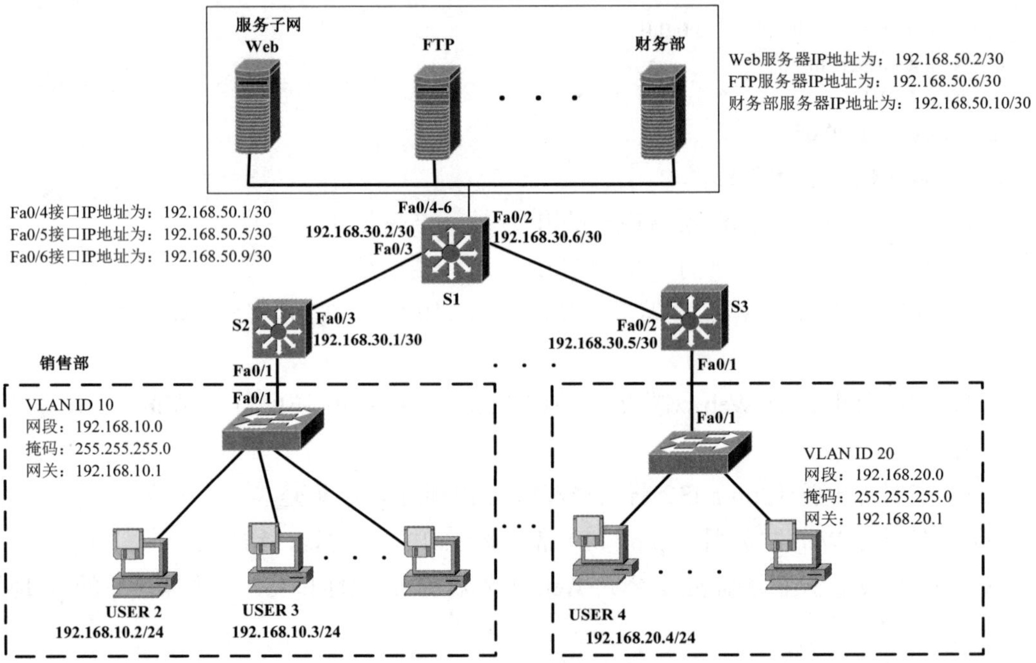

图 4-29　ACL 综合配置拓扑结构

10．如图 4-30 所示，要求只允许主机 192.168.20.10 执行 ping 命令测试到达主机 192.168.10.10 的网络连通性，不允许反向 ping 测试，试写出主要的 ACL 配置语句，并对结果进行分析。

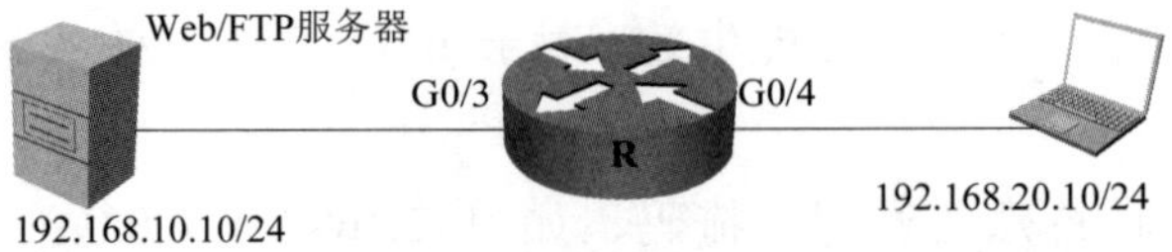

图 4-30　单向 ping 操作

11．某公司网络拓扑结构如图 4-31 所示，通过在路由器上配置 ACL 来提高内部网络和 Web 服务器的安全。

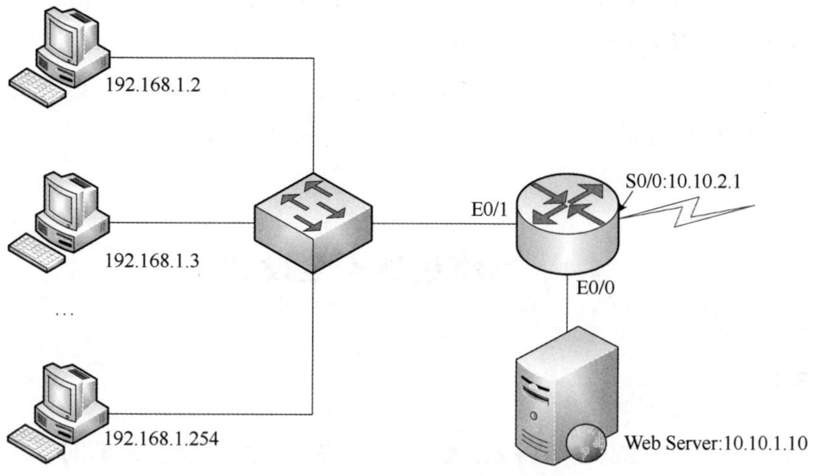

图 4-31　某公司网络拓扑结构

（1）ACL（　　）对流入/流出路由器各端口的数据包进行过滤。ACL 按照其功能分为两类，（　　）只能根据数据包的源地址进行过滤，（　　）可以根据源地址、目的地址以及端口号进行过滤。

（2）根据图 4-31 的规划信息，补充完成下面路由器上的配置命令：

```
Router(config)#interface （    ）
Router config-if)#ip address 10.10.1.1 255.255.255.0
Router(config-if)#no shutdown
Router(config-if)#exit
Router(config)#interface （    ）
Router(config-if)#ip address 192.168.1.1   255.255.255.0
Router(config)#interface （    ）
Router(config-if)#ip address 10.10.2.1   255.255.255.0
```

（3）补充完成下面的 ACL 语句（禁止内网用户 192.168.1.254 访问公司 Web 服务器和外网）：

```
Router (config)#access-list 1 deny （    ）
Router (contig)#access-list 1 permit any
Router (config)#interface ethernet 0/1
Router (config-if)#ip access-group 1 （    ）
```

（4）请说明下面这组 ACL 语句的功能。

```
Router(config)#access-list 101 permit tcp any host 10.10.1.10 eq www
Router(config)#interface ethernet 0/0
Router(config-if)#ip access-group 101 Out
```

允许任何主机访问公司内部的 Web 服务。

（5）请在（4）的 ACL 语句前面添加如下语句，使得内网主机 192.168.1.2 可以使用 Telnet 对 Web 服务器进行维护。

```
Router(config)#access-list 101 （    ）
```

12．如果允许来自子网 172.30.16.0/24 到 172.30.31.0/24 的分组通过路由器，则对应的 ACL 语句应该是（　　）。

A．access-list 10 permit 172.30.16. 0 255.255. 0.0

B．access-list 10 permit 172.30.16. 0 0.0.2555.255

C．access-list 10 permit 172.30.16. 0 0.0.15.255

D．access-list 10 permit 172.30.16. 0 255.255.240.0

13. ACL 是利用交换机实现安全管理的重要手段，利用 ACL 不能实现的功能是（　　）。

A．限制 MAC 地址　　B．限制 IP 地址

C．限制 TCP 端口　　D．限制数据率

4.4　网络边界安全设计

学习提示

网络系统需要各种网络安全设备来保护网络边界，使网络免受外部的非法访问。网络边界设备可能包括提供 NAT 功能的出口路由器、VPN 功能的出口网关、防火墙、IDS（入侵检测系统）和 IPS（入侵防御系统）设备。防火墙和 IDS 或 IPS 是网络边界上的重要安全设备。防火墙，包括前面所讲的网络设备保护和 ACL 等都是根据配置规则来完成安全任务的，因此没有一个网络系统是无懈可击的，但它们的目标都是相同的：降低恶意流量的风险，虽然恶意流量无法彻底从网络中消除。对于网络安全管理员来说，防止病毒、蠕虫等进入网络的一个方法是，不断监视网络和分析网络设备生成的日志文件。但这个方案不太容易扩展，手工分析日志文件信息需要消耗时间，并且对已经开始的网络攻击的认识是有限的，因为在分析日志文件的时候，攻击就已经开始了。为了应对快速变化的攻击，网络系统结构必须包括性价比高的检测系统或防御系统，以智能地识别和防御恶意流量。

本节介绍了网络边界设备的优缺点，以实际案例重点讨论了防火墙、IDS 和 IPS 等网络安全设备的选型、网络安全策略部署与实施。

课前评估

请读者独立思考并回答下列问题。

1．防火墙分为哪几类？

2．防火墙的作用是什么？

3．硬件防火墙中的网卡一般都设置为（　　）模式，这样就可以监测到流过防火墙的数据。

A．混杂　　B．交换　　C．安全　　D．配置

4．防火墙集成了两个以上的（　　），因为它需要连接一个以上的内网和外网。

A．以太网卡　　B．防火模块　　C．通信卡　　D．控制卡

5．硬件防火墙至少应当具备三个接口：内网接口、外网接口和（　　）接口。

A．DMZ　　B．路由　　C．控制　　D．安全

6．包过滤防火墙工作在 TCP/IP 的网络层和（　　）层。

A．接口　　B．传输　　C．应用　　D．会话

7．防火墙内部的网络称为（　　）网络。

A．可依靠　　B．可信任　　C．不可依靠　　D．不可信任

8．IDS 产品在网络中采用旁路式连接，而 IPS 产品在网络中采用（　　）式连接。

9．IPS 能检测入侵的发生，但是不能实时终止入侵行为。（　　）

10．（　　）设备通常是分层纵深防御方法中的第一道防线。

A．接入层交换机　　B．边缘路由器

C．防火墙　　D．内部路由器

11．边缘路由器将组织连接至运营商。边缘路由器具有一组规则，指定允许或拒绝的流量。（　　）不属于将 IDS 部署在 DMZ 中的优点。

A．可以查到受保护区域主机被攻击的状态

B．可以检测防火墙系统的策略配置是否合理

C．可以检测 DMZ 被恶意攻击者攻击的重点

D．可以审计来自 Internet 上对受到保护网络的攻击类型

12．图 4-32 所示的防火墙结构属于（　　）。

A．简单的双宿主主机结构

B．单 DMZ 防火墙结构

C．带有屏蔽路由器的单网段防火墙结构

D．双 DMZ 防火墙结构

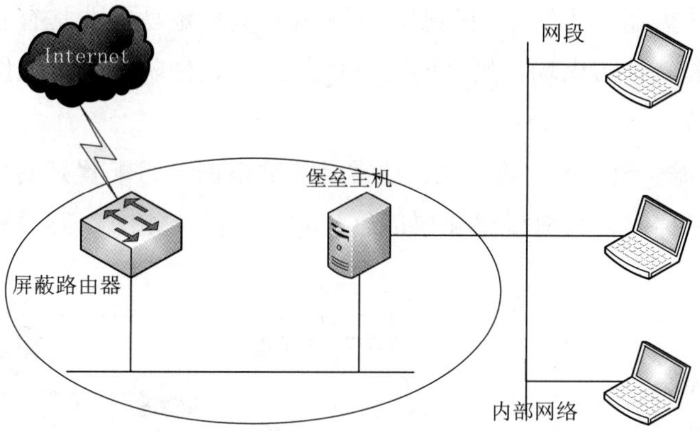

图 4-32　防火墙结构

13．（　　）是包过滤防火墙的优点。

A．可以与认证、授权等安全手段方便地集成

B．与应用层无关，无须改动任何客户机和主机的应用程序，易于安装和使用

C．提供透明的加密机制

D．可以给单个用户授权

14．IDS 是一类重要的安全技术，其基本思想是（ ① ），与其他网络安全技术相比，IDS 的最大特点是（ ② ）。

①A．过滤特定来源的数据包　　B．过滤发往特定对象的数据包

C．利用网闸等隔离措施　　D．通过网络行为判断是否安全

②A．准确度高　　B．防木马效果最好

C．能发现内部误操作　　D．能实现访问控制

4.4.1 防火墙的部署与实施

1. 防火墙的通用特征

防火墙是在网络之间强制实施访问控制策略的一个系统或一组系统。所有防火墙共享一些通用属性：

（1）防火墙可抵御网络攻击。

（2）防火墙是组织内部网络和外部网络之间唯一的中转站，因为所有流量均流经防火墙。

（3）防火墙强制执行访问控制策略。

2. 使用防火墙的好处

在网络中使用防火墙有以下好处：

（1）防止将敏感的主机、资源和应用暴露给不受信任的用户。

（2）净化协议流，防止协议缺陷被利用。

（3）阻止来自服务器和客户端的恶意数据。

（4）通过将大多数网络中的访问控制功能转移到防火墙上来降低安全管理的复杂性。

3. 防火墙的分类

为了正确使用防火墙，了解不同类型的防火墙及其特定功能非常有必要。防火墙总体上分为硬件防火墙和软件防火墙，硬件防火墙性能优于软件防火墙，但价格相对较贵。本书只讨论硬件防火墙。

（1）数据包过滤（无状态）防火墙：通常是能够根据一组配置好的规则过滤某些数据包内容（例如第 3 层信息，有时是第 4 层信息）的路由器，如图 4-33 所示。

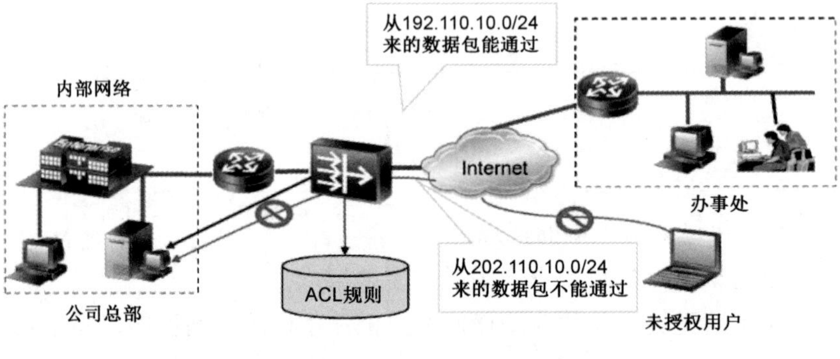

图 4-33 数据包过滤防火墙

（2）状态防火墙：最通用和最常用的防火墙。状态防火墙使用状态表中所维护的连接信息来提供有状态数据包过滤，如图 4-34 所示。有状态数据包过滤是在网络层分类的防火墙架构之上，其还可分析 OSI 第 4 层和第 5 层的流量。

（3）代理防火墙（应用网关防火墙）：用于过滤 OSI 参考模型的第 3、4、5 和 7 层的信息。大多数防火墙控制和过滤是使用软件完成的。当客户端需要访问远程服务器时，将连接到代理服务器，代理服务器代表客户端连接到远程服务器，如图 4-35 所示。因此，服务器只看到来自代理服务器的连接。

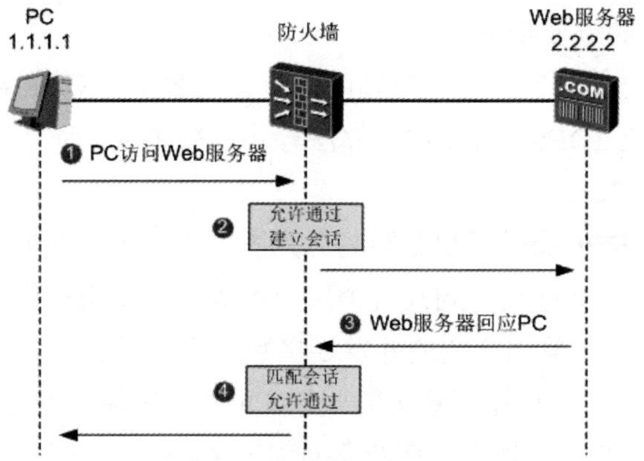

图 4-34　状态防火墙

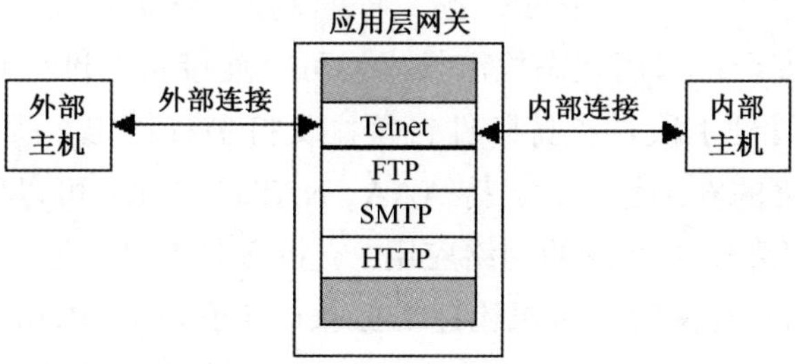

图 4-35　代理防火墙

4. 防火墙产品选型

防火墙的主要性能参数是指影响网络防火墙包处理能力的参数。在选择网络防火墙时应主要考虑网络的规模、网络的架构、网络的安全需求、在网络中的位置以及网络端口的类型等要素，选择性能、功能、结构、接口、价格都最为适宜的网络安全产品。防火墙的参数主要参考以下 6 种。

（1）系统性能。防火墙系统性能参数主要是指防火墙的处理器的类型及主频、内存容量、闪存容量、存储容量和类型等数据。一般而言，高端防火墙的硬件性能优越，处理器应当采用 ASIC 架构或 NP 架构，并拥有足够大的内存。

（2）接口。接口数量关系到防火墙能够支持的连接方式。通常情况下，防火墙应当至少提供 3 个接口，分别用于连接内网、外网和 DMZ，其中在 DMZ 内可以放置一些必须公开的服务器设施，如 Web 服务器、FTP 服务器等。如果能够提供更多数量的端口，则还可以借助虚拟防火墙实现多网络连接。而接口速率则关系到网络防火墙所能提供的最高传输速率，为了避免可能的网络瓶颈，防火墙的接口速率应当为 1000Mbit/s，甚至更高。

（3）并发连接数。并发连接数是衡量防火墙性能的一个重要指标，是指防火墙或代理服务器对其业务信息流的处理能力，是防火墙能够同时处理的点对点连接的最大数目，反映出防火墙设备对多个连接的访问控制能力和连接状态跟踪能力，该参数值直接影响到防火墙所能支持的最大信息点数。一般低端防火墙的并发连接数都在 1000 个左右，而高端设备则可以达到数万甚至数十万的并发连接。

（4）吞吐量。防火墙的主要功能就是对每个网络中传输的每个数据包进行过滤，因此需要消耗大量的资源。吞吐量是指在不丢包的情况下单位时间内通过防火墙的数据包数量。防火墙作为内外网之间的唯一数据通道，如果吞吐量太小，就会成为网络瓶颈，给整个网络的传输效率带来负面影响。因此，考查防火墙的吞吐能力有助于更好地评价其性能表现，这也是测量防火墙性能的重要指标。

（5）安全过滤带宽。安全过滤带宽是指防火墙在某种加密算法标准下的整体过滤功能，如 DES（56 位）算法或 3DES（168 位）算法等。一般来说，防火墙总的吞吐量越大，其对应的安全过滤带宽越高。

（6）支持用户数。防火墙的用户数限制分为固定用户数限制和无用户数限制两种。前者如 SOHO 型防火墙一般支持几十到几百个用户不等，而无用户数限制大多用于大的部门或公司。这里的用户数量和前面介绍的并发连接数是不相同的，并发连接数是指防火墙的最大会话数（或进程），而每个用户可以在一个时间里产生很多的连接。

在考虑防火墙产品选型的时候，应更多地从组织网络安全现状和需求出发，并结合防火墙性能指标来选型，特别是某些用户的系统为涉密系统，因此只能选择国产产品。通常防火墙支持外部攻击防范、内网安全、流量监控、网页过滤、邮件过滤等功能，能够有效地保证网络的安全；采用状态检测技术，可对连接状态过程和异常命令进行检测；提供多种智能分析和管理手段，支持邮件告警，支持多种日志，提供网络管理监控，协助网络管理员完成网络的安全管理；支持 AAA、NAT 等技术，可以确保在开放的 Internet 上实现安全的、满足可靠质量要求的网络应用；支持多种 VPN 业务，如 L2TP VPN、IPsec VPN、GRE VPN、动态 VPN 等，可以构建 Internet、Intranet、Remote Access 等多种形式的 VPN，支持 RIP/OSPF 路由策略；支持丰富的 QoS 特性，提供流量监管、流量整形及多种队列调度策略。

5. 防火墙的安全策略

硬件防火墙最少有 3 个接口：内网口（高安全级别）、外网口（低安全级别）和 DMZ 口（中等安全级别），它们之间的关系应能满足“外网口可以访问 DMZ 口，不能直接访问内网口；DMZ 口可以访问外网口，不能访问内网口；内网口可以访问外网和 DMZ 口”，如图 4-36 所示。若网络中存在安全级别较高的区域，则可以通过网闸等设备实施物理隔离。

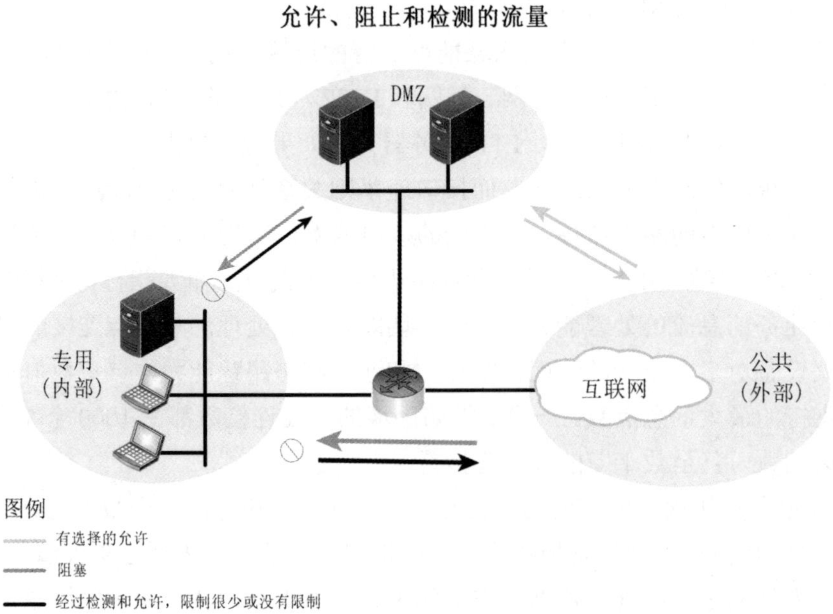

图 4-36 防火墙安全策略

6. 硬件防火墙的部署

在部署防火墙时，通常采用单防火墙 DMZ 网络结构、双防火墙 DMZ 网络结构和基于区域的策略防火墙等。

（1）单防火墙 DMZ 网络结构设计。单防火墙 DMZ 结构将网络划分为 3 个区域，内网（LAN）、外网（Internet）和 DMZ。DMZ 是外网与内网之间附加的一个安全层，这个安全区域也称为屏蔽子网、过滤子网等。这种网络结构构建成本低，多用于小型企业网络设计，如图 4-37 所示。

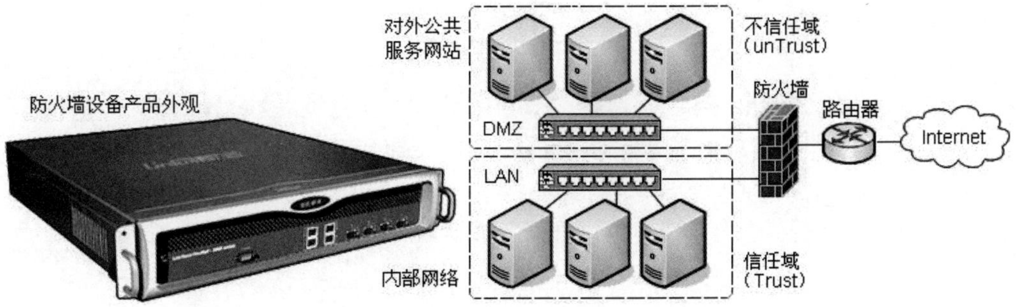

图 4-37 单防火墙 DMZ 网络结构

想一想

在图 4-37 中，可将防火墙放在路由器的前方或后方，请说出这两种部署方式有什么区别？

（2）双防火墙 DMZ 网络结构设计。如图 4-38 所示，防火墙通常与边界路由器协同工作，边界路由器是网络安全的第一道屏障。通常的方法是在路由器中设置数据包过滤和 NAT 功能，让防火墙完成特定的端口阻塞和数据包检查，这样在整体上提高了网络性能。

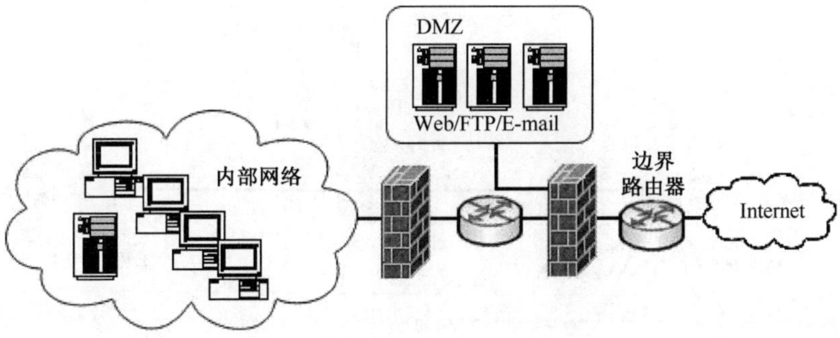

图 4-38 双防火墙 DMZ 网络结构

（3）基于区域的策略防火墙。区域是具有类似功能或特性的一个或多个接口的组，是应用防火墙策略的最小单位。ZFW（Zone-Based Policy Firewall）是一种基于区域的防火墙。默认情况下，区域之间的通信采用丢弃策略，同区域内主机之间可以自由互访，所以区域之间的通信必须配置相应的策略允许某些数据的通过。如果要实现不同接口之间的通信，只需要把这些接口划入同一个区域，它们之间就可以任意互访了，因此使用区域概念可以提供额外的灵活性，如图 4-39 所示。

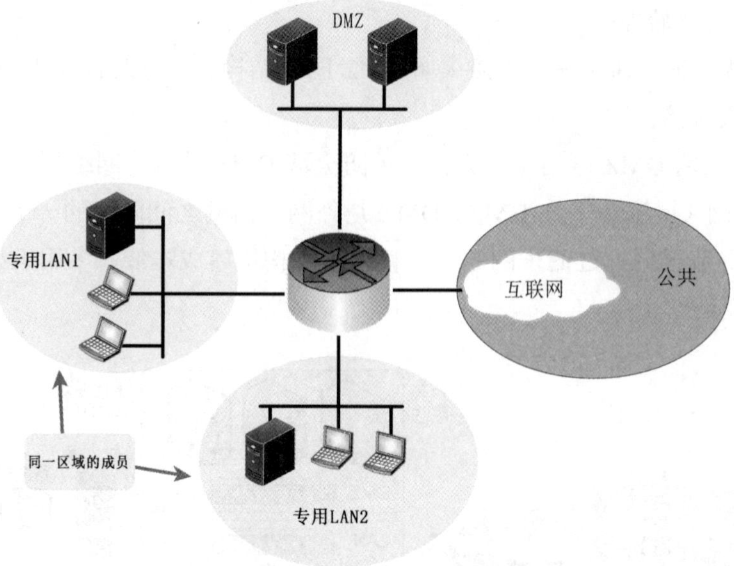

图 4-39 基于区域的策略防火墙

使用硬件防火墙保护网络边界安全（微课）

动手操练：使用硬件防火墙保护网络边界安全

（1）网络拓扑结构。为了提高信息通信的安全访问能力，某组织采用如图 4-40 所示的网络拓扑结构（含 IP 地址规划），在网络出口部署了一台 ASA5505 防火墙。在防火墙上规划了 inside、outside 和 DMZ 三个不同的接口，对应的安全级别为 100、0、50，使用防火墙默认的安全访问策略，这样组织内部与 Internet 之间互访的所有数据流，包括组织中的用户访问 Internet 中公网服务器的 Web 资源和公网用户访问组织的公共 Web 资源，都必须接受防火墙的检查，并根据配置的规则来允许或拒绝数据通过，达到网络边界安全访问的目的。

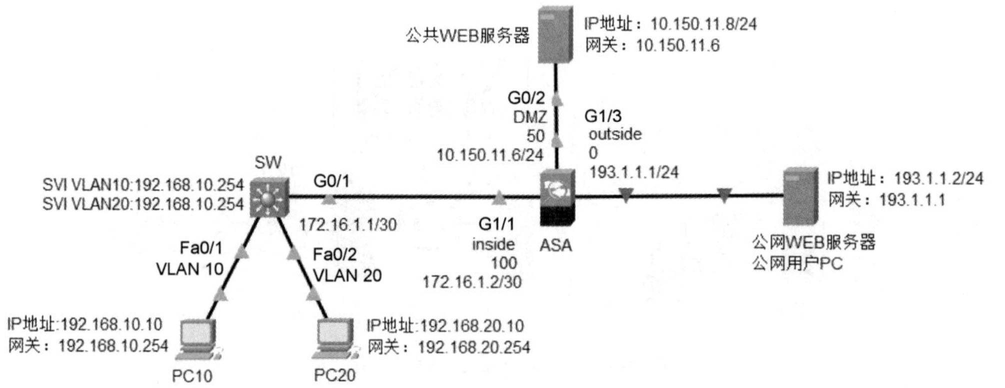

图 4-40 防火墙实施网络拓扑结构

（2）网络基本配置。参照网络拓扑图的 VLAN 及 IP 地址规划：在交换机 SW 上创建并划分 VLAN 10 和 VLAN 20，配置 SVI VLAN 10 和 SVI VLAN 20 逻辑接口和 G0/1 物理接口的 IP 地址（需在接口配置模式下，执行 no switchport 命令将二层接口切换为路由口，才能配置 IP 地址）；配置 PC10、PC20、公共 Web 服务器和公网 Web 服务器的 IP 地址。

（3）ASA 防火墙的基本配置。防火墙规划了三个接口，其配置过程是相同的。下面给出了防火墙 inside 接口的基本配置步骤，请读者参照该步骤完成 DMZ 和 outside 接口的基本配置。

```
ciscoasa(config)#hostname ASA                          //配置主机名
ASA(config)# interface GigabitEthernet1/1              //选定接口
ASA(config-if)# nameif inside                          //配置接口名称
ASA(config-if)#security-level 100                      //配置安全级别
ASA(config-if)#ip address 172.16.1.2 255.255.255.252   //配置 IP 地址
ASA(config-if)#no shutdown                             //激活接口
```

（4）路由配置。使用静态路由实现网络的连通性。在三层交换机上配置一条去往外部网络的默认路由，即执行 ip route 0.0.0.0 0.0.0.0 172.16.1.2 命令，要使本条命令生效，需要执行 ip routing 命令开启三层交换机 SW 的路由功能。

公共 Web 服务器和公网 Web 服务器与防火墙的 DMZ 及 outside 接口直连，因此在防火墙上只需要配置到达内部网络的路由，即执行 route inside192.168.10.0 255.255.255.0 172.16.1.1 和 route inside192.168.20.0 255.255.255.0 172.16.1.1 命令即可。需要注意的是防火墙上的静态路由配置命令和路由交换设备上的静态路由配置命令稍有不同，route 后的 inside 为定义的接口名称。

（5）NAT 配置。ASA 5505 防火墙的 AutoNAT 功能用于配置 NAT 规则，该规则允许 LAN 网段上的主机连接到 Internet，其中需要网络地址转换，因为这些内部主机使用了 Internet 上不可路由的私有 IP 地址。网络地址转换可以使私有 IP 地址看起来像 ASA 的外部接口 IP 地址。如果 ASA 的外部 IP 地址更改频繁（使用 DHCP），则使用 AutoNAT 最适合。

通过创建代表每个 LAN 子网的网络对象来完成 LAN 子网的 AutoNAT 配置。在这些对象中，动态 NAT 规则配置为在这些客户端从内部接口传递到外部接口时对它们进行端口地址转换（PAT）。ASA 5505 防火墙支持静态 NAT 和动态 NAT 转换。

1）配置内网用户 PC10 和 PC20 访问公网用户主机：

```
object network VLAN 10                      //定义网络对象 VLAN 10
subnet 192.168.10.0 255.255.255.0           //允许转换的内部网络地址为 192.168.10.0
nat (inside,outside) dynamic interface      //动态 NAT 调用
object network VLAN 20                      //定义网络对象 VLAN 20
subnet 192.168.20.0 255.255.255.0           //允许转换的内部网络地址为 192.168.20.0
nat (inside,outside) dynamic interface      //动态 NAT 调用
```

2）配置 DMZ 服务器访问公网：

```
object network DMZ                          //定义网络对象 DMZ
subnet 10.150.11.0 255.255.255.0            //允许转换的内部网络地址 10.150.11.0
nat (DMZ,outside) dynamic interface         //动态 NAT 调用
```

3）将公共 Web 服务器发布到公网上：

```
object network PublicWeb                    //定义网络对象 PublicWeb
host 10.15.11.8                             //静态转换的公共Web服务器地址为10.150.11.8
nat (DMZ,outside) static 193.1.1.8          //静态 NAT 调用，发布公网地址为 193.1.1.8
```

需要注意的是，在创建动态 NAT 规则时，流量的触发只能从 inside 流向 outside，而不能反之；创建静态 NAT 规则后，流量的触发是双向的。

4）配置公网主机访问公共 Web 服务器：

完成以上配置后，PC10、PC20 和公共 Web 服务器能够访问公网 Web 服务器，主要原因是在默认情况下，只允许 IP 分组从高安全级别的接口流向低安全级别的接口。

为了能使 IP 分组从低安全级别接口流向高安全级别接口，如允许公网 Web 服务器访问 DMZ 的公共 Web 服务器，需要设置分组过滤器，放通该流量，具体操作步骤如下：

```
object network webserver-external-ip    //定义使用公网 IP 地址访问公共 Web 服务器的网络对象
host 193.1.1.8                          //指定公共 Web 服务器的公网 IP 地址
access-list OUTSIDE extended permit tcp any object webserver-external-ip eq www
//使用扩展访问列表建立过滤规则，允许外部任何主机访问 DMZ 的公共 Web 服务器上的 www 服务
access-list OUTSIDE extended permit tcp any host 193.1.1.8 eq www
//与上面一条命令是等价的，只不过上面一条命令中目标 IP 地址的指定是通过调要网络对象定义的公网 IP 地址，这里是通过 host 关键字直接指定
access-group OUTSIDE in interface outside    //在接口上调要分组过滤规则，注意分清接口与方向
```

（6）配置结果验证。配置结束后，作如下验证测试：

- PC10 与 PC20 之间能不能相互 ping 通。
- PC10 或 PC20 能否 ping 通 inside、DMZ 和 outside 接口的 IP 地址，试分析原因。
- 在 PC10 或 PC20 的 Web 浏览器中输入 http://193.1.1.2，测试能否打开网页。
- 在公共 Web 服务器的 Web 浏览器中输入 http://193.1.1.2，测试能否打开网页。
- 在公网 Web 服务器的 Web 浏览器中输入 http://193.1.1.8，测试能否打开网页。

4.4.2 IDS 和 IPS 的部署与实施

1. 入侵检测和防御设备

网络要抵御快速演变的各类攻击，就需要具有有效检测和防御的系统设备，如 IDS 或 IPS，通常将这类系统设备部署到网络的入口点和出口点。IDS 和 IPS 技术使用签名来检测网络流量中的滥用模式。签名是 IDS 或 IPS 用来检测恶意活动的一组规则。签名可用于检测严重的安全漏洞、检测常见的网络攻击和收集信息。IDS 和 IPS 技术均部署为传感器，可以检测原子签名模式（单数据包）或组合签名模式（多数据包）。

2. IDS 和 IPS 的优缺点

（1）IDS 的优点和缺点。IDS 的主要优点是在离线模式下部署。因为 IDS 传感器不是以在线方式部署的，所以它对网络性能没有影响。它不会带来延迟、抖动或其他流量传输问题。此外，即使传感器出现故障也不会影响网络功能，只影响 IDS 分析数据的能力。

但是，部署 IDS 也有许多缺点。IDS 传感器主要侧重于识别可能发生的事件、记录事件的相关信息以及报告事件，无法停止触发数据包，并且不能保证停止连接。另外，IDS 传感器不是以在线方式部署的，因此实施 IDS 更容易受到采用各种网络攻击方法的网络安全规避技术的影响。

（2）IPS 的优点和缺点。IPS 的优点在于可以配置为执行数据包丢弃，以停止触发数据包、与连接关联的数据包或来自源 IP 地址的数据包。此外，由于 IPS 传感器是以在线方式部署的，因此可以使用流规范化（是一种用于在多个数据段发生攻击时重建数据流的技术）。

IPS 的缺点在于发生错误、故障或者 IPS 传感器的流量过多都会对网络性能造成负面影响。IPS 传感器通过引入延迟和抖动来影响网络性能。IPS 传感器的尺寸和实施方式必须适当，才能保证时间敏感的应用（如 VoIP）不会受到负面影响。

3. IDS 和 IPS 的部署策略

IDS 和 IPS 可以分为：基于主机的 IDS 和 IPS 及基于网络的 IDS 和 IPS 的部署方式，

这需要根据组织的网络安全策略中所述的安全目标来决定采用哪一种实施方式。

（1）IDS 的部署策略。IDS 一般旁路连接在网络中各个关键位置，如图 4-41 所示。

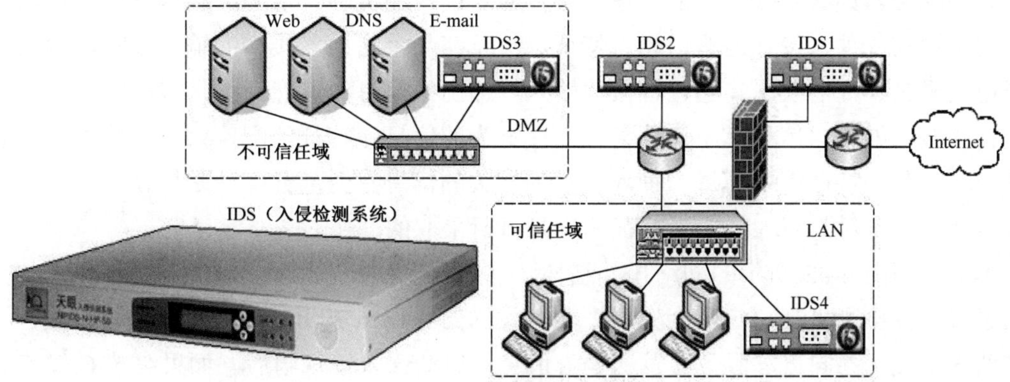

图 4-41　IDS 在网络中的位置

1）IDS 安装在网络边界区域。IDS 非常适合安装在网络边界处，如防火墙的两端及到其他网络连接处。如果 IDS 与路由器并联安装，则可以实时监测进入内部网络的数据包，但是这个位置的带宽很高，IDS 性能必须跟上通信流的速度。

2）IDS 系统安装在服务器群区域。对于流量速度不是很高的应用服务器，安装 IDS 是非常好的选择；对于流量速度高，而且特别重要的服务器，可以考虑安装专用 IDS 进行监测。DMZ 往往是遭受攻击最多的区域，在此部署一台 IDS 非常必要。

3）IDS 系统安装在网络主机区域。可以将 IDS 安装在主机区域，从而监测位于同一交换机上的其他主机是否存在攻击现象。例如，IDS 部署在内部各个网段，可以监测来自内部的网络攻击行为。

4）IDS 系统安装在网络核心层。网络核心层带宽非常高，不适宜布置 IDS。

（2）IPS 的部署策略。IPS 不但能够检测入侵的发生，而且还能实时终止入侵行为。IPS 在网络中采用串接式连接。串接工作模式保证所有网络数据都必须经过 IPS 设备，IPS 检测数据流中的恶意代码，核对策略，在未转发到服务器之前，将信息包或数据流阻截。IPS 是网关型设备，最好串接在网络的出口处，IPS 经常部署在网关出口的防火墙和路由器之间，监控和保护内部网络，如图 4-42 所示。

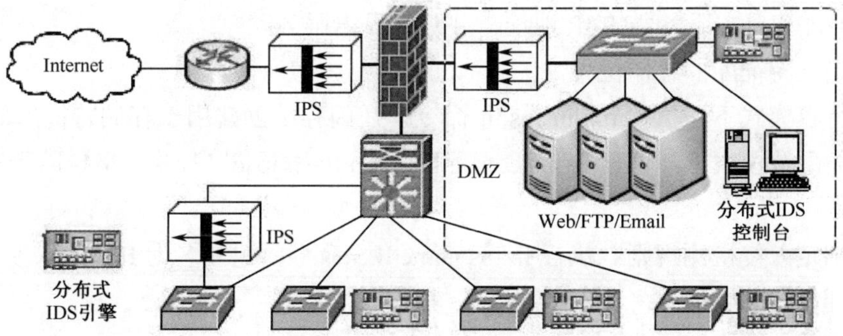

图 4-42　IPS 在网络中的位置

部署 IDS 和 IPS 时，使用其中一种技术并不是否定另一技术的使用。事实上，IDS 和 IPS 技术可以互为补充。例如，可以实施 IDS 来验证 IPS 的运行，因为配置 IDS 可以通过离线方式进行更加深入的数据包检测，这使 IPS 可以专注于更少但更关键的在线流量模式。

入侵检测与防御的部署实践（微课）

动手操练：入侵检测系统与入侵防御系统的部署实践

思科路由器集成了 IPS，采用基于特征的入侵检测机制。首先加载特征库，特征库中包含用于识别各种入侵行为的信息流特征，一旦在某个路由器接口的输入或输出方向设置入侵检测机制，则需要采集通过该接口输入或输出的信息流，然后与加载的特征库中的特征进行比较，如果该信息流与识别某种入侵行为的信息流特征匹配，则对该信息流采取相应动作。因此，特征库中与每一种入侵行为相关的信息有两部分：一是标识入侵行为的信息流特征；二是对具有入侵行为特征的信息流所采取的动作。

本节采用图 4-43 所示的网络拓扑结构。具体要求是，在路由器 R1 接口 Fa0/0 的输出方向设置入侵检测机制，一旦检测到终端 C 发送给终端 A 的 ICMP ECHO 请求报文，则丢弃该请求报文，并向日志服务器发送警告信息。启动该入侵规则后，如果终端 C 发起 ping 终端 A 的操作，则 ping 操作不仅无法完成，还会在日志服务器中记录警告信息，而其他终端之间的 ping 操作依然能够完成。

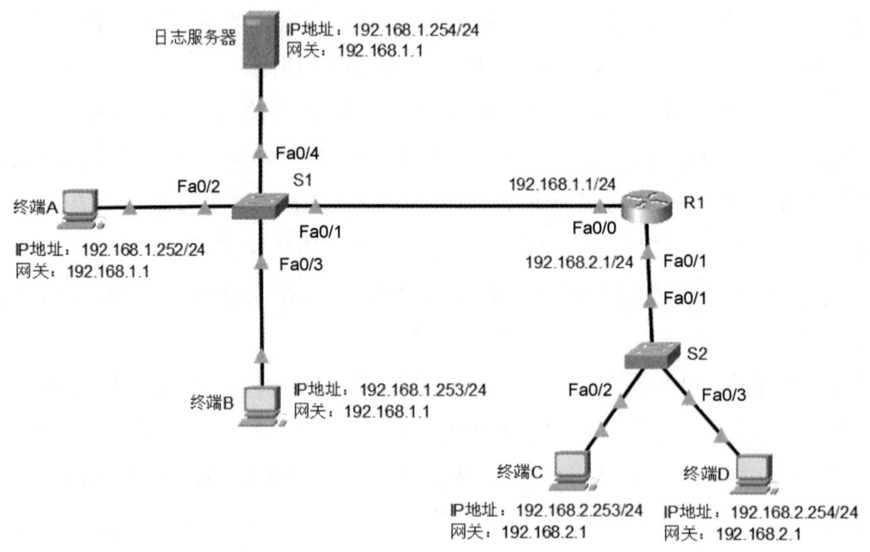

图 4-43　IPS 配置网络拓扑结构

（1）网络基本配置。按照图 4-43 规划的 IP 地址，配置路由器 R1 的接口 IP 地址、各终端的 IP 地址和日志服务器的 IP 地址，并开启日志服务。

（2）确定特征库的存储位置。

1）在特权模式下，执行 mkdir ipsdir 命令，在闪存中创建用于存储特征库的目录。

2）全局配置模式下，执行 ip ips config location flash:ipsdir 命令，指定用于存储特征库的目录。

（3）制定入侵检测规则。执行 ip ips name IPS 命令，建立名为 IPS 的入侵检测规则。

（4）开启日志功能。

1）将事件记录在日志服务器中作为指定的事件通知方法，执行 ip ips notify log 命令。

2）指定日志服务器的 IP 地址，执行 logging host 192.168.1.254 命令。

3）在发送日志信息中标记日期事件，精确到毫秒，执行 service timestamps log datetime msec 命令。

4）设置日期与时间，执行命令：clock set 时间 日期，其中时间和日期与电脑同步。

（5）配置每一类特征。

1）进入特征库分类配置模式，执行 ip ips signature-category 命令。

2）指定所有类别特征库，执行 category all 命令。

3）释放指定类别的特征库，执行 retired true 命令。

4）指定特征库的类别名和类别子名，执行 category ios_ips basic 命令。

5）加载指定类别的特征库，这里指的是 ios_ips 类别中的 basic 子类别，执行 retired false 命令。

（6）定义扩展分组过滤器。指定信息流类别的扩展分组过滤器并与入侵检测规则绑定在一起：

```
access-list 100 permit ip host 192.168.2.253 host 192.168.1.252
access-list 100 deny ip any any
ip ips name IPS list 100
```

（7）将规则作用到路由器接口。在 R1 的 Fa0/0 接口配置模式下，执行 ip ips IPS out 命令。

（8）重新定义特征。

1）进入特征定义模式，执行 ip ips signature-definition 命令。

2）指定编号为 2018 子编号为 0 的特征，所匹配的报文是 ICMP ECHO 请求报文，执行 signature 2018 0 命令。

3）指定特征定义模式下使用的命令，执行 status 命令。

4）加载指定类别的特征库，执行 retired false 命令。

5）启动指定特征，用该特征匹配需要检测入侵行为的信息流，执行 enabled true 命令。

6）进入指定特征引擎配置模式，执行 engine 命令。

7）对与指定特征匹配的信息流采取在线丢弃的动作，执行 event-action deny-packet-inline 命令。

8）对与指定特征匹配的信息流采取发送警告信息的动作，执行 event-action produce-alert 命令。

（9）配置结果验证。

执行 show ip ips all 命令查看配置结果，并且使用终端 C 分别 ping 终端 A、终端 B、终端 D 和日志服务器，输出结果如图 4-44 所示。

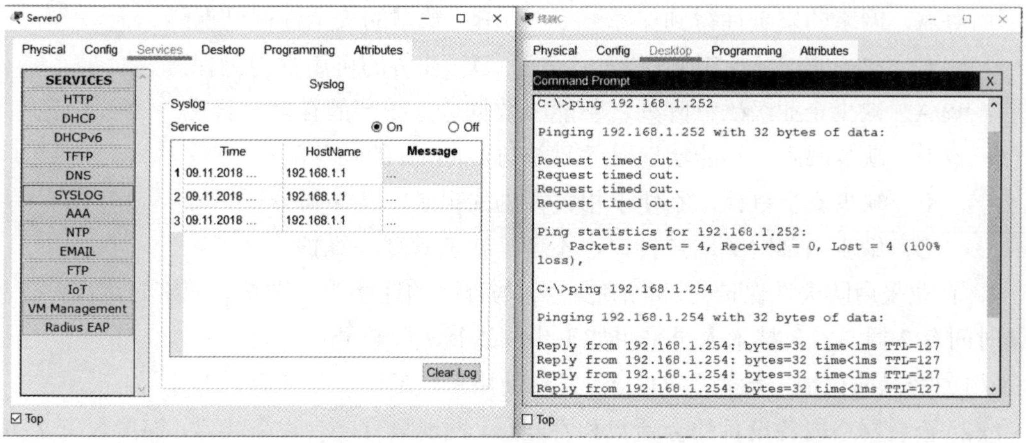

图 4-44　入侵检测系统与入侵防御系统的配置结果验证

课后检测

1．网管中心在进行服务器部署时应充分考虑到功能、服务提供对象、流量、安全等因素。某网络需要提供的服务包括 VOD 服务、网络流量监控服务以及可对外提供的 Web 服务和邮件服务。在对以上服务器进行部署的过程中，VOD 服务器部署在（　　）；Web 服务器部署在（　　）；流量监控器部署在（　　），这 4 种服务器中通常发出数据流量最大的是（　　）。

A．核心交换机端口　　　　B．核心交换机镜像端口

C．汇聚交换机端口　　　　D．防火墙 DMZ 端口

2．网络管理员在园区网规划时，在防火墙上启用了 NAT，以下说法中错误的是（　　）。

A．NAT 为园区网内用户提供地址翻译和转换，以使其可以访问互联网

B．NAT 为 DMZ 的应用服务器提供动态的地址翻译和转换，使其能访问外网

C．NAT 可以隐藏内部网络结构以保护内部网络安全

D．NAT 支持一对多和多对多的地址翻译和转换

3．某高校欲构建财务系统，使用户可通过校园网访问该系统。根据需求，公司给出如下两套方案。

方案一：

（1）出口设备采用一台配置防火墙板卡的核心交换机，并且使用防火墙策略将需要对校园网应用的服务器作地址映射。

（2）采用 4 台高性能服务器实现整体架构，其中 3 台作为财务应用服务器、1 台作为数据备份管理服务器。

（3）通过备份管理软件的备份策略将 3 台财务应用服务器的数据进行定期备份。

方案二：

（1）出口设备采用 1 台配置防火墙板卡的核心交换机，并且使用防火墙策略将需要对校园网应用的服务器作地址映射。

（2）采用 2 台高性能服务器实现整体架构，服务器采用虚拟化技术，建多个虚拟机满足财务系统业务需求，当一台服务器出现物理故障时将业务迁移到另外一台物理服务器上。

与方案一相比，方案二的优点是（ ① ）。方案二还有一些缺点，下列不属于其缺点的是（ ② ）。

①A．网络的安全性得到保障　　　　B．数据的安全性得到保障

C．业务的连续性得到保障　　　　D．业务的可用性得到保障

②A．缺少企业级磁盘阵列，不能将数据进行统一的存储与管理

B．缺少网闸，不能实现财务系统与 Internet 的物理隔离

C．缺少安全审计，不便于相关行为的记录、存储与分析

D．缺少内部财务用户接口，不便于快速管理与维护

4．企业采用防火墙保护内部网络安全。与外网的连接丢包严重，网络延迟高，且故障持续时间有 2 周左右。技术人员采用如下步骤进行故障检测：

（1）登录防火墙，检查（ ① ），发现使用率较低，一切正常。

（2）查看网络内各设备的会话数和吞吐量，发现只有一台设备异常，连接数有 7 万多，而同期其他类似设备都没有超过千次。

（3）进行（ ② ）操作后，故障现象消失，用户 Internet 接入正常。可以初步判断，产生故障的原因不可能是（ ③ ），排除故障的方法是在防火墙上（ ④ ）。

①A．内存及 CPU 使用情况　　B．进入内网报文数量
C．ACL 规则执行情况　　D．进入 Internet 报文数量

②A．断开防火墙网络　　B．重启防火墙
C．断开异常设备　　D．重启异常设备

③A．故障设备遭受 DoS 攻击　　B．故障设备遭受木马攻击
C．故障设备感染病毒　　D．故障设备遭受 ARP 攻击

④A．增加访问控制策略　　B．恢复备份配置
C．对防火墙初始化　　D．升级防火墙软件版本

5．某网络以防火墙作为出口网关的部署方式，相比用路由器作为出口网关、防火墙旁挂的部署方式，最主要的区别在于（　　）。为了使内网用户访问外网，在出口防火墙的上行配置（　　），实现私有地址和公网地址之间的转换，在出口防火墙上配置（　　），实现外网用户访问 HTTP 服务器。

6．根据网络安全防范需求，需在不同位置部署不同的安全设备，进行不同的安全防范，为图 4-45 中的安全设备选择相应的网络安全设备。

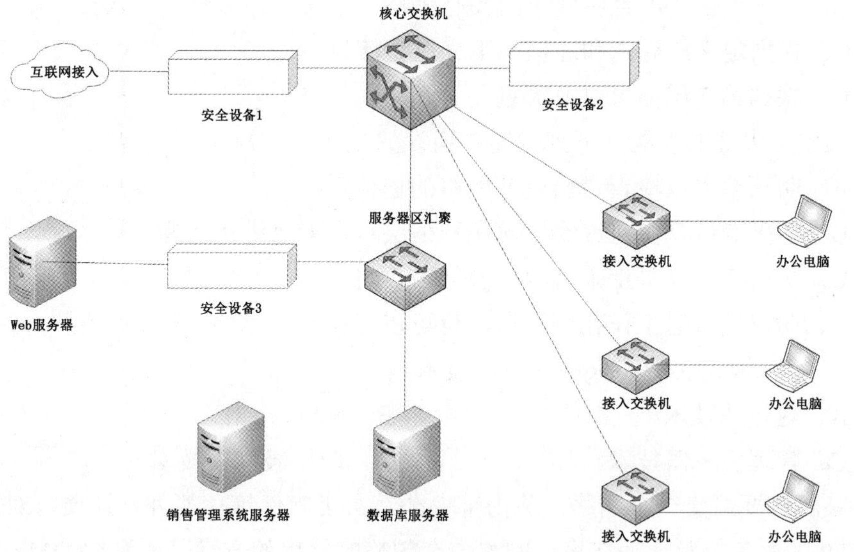

图 4-45　网络安全设备部署拓扑

在安全设备 1 处部署（　　）；在安全设备 2 处部署（　　）；在安全设备 3 处部署（　　）。

A．防火墙　　B．入侵检测系统（IDS）　　C．入侵防御系统（IPS）

在网络中需要加入如下安全防范措施

A．访问控制　　B．NAT
C．上网行为审计　　D．包检测分析
E．数据库审计　　F．DDoS 攻击检测和阻止
G．服务器负载均衡　　H．异常流量阻断
I．漏洞扫描　　J．Web 应用防护

其中，在防火墙上可部署的安全防范措施有（　　）；在 IDS 上可部署的安全防范措施有（　　）；在 IPS 上可部署的安全防范措施有（　　）。

结合上述拓扑，请简要说明入侵防御系统（IPS）的不足和缺点。

7．传统的防火墙只能对网络层和传输层进行检查，无法阻止内部人员的攻击。IDS 和 IPS 技术却能在应用层对数据流进行分析，并在网络遭受攻击之前进行报警和响应，针对部署的方式和实现的原理对 IDS 和 IPS 进行比较。

8．包过滤防火墙通过（　　）来确定数据包是否能通过。

A．路由表　　B．ARP 表　　C．NAT 表　　D．过滤规则

9．包过滤防火墙对通过防火墙的数据包进行检查，只有满足条件的数据包才能通过，对数据包的检查内容一般不包括（　　）。

A．源地址　　B．目的地址　　C．协议　　D．有效载荷

10．代理防火墙的功能是（　　）。

A．代表客户端连接到远程服务器

B．过滤桥接接口间的 IP 流量

C．使用签名来检测网络流量中的模式

D．根据数据包报头信息丢弃或转发流量

11．IPS 的作用是（　　）。

A．通过使用签名文件检测恶意流量的模式

B．基于数据包内容实施访问控制策略

C．根据定义的规则和连接上下文过滤流量

D．根据第 7 层信息过滤流量

12．关于防火墙的功能，下列叙述中错误的是（　　）。

A．防火墙可以检查进出内部网络的通信量

B．防火墙可以使用过滤技术在网络层对数据包进行选择

C．防火墙可以阻止来自网络内部的攻击

D．防火墙可以工作在网络层，也可以工作在应用层

13．（　　）不是实现防火墙的主流技术。

A．包过滤技术　　B．NAT 技术

C．代理服务器技术　　D．应用级网关技术

14．某机构要新建一个网络，除内部办公、员工邮件等功能外，还要有对外提供访问 Web 和 FTP 的服务。设计师在设计网络安全策略时给出的方案是，利用 DMZ 保护内网不受攻击，在 DMZ 和内网之间配置一个内部防火墙，在 DMZ 和 Internet 间，较好的策略是（①），在 DMZ 中最可能部署的是（②）。

①A．配置一个外部防火墙，其规则为除非允许，都被禁止

B．配置一个外部防火墙，其规则为除非禁止，都被允许

C．不配置防火墙，自由访问，但在主机上安装杀毒软件

D．不配置防火墙，只在路由器上设置禁止 ping 操作

②A．Web 服务器，FTP 服务器，邮件服务器，相关数据库服务器

B．FTP 服务器，邮件服务器

C．Web 服务器，FTP 服务器

D．FTP 服务器，相关数据库服务器

15．网管人员在监测网络运行状态时发现下列现象：服务器上有大量的 TCP 连接，收

到了大量源地址各异、用途不明的数据包；服务器收到大量的 ARP 报文。网管人员的判断是（ ① ），针对前一现象将采取的措施是（ ② ），针对后一现象可能采取的措施是（ ③ ）。

①A．受到了 DoS 攻击和 ARP 欺骗攻击
B．受到了 DDoS 攻击和 ARP 欺骗攻击
C．受到了漏洞攻击和 DNS 欺骗攻击
D．受到了 DDoS 攻击和 DNS 欺骗攻击

②A．暂时关闭服务器
B．暂时关闭出口路由器
C．修改防火墙配置过滤不明数据包
D．修改 IDS 配置使其保护服务器不受攻击

③A．升级交换机内的软件
B．加装一个内部路由器
C．在服务器上安装 ARP 防火墙
D．在内部网的每台主机上安装 ARP 防火墙

4.5　数据传输安全设计

学习提示

随着现代信息技术的发展，越来越多的组织机构将日常办公平台逐渐迁移到网络平台和统一应用平台之上。在使用 Internet 作为基本传输媒体时，存在一些安全风险：如数据在传输的过程中可能泄密；数据在传输的过程中可能失真；数据的来源可能是伪造的；数据传输的成本可能很高。VPN 可以使用全球网络资源，在组织机构的分支、移动和总部站点之间，构建业务延伸的专用网络。

简单地说，VPN 操作在一个共享的基础设施之上并在设备之间提供安全连接，VPN 提供的安全是通过实施加密协议来实现的（如 IPsec、SSL 等）。本节结合具体应用案例讨论 VPN 系统的部署与实施等方面的内容，旨在为用户提供一个完整的数据传输安全的解决方案。

课前评估

请读者独立思考并回答下列问题。

1．VPN 中的（　　）部分提供了专用的特性。

A．数据完整性　　B．机密性　　C．反重放保护　　D．认证

2．以下关于 VPN 的说法正确的是（　　）。

A．VPN 指的是用户自己租用的，和公共物理网络上完全隔离、安全的线路
B．VPN 指的是用户通过公用网络建立的临时的、安全的连接
C．VPN 不能做到信息验证和身份认证
D．VPN 只能提供身份验证，不能提供加密数据的功能

3．以下关于 VPN 的描述正确的是（　　）。

A．在 VPN 隧道封装时，承载协议包被封装在载荷协议包中
B．在 VPN 隧道封装时，载荷协议包被封装在承载协议包中

C．在 VPN 隧道封装时，封装协议头处于最外层，以便将承载协议封装起来

D．在 VPN 隧道封装时，封装协议头处于最外层，以便将载荷协议封装起来

4．一个公司员工在酒店房间使用笔记本电脑访问公司网络，可使用（　　）类型的 VPN。

A．点对点 VPN　B．拨号 VPN　C．PPP VPN　D．远程访问 VPN

5．（　　）最有可能被用于点对点 VPN。

A．SSL　B．TLS　C．HTTPS　D．IPsec

6．VPN 技术的实现过程综合应用了多项技术，其中不包括（　　）。

A．隧道技术　B．加密技术　C．身份认证技术　D．访问控制技术

7．什么是 VPN？常见的 VPN 封装协议有哪些？

8．VPN 有哪些优势？

9．下列不属于公钥加密算法的是（　　）。

A．SHA-1　B．AES　C．RSA　D．3DES

11．散列值与 HMAC 的主要区别是（　　）。

A．密钥　B．MD5　C．SHA-1　D．AES

12．被私钥加密后的散列值被称为（　　）。

A．MD5　B．HMAC　C．AES　D．数字签名

13．VPN 实现网络安全的主要措施是（ ① ），L2TP 与 PPTP 是 VPN 的两种代表性协议，其区别之一是（ ② ）。

①A．对发送的全部内容加密　B．对发送的载荷部分加密

C．使用专用的加密算法加密　D．使用专用的通信线路传送

②A．L2TP 只适于 IP 网，传输 PPP 帧；PPTP 既适于 IP 网，也适于非 IP 网，传输以太帧

B．L2TP 只适于 IP 网，传输以太帧；PPTP 既适于 IP 网，也适于非 IP 网，传输 PPP 帧

C．都传输 PPP 帧，但 PPTP 只适于 IP 网，L2TP 既适于 IP 网，也适于非 IP 网

D．都传输以太帧，但 PPTP 只适于 IP 网，L2TP 既适于 IP 网，也适于非 IP 网

4.5.1 VPN 技术的分类

VPN 的种类和标准非常多，这些种类和标准是在 VPN 的发展过程中产生的。用户为了适应不同的网络环境和安全要求，可以选择适合自己的 VPN，因此，先认识常见 VPN 使用的封装协议类型是非常必要的。

1．按隧道协议分类

VPN 按隧道协议分类可以分为以下 6 种。

（1）点到点隧道协议。点到点隧道协议（Point to Point Tunneling Protocol，PPTP）是由微软公司开发的。PPTP 包含了 PPP 和 MPPE（Microsoft Point-to-Point Encryption，微软点对点加密）协议两个协议，其中 PPP 用来封装数据，MPPE 协议用来加密数据。

（2）第二层隧道协议。第二层隧道协议（Layer 2 Tunneling Protocol，L2TP）是由 Microsoft、Cisco、3COM 等厂商共同制定的，主要是为了解决兼容性的问题。PPTP 只有工作在纯 Windows 的网络环境中时才可以发挥所有的功能。

（3）通用路由封装协议。通用路由封装（Generic Routing Encapsulation，GRE）协议

是由 Cisco 公司开发的。GRE 协议不是一个完整的 VPN 协议，因为它不能完成数据的加密、身份认证、数据报文完整性校验等功能，在使用 GRE 技术的企业网中，经常会结合 IPsec 使用，以弥补其安全性方面的不足。

（4）IP 安全协议。IP 安全（IP Security，IPsec）协议是现今企业使用最广泛的 VPN 协议，它工作在第三层。IPsec 协议是一个开放性的协议，各网络产品制造商都会对 IPsec 协议进行支持。

（5）安全套接层协议。安全套接层（Secure Sockets Layer，SSL）协议是网景公司基于 Web 应用提出的一种安全通道协议，它具有保护传输数据和识别通信机器的功能。SSL 协议主要采用公开密钥体系和 X509 数字证书，在 Internet 上提供服务器认证、客户认证、SSL 链路上数据保密性的安全性保证，被广泛用于 Web 浏览器与服务器之间的身份认证。

（6）多协议标签交换协议。多协议标签交换（Multi-Protocol Label Switching，MPLS）协议是一种用于快速数据包交换和路由的体系，它为网络数据流量提供了路由、转发和交换等能力，更特殊的是，它具有管理各种不同形式通信流的机制。

2. 按应用领域分类

由 VPN 的定义可以知道，VPN 为远程站点、远程用户和总部站点之间所提供的安全是通过实施加密协议（如 IPsec 协议和 SSL 协议等）实现的，因此，按照 VPN 的应用领域，VPN 技术可以划分为如下两类。

（1）站点到站点 VPN。站点到站点 VPN 是在 VPN 网关之间保护两个或更多的站点之间的流量，站点间的流量通常是指局域网之间（L2L）的通信流量。L2L VPN 多用于总公司与分公司、分公司之间在公网上传输重要业务数据。如图 4-46 所示，对于两个局域网的终端用户来说，VPN 网关中间的网络是透明的，就好像通过一台路由器连接的两个局域网。总公司的终端设备通过 VPN 连接访问分公司的网络资源，数据包封装的 IP 地址都是公司内网地址（一般为私有地址），对数据包进行的再次封装过程，客户端是全然不知的。

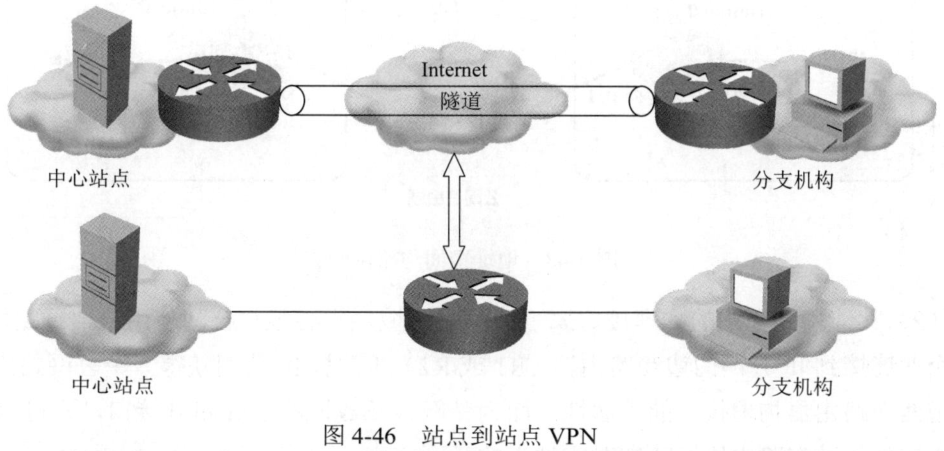

图 4-46　站点到站点 VPN

（2）远程访问 VPN。远程访问 VPN 通常用于单用户设备与 VPN 网关之间的通信链接，单用户设备一般为一台 PC 或智能终端设备等。如图 4-47 所示，当远端的移动用户与总公司的网络实现远程访问 VPN 连接后，就好像成为总公司局域网中一个普通用户，不仅可以使用总公司网段内的 IP 地址访问公司资源，而且因为其使用隧道模式，真实的 IP 地址被隐藏起来，实际公网通信的一段链路对于远端移动用户而言就像是透明的。

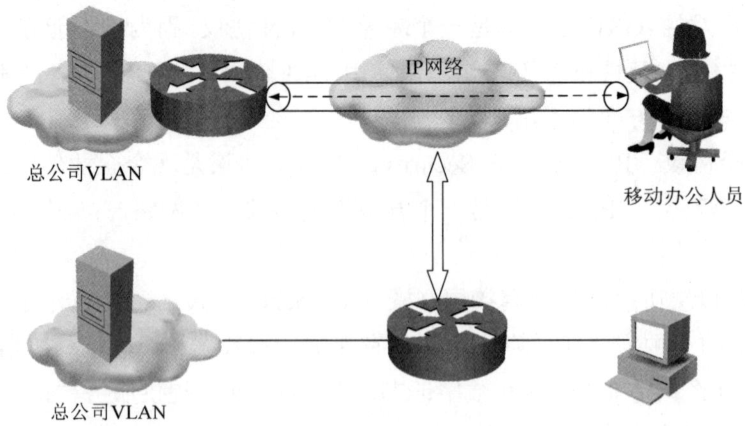

图 4-47 远程访问 VPN

4.5.2 VPN 部署设计

1. GRE VPN 的应用场景

GRE VPN 技术主要用在内部网络的数据需要通过公共网络来传输，扩大包含跳数受限协议（如 RIP）的网络工作范围，将一些不连续的子网连接起来等技术领域。GRE 隧道在构建时使用了公网 IP 地址和私有 IP 地址，但是每一个运行 GRE 的路由器只有一个路由表，因此公网与私网之间只能通过不同的路由策略来加以区分。在实际部署 GRE VPN 时，对隧道端点的路由器来说有如下要求。

（1）其连接到 IP 私网的物理接口和 Tunnel 0 接口属于私网路由域（图 4-48），它们采用一致的私网路由策略。

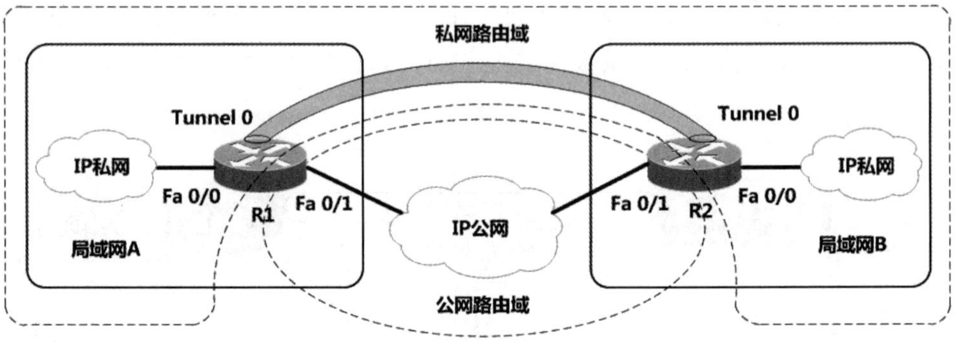

图 4-48 地址空间与路由配置

（2）其连接到公网的物理接口属于公网路由域，它必须与公网使用一致的路由策略。

企业连接到 IP 公网的边缘路由器（R1 或 R2）通常从 IP 公网获得一个公网路由，以保证隧道两端路由器物理接口的可达性。而为私网转发数据的 Tunnel 0 接口，则可以使用静态路由或任何动态路由协议获知对方站点的私网路由。

- 静态路由配置。需要手工配置到达目的 IP 私网（不是 Tunnel 的目的地，而是未进行 GRE 封装的报文的目的网段）的路由，下一跳是对端 Tunnel 接口的 IP 地址。
- 动态路由配置。需将隧道和 IP 私网作为一个私网路由域对待，在 IP 私网接口和 Tunnel 0 接口上启用相应的路由协议。例如，如果图 4-48 所示的 IP 私网要求运行 OSPF 协议，则应对 R1 和 R2 的 Tunnel 0 接口均运行 OSPF 协议，保证 R1 和 R2 相互学习到对方站点的私网路由。

2. IPsec VPN 的应用场景

IPsec VPN 的应用范围非常有限，主要应用在点到点、站点之间安全传输数据和安全远程访问（需要预先安装和配置 IPsec VPN 客户端软件）等技术领域。在进行 IPsec VPN 部署时，需要考虑如下问题。

（1）选择合适的安全策略。IPsec 能够执行加密、认证、防篡改和防重放等操作，支持 AH 或 ESP 封装方法，采用传输或隧道运行模式。因此，在部署 IPsec VPN 时，首先根据用户需求合理选择 IKE 协商阶段的安全策略。

（2）选择合适的路由协议。IPsec VPN 要能正常运行，首先保证 VPN 网关能够正常连接到 Internet，同时需要验证 VPN 网关之间能够相互访问。IPsec 隧道使用的地址是公网 IP 地址，可以想象 VPN 网关之间的 IP 地址不可能在同一网段，要建立动态路由协议邻居关系的可能性很低。IPsec 建立的隧道是逻辑隧道，没有点到点的连接功能。因此，IPsec 隧道只支持单播，不支持组播或广播，动态路由协议的流量不可能穿越 IPsec 隧道。在部署 IPsec VPN 时使用静态路由协议，通常的做法是，在 VPN 网关配置一条指向 Internet 的默认路由。

（3）选择合适的运行模式。当 IPsec 不需要实现隧道功能，只是实现保护数据安全的功能时，可以使用传输模式。当 IPsec 工作在此模式时，IPsec 报文头部是被加在原始 IP 报文头部与上层协议之间，原始 IP 报文头部在传输过程中是可见的。正因为如此，数据报文无法通过 Internet 传输到另一端，也就是缺乏对 NAT 的支持。

通过 Internet 互访的两个网络之间，都希望通过私有 IP 地址来通信，但是私有 IP 地址到达公网后就被丢弃。要使私有 IP 地址的数据报文能通过 Internet 传递，必须在数据报文头上打上公网 IP 头。IPsec 的隧道模式就具有这样的功能，在 Internet 上隐藏了私有 IP 地址空间，原始数据报文的所有内容都被加密了。因此，隧道模式被认为更安全。

通过以上的表述，在使用 IPsec 建立 VPN 的两个网络之间，要运行动态路由协议十分困难，但并不是不可以实现。在此建议使用 GRE 隧道协议，它不仅提供 IP 组播和动态路由协议的传递功能，还能使用 IPsec 功能来保护数据安全，隧道两端的 IP 地址处于同一网段，使得动态路由协议运行更加稳定，这种结合称为 GRE over IPsec。

有一个小细节需要注意，在 GRE over IPsec 情况下，IPsec 的两种运行模式都是被允许的，但有时传输模式会有局限性，所以优先选用隧道模式。

（4）考虑 NAT 对 IPsec VPN 的影响。NAT 是为了缓解 IPv4 公网 IP 地址日益枯竭的问题，从而采用的一种将私有 IP 地址映射为公网 IP 地址的技术。然而，IPsec 的设计目的是保证数据的机密性、完整性等，采用加密、摘要等算法来防止数据被窃听和恶意修改。可以看出，IPsec 和 VPN 在设计思想上是矛盾的。

IPsec 流量是不能穿越 NAT 的，需要引入 NAT 穿越技术，将 ESP 协议报文封装到 UDP 报文中（在原 ESP 协议的 IP 报文头部外添加新的 IP 头和 UDP 头），使得 NAT 对待它像对待一个普通的 UDP 报文一样。

（5）最大化节省部署成本。VPN 网关两端都使用静态公网 IP 地址建立的 VPN 称为静态 GRE over IPsec，而在 VPN 网关的一端使用静态 IP 地址，对端使用动态 IP 地址的情况下建立的 VPN 称为动态 GRE over IPsec。

因为申请一个静态的公网 IP 地址花费非常高，所以一个可能的做法是：在总公司申请静态的公网 IP 地址，分公司使用动态的公网 IP 地址，这样可以节省一部分成本。

3. SSL VPN 的应用场景

SSL VPN 主要提供基于 Web 应用程序的安全访问，用户通常不需要在远程主机上安装客户端软件。另外，客户端只需要在远程主机上通过 Web 浏览器即可使用 SSL VPN，几乎不需要对用户进行任何培训。SSL VPN 在易用性方面有了很大的提升，但缺点是只对 Web 流量实现加密保护。

根据 SSL VPN 网关在网络中的位置的不同，SSL VPN 在实际应用中有单臂和双臂两种组网模式。

（1）双臂组网模式。采用双臂组网模式时，SSL VPN 网关跨接在内网和外网之间，如图 4-49 所示。

图 4-49 SSL VPN 双臂组网模式

这种组网的优势在于，外网对内网所有的访问流量都经过网关，网关可以对这些流量进行全面的控制。不足之处是，网关处于内网与外网通信的关键路径上，网关出现故障将导致整个内网与外网之间通信的中断；网关的处理性能也对整个内网访问外网的速度有影响。在 SSL VPN 网关与防火墙集成时，一般多采用双臂组网模式。由于有防火墙对网络攻击的防护，因此 SSL VPN 可以比较安全地运行。

（2）单臂组网模式。采用单臂组网模式时，SSL VPN 网关并不跨接在内网和外网之间，而像一台服务器一样与内网相连，如图 4-50 所示。

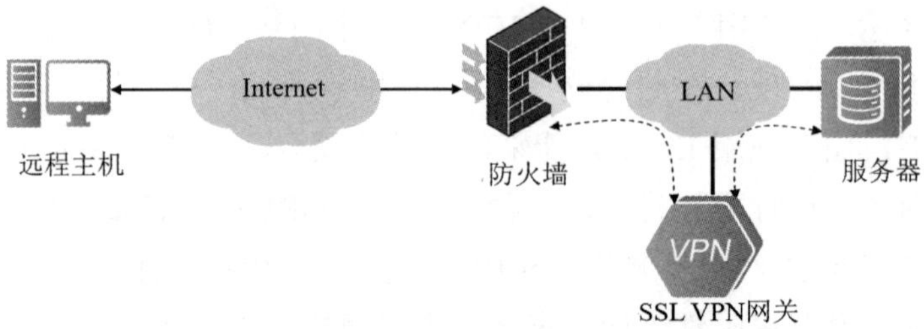

图 4-50 SSL VPN 单臂组网模式

SSL VPN 网关作为代理服务器响应外网远程主机的接入请求，在远程主机与内网服务器之间转发数据报文。使用单臂组网模式的好处是：设备不处在网络流量的关键路径上，设备的故障不会导致整个网络的通信中断；另外，网关的处理性能不会影响到整个内网与外网通信的性能。使用单臂组网模式的不足之处是：设备不能充分保护内部网络，有些流量可以不经过此设备而访问内部网络中的其他服务器。单纯的 SSL VPN 网关设备一般多采用单臂组网模式，不但可以免受外部的网络攻击，还可以避免成为网络的性能瓶颈和单点故障源。

4.5.3 VPN 实施案例

图 4-51 所示的网络拓扑结构中详细规划了 IP 地址及 VLAN，在总部和分部的网络出口分别部署了一台 ASA5505 防火墙，提供 NAT 功能，使总部用户能够访问 Internet 中公网

服务器资源；同时提供 IPSec VPN 功能，实现总部用户 PC1 和分部用户之间安全互访；公网用户能够访问 DMZ 的公共服务器或通过 SSL VPN 访问内部服务器的资源。

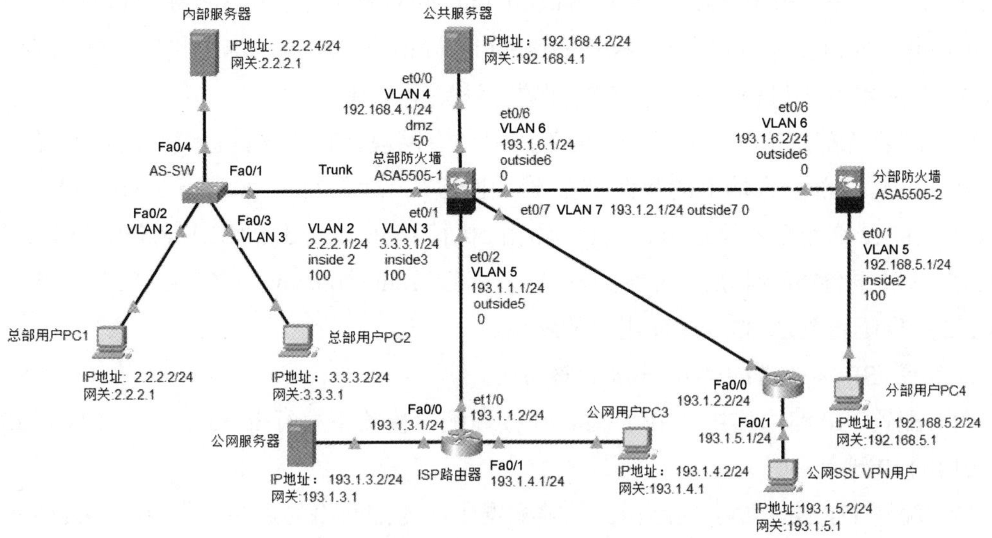

图 4-51 防火墙 IPsec VPN 与 SSL VPN 配置的网络拓扑结构

动手操练：在防火墙上实现 IPsec VPN 和 SSL VPN

在防火墙上实现 IPsec VPN 和 SSL VPN（微课）

接下来，在防火墙上配置相关安全策略，逐一实现以上各项功能，具体步骤如下。

1. 网络基本配置

在 AS-SW 上创建 VLAN 2 和 VLAN 3，并将 Fa0/2 和 Fa0/4 接口划分到 VLAN 2，Fa0/3 划分到 VLAN 3 中。将 Fa0/1 接口属性设置为 Trunk，透传 VLAN 2 和 VLAN 3 的数据流量。执行 show vlan 命令对配置的结果进行验证。按照图 4-51 规划的 IP 地址，在用户 PC 和服务器上完成 IP 地址的配置，注意不要配错网段和网关。

2. 配置总部防火墙接口

（1）激活授权码。ASA5505 防火墙在默认情况下只支持 3 个 VLAN 和 1 个内部接口（执行 show activation-key 命令可以查看），不满足本案例的配置需求，因此需要授权码，以支持更多的 VLAN 和内部接口。这里，执行 activation-key 0x1321CF73 0xFCB68F7E 0x801111DC 0xB554E4A4 0x0F3E008D 命令激活授权码，再执行 show activation-key 命令，在输出结果中，可以看见能够支持 20 个 VLAN 和 2 个内部接口。

（2）划分 VLAN。在总部防火墙上创建 VLAN 2、VLAN 3、VLAN 4、VLAN 5、VLAN 6 和 VLAN 7，将 et0/0、et0/2、et0/6、et0/7 分别加入 VLAN 4、VLAN 5、VLAN 6 和 VLAN 7 中。设置 et0/1 端口属性为 Trunk，并配置放行的 VLAN。

（3）配置内口。执行 int vlan 2 命令创建 VLAN 2 接口，执行 ip address 2.2.2.1 255.255.255.0 命令配置 IP 地址，执行 nameif inside2 命令指定内口名称为 inside2，执行 security 100 命令指定内口安全级别为 100，执行 no shutdown 命令激活 VLAN 2 接口。内口 VLAN 3 的配置与内口 VLAN 2 的配置方法完全相同。

（4）配置 DMZ 口。按照配置内口的方法，配置 VLAN 4 接口为 DMZ 口，执行 int vlan 4 命令创建 VLAN 4 接口，执行 ip address 192.168.4.1 255.255.255.0 命令配置 ip 地址，执行 nameif dmz 命令指定内口名称为 dmz，执行 security 50 命令指定 dmz 口安全级别为 50，执

行 no shutdown 命令激活 VLAN 4 接口。

（5）配置外口。执行 int vlan 5 命令创建 VLAN 5 接口，执行 ip address 193.1.1.1 255.255.255.0 命令配置 IP 地址，执行 nameif outside5 命令指定内口名称为 outside5，使用 security 0 指定外口安全级别为 0，执行 no shutdown 命令激活 VLAN 5 接口。外口 VLAN 6 和 VLAN 7 配置方法与外口 VLAN 5 的配置方法完全相同。

（6）配置总部防火墙上的路由。内部网络所有网段是直连网段，因此无须配置去往内部网络的路由。总部防火墙上的数据包需要路由至多个远程网段，执行 route outside5 0.0.0.0 0.0.0.0 193.1.1.2 命令配置到达 Internet 的路由；执行 route outside6 192.168.5.0 255.255.255.0 193.1.6.2 命令配置达到分部网络的路由；执行 route outside7 193.1.5.0 255.255.255.0 193.1.2.2 命令配置到达 SSL VPN 用户的路由。

3. 配置 ISP 路由器接口 IP 地址和路由

（1）配置 ISP 路由器接口 IP 地址。在接口配置模式下执行 ip address 命令配置 ISP 路由器接口的 IP 地址。

（2）配置 ISP 路由器上的路由。无须配置到达内部网络的路由，公网所有直连网段已经是连通的。

4. 配置分部防火墙接口及路由

（1）划分 VLAN。在防火墙上创建 VLAN 6 和 VLAN 5，将 et0/6 和 et0/1 分别加入 VLAN 6 和 VLAN 5 中。

（2）配置外口。执行 int vlan 6 命令创建 VLAN 6 接口，执行 ip address 193.1.6.2 255.255.255.0 命令配置 IP 地址，执行 nameif outside6 命令指定内口名称为 outside6，执行 security 0 命令指定外口安全级别为 0，执行 no shutdown 命令激活 VLAN 6 接口。

（3）配置内口。执行 int vlan 5 命令创建 VLAN 5 接口，执行 ip address 192.168.5.1 255.255.255.0 命令配置 IP 地址，执行 nameif inside2 命令指定内口名称为 inside2，执行 security 100 命令指定内口安全级别为 100，执行 no shutdown 命令激活 VLAN 5 接口。

（4）在分部防火墙上配置一条默认路由 route outside6 0.0.0.0 0.0.0.0 193.1.6.1。

5. 验证基本配置结果

（1）验证路由表，在总部防火墙上和分部防火墙上，执行 show route 命令，验证配置的路由是否正确。

（2）测试用户 PC1 能否 ping 通用户 PC2。

（3）测试用户 PC2 能否 ping 通总部防火墙外口的 IP 地址。

（4）测试在 ISP 路由器上能否 ping 通总部防火墙内口 VLAN 2 的 IP 地址。

（5）测试公网用户 PC 能否 ping 通公网服务器。

6. 配置总部 NAT

总部用户 PC2 需要通过 NAT 访问 Internet 资源，因此在总部防火墙上配置自动 NAT。

（1）定义总部网络对象。在总部防火墙上，执行 object network ZBNAT 命令定义网络对象名称为 ZBNAT，执行 subnet 3.3.3.0 255.255.255.0 命令指定需要转换的地址空间。

（2）配置动态 NAT。执行 nat (inside3,outside5)dynamic interface 命令，指定完成动态 NAT 的内部网络私有 IP 地址范围和全球 IP 地址。

（3）将 DMZ 的公共服务器发布到 Internet，供公网用户访问。主要使用如下命令：

```
object network DMZNAT
subnet 192.168.4.2 255.255.255.255
nat （dmz,outside5） static 193.1.1.1
```

7. 配置扩展分组

在默认情况下，防火墙只允许 IP 分组从高安全级别的接口流向低安全级别的接口，因此 3 个接口之间只允许单向传输。

为了使 IP 分组从低安全级别接口流向高安全级别的接口，需要通过扩展分组过滤器，在低安全级别接口上指定，允许从低安全级别接口流向高安全级别接口的 IP 分组类别。

（1）配置前的测试工作。

1）测试总部用户能否访问公网服务器。

2）测试总部用户能否访问公共服务器。

3）测试公网用户能否访问公共服务器。

（2）配置 inside3 的出方向扩展分组过滤器

1）允许总部用户终端发起访问 Internet 中的公网服务器过程的有关 TCP 报文流出 inside3 接口，执行 access-list o-d-i extended permit tcp host 193.1.3.2 3.3.3.0 255.255.255.0 命令。

2）允许总部用户终端发起访问 DMZ 区中的公共服务器过程的有关报文流出 inside3 接口，执行 access-list o-d-i extended permit tcp host 192.168.4.2 3.3.3.0 255.255.255.0 命令。

因为在同一个接口又且是同一个方向，所以建立同一个分组过滤器即可。

（3）配置 DMZ 接口进方向扩展分组过滤器。公网用户终端发起访问 DMZ 的 Web 服务器过程相关的 TCP 报文进入 DMZ 接口。执行 access-list o-m extended permit tcp 193.1.4.0 255.255.255.0 host 192.168.4.2 命令。

（4）应用扩展分组过滤器在相应接口上。在接口上调用定义的分组过滤器，执行 access-group o-d-i out interface inside3、access-group o-m in interface outside5 命令。

（5）测试分组过滤器配置结果。

1）测试总部用户能否访问公网服务器。

2）测试总部用户能否访问公共服务器。

3）测试公网用户能否访问公共服务器（输入 NAT 后的地址 193.1.1.1)。

8. 配置 SSL VPN

对于 Internet 中的终端公网用户 PC3，内部网络是不可见的，Internet 路由器的路由表中，没有也不可能指定通往内部网络的传输路径的路由项。内部网络中的终端可以发起访问 Internet 中的公共服务器，Internet 中的终端不能直接访问内部网络中的内部服务器。

有 3 种技术可以实现 Internet 中的终端发起访问内部网络资源的过程，这里只讨论使用 SSL VPN 网关技术。SSL VPN 网关技术有 3 种配置方法：瘦客户端 VPN、SSL VPN 客户端、无客户端 SSL VPN(clientless SSL VPN Web VPN)。尽管无客户端 SSL VPN 技术受限，但是可以在任何地方安全地访问公司内部网络资源，不需要安装特定的 VPN 客户端软件，远程用户只需用 SSL VPN 基于浏览器访问 HTTPS 即可，该技术在 ASA5505 上支持访问内部网络服务器上的资源，具体操作过程如下。

（1）启动 SSL VPN。执行 webvpn 命令，进入 webvpn 配置模式，执行 enable outside7 命令，启动 SSL VPN 网关，且指定 outside7 接口为访问 SSL VPN 网关的接口。

（2）定义注册用户。执行 username aaaa password bbbb 命令，创建用户名为 aaaa，密码为 bbbb 的账户。

（3）配置书签管理。进入总部防火墙配置界面，单击 config 按钮，选中 bookmark manager（书签管理器），弹出书签管理器配置界面，在 bookmark title 文本框中输入 sslvpn，URL 文本框中输入 http://2.2.2.4，单击“添加”按钮，将书签和 URL 绑定在一起，在配置命令行中会自动执行这一操作。

（4）配置用户管理器。选中 user manager，弹出用户管理配置界面，将注册用户名 aaaa 和书签 sslvpn 绑定在一起，在 profile name 文本框中输入 bbbb，group policy 文本框中输入 bbbb，需要注意的是，不同的注册用户需要对应不同的描述文件名和组策略。单击 set 按钮。

（5）验证 SSL VPN 配置结果。打开公网用户 PC3 终端上的浏览器，输入 https://193.1.2.1（地址为 SSL VPN 网关的 outside 接口 IP 地址），弹出登录界面，输入用户名 aaaa，密码 bbbb，成功登录，表明 SSL 是采用 HTTPS 安全协议的。在弹出的界面中，单击用户名 aaaa 的注册用户授权访问的书签 sslvpn 链接资源，书签 sslvpn 链接的资源是 http://2.2.2.4 的资源，即总部内部网络中的 Web 服务器，单击书签 sslvpn，弹出内部服务器的主页，如图 4-52 所示。

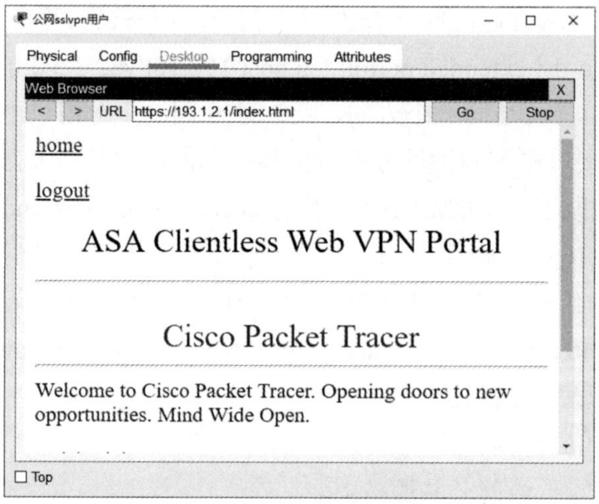

图 4-52　SSL VPN 测试结果页面

9. 配置 IPsec VPN

首先在总部防火墙上完成 IPsec VPN 的配置，具体步骤如下：

（1）配置 IKEv1 策略（建立安全传输通道）：

```
crypto ikev1 policy 1                //进入 IKEv1 配置模式
encryption aes                       //加密算法
hash md5                             //完整性校验
authentication pre-share             //认证方式
group 2                              //DH 密钥交换算法同步密钥使用的标识符
lifetime 86400                       //密钥交换时间间隔
exit                                 //回退至上一级命令
crypto ikev1 enable outside6         //在接口上启动 IKEv1
```

（2）配置加密映射（建立 IPsec 安全关联-加密数据）：

```
access-list 1-2 extended permit icmp 2.2.2.0 255.255.255.0  192.168.5.0 255.255.255.0   //定义需要加密的数据流量
```

```
    crypto ipsec ikev1 transform-set 12 esp-aes esp-sha-hmac    //定义变换集：安全协议，加密算法，鉴别
算法
    crypto map 1-2 1 match address 1-2      //指定名为 1-2 的扩展分组过滤器正常转发的 IP 分组时需要经
过该 IPsec 安全关联传输的 IP 分组
    crypto map 1-2 1 set peer 193.1.6.2      //指定 IPsec 安全关联另一端的 IP 地址
    crypto map 1-2 1 set security-association lifetime seconds 86400    //指定 IPsec 安全关联存活时间
    crypto map 1-2 1 set ikev1 transform-set 12      //建立转换集
    crypto map 1-2 interface outside6      //将名为 1-2 的加密映射作用到名为 outside6 的接口上
```

（3）配置隧道：

```
    tunnel-group 193.1.6.2 type ipsec-l2l      //指定另一端的 IP 地址标识隧道，隧道的类型是点对点
类型
    tunnel-group 193.1.6.2 ipsec-attributes      //进入隧道安全属性配置模式
    ikev1 pre-shared-key 1234      //指定双方预共享密钥鉴别对方身份
```

（4）配置分部防火墙 IPsec VPN。操作方法与总部防火墙上 IPsec VPN 配置方法相同，只不过在定义感兴趣数据流的时候源和目的 IP 地址正好相反。

（5）验证配置结果。由于防火墙策略默认会阻挡 ping 包，无法触发 VPN 隧道流量，此处我们还需配置分组过滤器放行 ping 包。在总部防火墙执行如下命令：

```
access-list vpn extended permit icmp 192.168.5.0 255.255.255.0 2.2.2.0 255.255.255.0
```

然后在调用扩展分组到接口上，执行如下命令：

```
access-group vpn out interface inside2
```

分部防火墙也要完成类似的配置，该部分由读者自行完成。在 PC1 上 ping 分部用户 PC4 的 IP 地址。ping 通后，在防火墙上分别执行 show crypto isakmp sa 和 show cryto ipsec sa 命令，查看已建立的 IPsec 安全关联和通信数据的加解密情况，如图 4-53 所示，可以发现已建立 IPsec 安全关联，并且通信数据能够正常加密和解密。

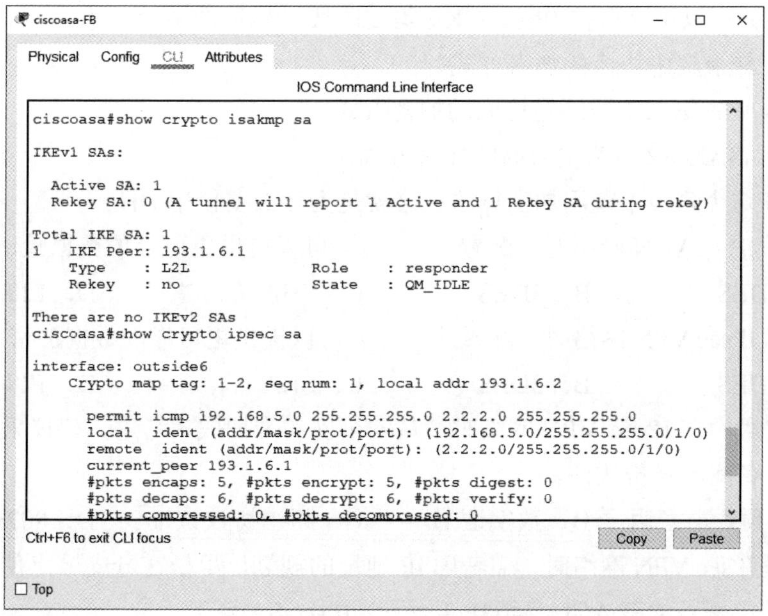

图 4-53　IPsec VPN 测试结果

课后检测

1．下列关于 GRE 的说法正确的是（　　）。

A．GRE 封装只能用于 GRE VPN　　B．GRE 封装并非只能用于 GRE VPN
C．GRE 不能分隔地址空间　　D．GRE VPN 可以分隔地址空间

2．承载网 IP 头以（　　）标识 GRE 头。
A．IP 协议号 47　　B．以太协议号 0x0800
C．UDP 端口号 47　　D．TCP 端口号

3．关于 GRE 隧道 Tunnel 接口配置，以下说法正确的是（　　）。
A．Tunnel 接口是一种逻辑接口，需要手工创建
B．在隧道两个端点路由器上 Tunnel 接口指定的源地址必须相同
C．在隧道两个端点路由器上 Tunnel 接口指定的目的地址必须相同
D．在隧道两个端点路由器上 Tunnel 接口指定的 IP 地址必须相同

4．以下对 IPsec 描述错误的是（　　）。
A．适应向 IPv6 迁移　　B．提供在网络层上的数据加密
C．适应设备动态 IP 地址的情况　　D．支持除 TCP/IP 外的其他协议

5．IPSec 的 AH 协议号和 ESP 协议号分别为（　　）。
A．51 和 50　　B．50 和 51　　C．47 和 48　　D．48 和 47

6．（　　）不会出现在 IKE 第二阶段中。
A．主模式　　B．指定一个散列算法
C．运行 DH　　D．协商要使用的转换集

7．在 IKE 第一阶段中，最安全的认证方法是（　　）。
A．RSA　　B．PSK　　C．DH 组 5　　D．对称的 AES-256

8．一个强调极为安全的网络中，使用（　　）DH 组是最谨慎的做法。
A．1　　B．2　　C．5　　D．6

9．（　　）可以用来保护 IPsec（IKE 第二阶段）隧道的协商过程。
A．在转换集中协商的加密方式
B．为 IKE 第二阶段隧道协商的加密方式
C．在 ISAKMP 策略中协商的加密方式
D．在这个阶段不使用加密算法：这就是为什么要使用 DH

10．部署 IPsec VPN 网络时，配置（　　）可以提供更可靠的数据验证。
A．DES　　B．3DES　　C．SHA　　D．128 位 MD5

11．部署 IPsec VPN 网络时，配置（　　）可以提供更可靠的数据加密。
A．DES　　B．3DES　　C．SHA　　D．128 位 MD5

12．部署大中型 IPsec VPN 网络时，从安全性和维护成本考虑，建议采用（　　）技术手段提高设备间的身份认证。
A．预共享密钥　　B．数字证书　　C．路由协议认证　　D．802.1X

13．部署 IPsec VPN 网络时，需考虑 IP 地址的规划，尽量在分支节点使用可以聚合的 IP 地址段，其中每条加密 ACL 将消耗（　　）IPsec SA 资源。
A．1 个　　B．2 个　　C．3 个　　D．4 个

14．如果 VPN 网络需要运行动态路由协议并提供私网数据加密，通常采用（　　）技术手段实现。
A．GRE　　B．GRE+IPsec　　C．SL2TP　　D．L2TP+IPsec

15．在如图 4-54 所示的网络拓扑结构中，路由器 R1 为总部的 Internet 出口设备，路由器 R2 为分支机构的 Internet 出口设备，路由器 Internet 用来模拟国际互联网。总部和分支机构之间要通过 GRE VPN 实现广域网互联，在路由器 R1 和 R2 上创建 GRE 隧道接口，并分别使用 OSPF 动态路由协议实现内部网络互联。同时 R1 为总部的 VPN 网关，R3 为分支机构的 VPN 网关，192.1.0.0/24 网段之间通信的数据要受到 IPsec 保护。请写出详细的配置和结果验证步骤。

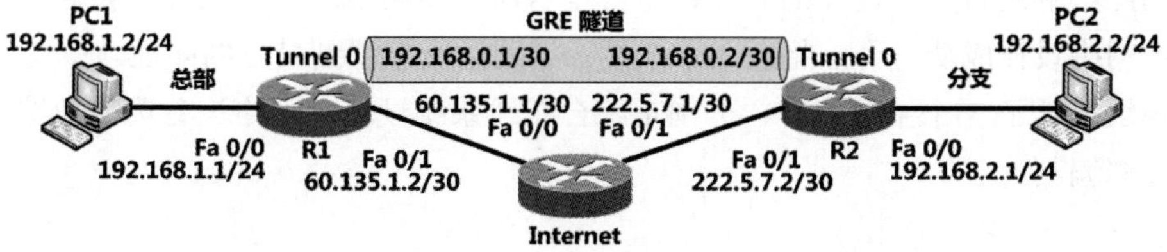

图 4-54　GRE over IPsec VPN 配置的网络拓扑结构

模块 5　物理网络设计

物理网络设计的任务是为设计的逻辑网络选择环境平台，主要包括结构化布线系统设计、为企业网络选择局域网和广域网的技术及设备。由于逻辑网络设计是物理网络设计的基础，因此影响逻辑网络设计的商业目标、技术需求和网络通信特征都会影响物理网络设计。物理网络设计成功与否，将会在未来数十年的运行中得到最好的印证。

本模块设计了 3 个主题内容，分别是综合布线系统设计、网络设备选型和综合布线工程设计文档编制。

5.1　综合布线系统设计

学习提示

综合布线系统设计对布线的全过程起着决定性的作用，有几点注意事项需要谨记。

首先应符合相关标准、规范的要求。综合布线系统设计不仅要做到设计严谨，满足用户使用要求，还要造价合理，符合国家标准。

然后根据实际情况进行设计。要对工程实施的建筑物进行充分的调查研究，收集该建筑物的建筑工程、装修工程和其他有关工程的图纸资料，并充分考虑用户的建设投资预算要求、应用需求及施工进度要求等各方面因素。

最后注意选材和布局。布线系统设计中的选材、用料和布局安排对建设成本有直接的影响；在设计中，应根据建设方的需求，选择合适的布线缆线和接插件，所选布线材料等级的不同对总体方案技术指标的影响很大。布局安排除了对建设成本有直接的影响外，还关系到布线系统是否合理。

课前评估

请读者独立思考并回答下列问题。

1. 综合布线系统针对计算机与通信的配线系统而设计时，以下属于综合布线系统功能的是（　　）。

　　A. 传输模拟与数字的语音　　B. 传输数据

　　C. 传输传真、图形、图像资料　　D. 传输电视会议与安全监视系统的信息

2. 用一句话简要描述什么是综合布线系统。

3. 综合布线一般采用（　　）的拓扑结构。

　　A. 总线型　　B. 扩展树型　　C. 环型　　D. 分层星型

4. 国家标准（　　）中将综合布线系统一般逻辑性地分为（　　）7 个部分，其中（　　）是综合布线系统设计专门增加的内容。

5. EIA/TIA 的布线标准中规定了双绞线标准 568B 的排列线线序为：（　　）。

6. 写出 25 对大对数电缆的色谱。

7. 光纤规格 62.5/125 中的 62.5 表示（　　）。

A．光纤芯的直径　　　　　　　　　B．光纤包层直径

C．光纤中允许通过的光波波长　　　D．允许通过的最高频率

8．如图 5-1 所示为某学院地理位置分布，现假定信息中心部署一台核心交换机，其他地理位置上分别部署一台接入层交换机，使用什么类型的传输介质可以把这些交换机连接起来？

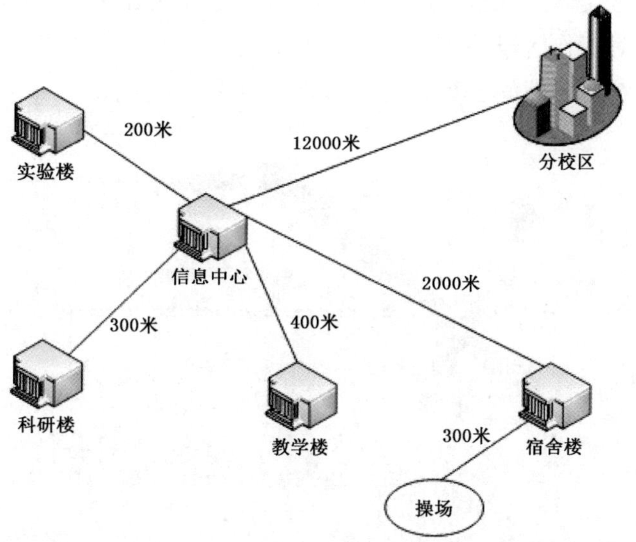

图 5-1　某学院地理位置分布

9．根据综合布线系统组成划分，分别写出图 5-2 中字母所代表的名称。

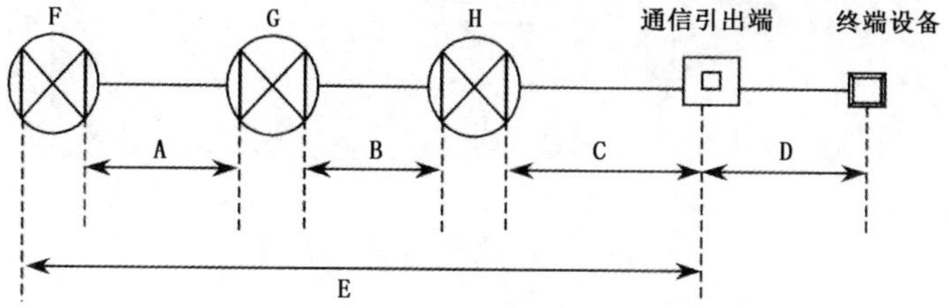

图 5-2　综合布线系统基本结构

10．综合布线系统要求设计一个结构合理、技术先进并满足需求的方案，（　　）不属于综合布线系统的设计原则。

A．不必将综合布线系统纳入建筑物整体规划、设计和建设中

B．综合考虑用户需求、建筑物功能、经济发展水平等因素

C．长远规划的思想和保持一定的先进性

D．扩展性、标准化、灵活的管理方式

5.1.1　综合布线系统的概念

布线系统是指由能够支持电子信息设备相连的各种缆线、跳线、接插软线和连接器件组成的系统。综合布线系统是建筑物或建筑群内的传输网络，既可以与电话交换系统和数据通信系统及其他信息管理系统彼此相连，又能够使这些设备与外部通信网络相连接。它包括建筑物到外部网络，或线路上的连接点与工作区的语音或数据终端之间的所有电缆、光缆及相关联的布线部件。

综合布线系统涉及的内容广泛，包括数据网、电话网、电视网、监控、安保、温控等系统的布线。目前，使用最为广泛的布线工程在实施上往往遵循结构化布线系统标准，仅限于语音和计算机网络的布线。

5.1.2 综合布线系统的组成

综合布线系统采用开放式星型网络拓扑结构，能支持语音、数据、图像、多媒体业务等信息的传递，分为工作区子系统、设备间子系统、进线间子系统、水平子系统、垂直子系统、建筑群子系统和管理间子系统七个部分，如图 5-3 所示。

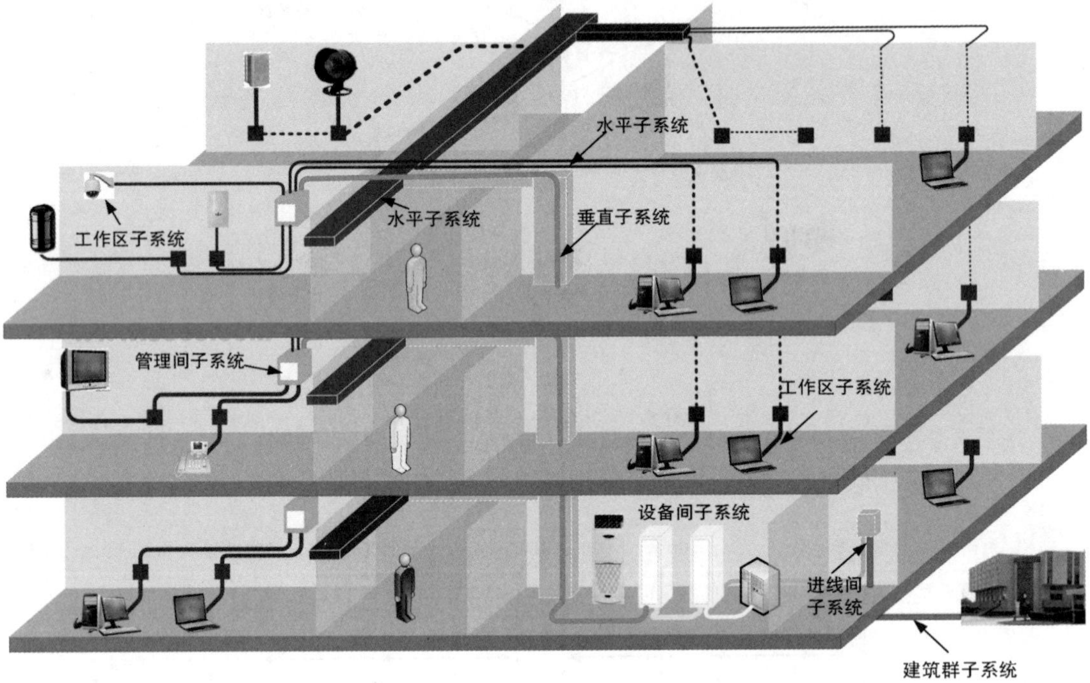

图 5-3 综合布线系统的组成

1. 工作区子系统

工作区子系统又称服务区子系统，由跳线与信息插座所连接的设备组成。其中信息插座包括墙面型、地面型、桌面型等，常用的终端设备包括计算机、电话机、传真机、报警探头、摄像机、监视器、各种传感器件、音响设备等。

2. 水平子系统

水平子系统又称配线子系统，由工作区信息插座模块、模块到楼层管理间连接缆线、配线架、跳线等组成，实现工作区信息插座和管理间子系统的连接，包括工作区与楼层管理间之间的所有电缆、连接硬件（信息插座、插头、端接水平传输介质的配线架、跳线架等）、跳线线缆及附件。

3. 垂直子系统

垂直子系统又称干线子系统，提供建筑物的干线电缆，负责连接管理间子系统到设备间子系统，实现主配线架与中间配线架，计算机、PBX（程控交换机）、控制中心与各管理间子系统间的连接。该子系统由所有的布线电缆组成，或由导线和光缆以及将此光缆连接到其他地方的相关支撑硬件组合而成。

4. 管理间子系统

管理间子系统又称电信间或者配线间子系统，一般设置在每个楼层的中间位置。对于综合布线系统设计而言，管理间主要安装建筑物配线设备，是专门安装楼层机柜、配线架、交换机的楼层管理间。管理间子系统也是连接垂直子系统和水平子系统的设备。当楼层信息点很多时，可以设置多个管理间。

5. 设备间子系统

设备间在实际应用中一般称为网络中心或者机房，是在每栋建筑物适当地点进行网络管理和信息交换的场地。其位置和大小应该根据系统分布、规模以及设备的数量来具体确定，通常由电缆、连接器和相关支撑硬件组成，通过线缆把各种公用系统设备互连起来。主要设备有计算机网络设备、服务器、防火墙、路由器、程控交换机、楼宇自控设备主机等，它们可以放在一起，也可分别设置。

6. 进线间子系统

进线间子系统是建筑物外部通信和信息管线的入口部位，并可作为入口设施和建筑群配线设备的安装场地。进线间是 GB 50311—2016 国家标准在系统设计内容中专门增加的，要求在建筑物前期系统设计中要有进线间，满足多家运营商业务的需要，避免一家运营商自建进线间后独占该建筑物的宽带接入业务。进线间一般通过地埋管线进入建筑物内部，宜在土建阶段实施。

7. 建筑群子系统

建筑群子系统也称为楼宇子系统，主要实现楼与楼之间的通信连接，一般采用光缆并配置相应设备，它支持楼宇之间通信所需的硬件，包括缆线、端接设备和电气保护装置。设计时应考虑布线系统周围的环境，确定楼间传输介质和路由，并使线路长度符合相关网络标准的规定。

5.1.3 综合布线系统的标准

最早的综合布线标准起源于美国，1991 年美国国家标准协会制定了 TIA/EIA 568 民用建筑线缆标准，经改进后于 1995 年 10 月正式将 TIA/EIA 568 修订为 TIA/EIA 568A 标准。国际标准化组织/国际电工委员会（ISO/IEC）于 1988 年开始在美国国家标准协会制定的有关综合布线标准基础上修改，1995 年 7 月正式公布 ISO/IEC 11801：1995（E）作为国际标准，供各个国家使用。随后，英国、法国、德国等国联合，于 1995 年 7 月制定了欧洲标准（EN 50173），供欧洲一些国家使用。

我国在计算机的信息、网络综合布线方面的标准比国外晚几年建立，现在逐步在各行业中建立起标准或条例。在我国，与综合布线系统有关的国家标准主要是 GB 50311—2016《综合布线系统工程设计规范》和 GB/T 50312—2016《综合布线系统工程验收规范》等。GB 50311—2016 规定了综合布线系统的基本结构，如图 5-4 所示。

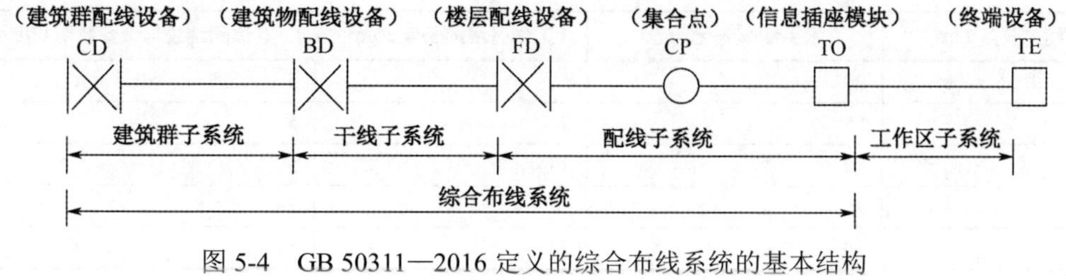

图 5-4 GB 50311—2016 定义的综合布线系统的基本结构

5.1.4 物理网络的设计原则

物理网络设计在逻辑网络设计的基础上选择符合性能要求的物理设备，并确定设备的安装方案和结构化布线方案，提供网络施工的依据。在进行物理网络设计时，必须遵循以下原则。

（1）所选设备至少应该满足逻辑网络设计的基本性能要求，并留有一定的冗余。

（2）所选择的设备应该具有较强的互操作性，支持同种协议的设备之间互连时易于安装，出现故障的概率小，出自同一个设备商的产品在基础软件和配置方法上也相同。

（3）综合考虑性价比。虽然在进行设备选型时，要从节约用户投资的角度去考虑“性价比最优”方案，但从网络设备的可用性、可靠性和冗余性的角度考虑时，有时候价格又是应该放在第二位的因素。

（4）在进行综合布线系统设计时，要考虑到未来 20 年内的增长需求，因为一旦大楼布线竣工，再想改动原有方案将会非常困难。

（5）综合布线方案需要受到一些地理环境条件的限制，如楼层之间的距离、设备间的安全性、干扰源的位置等，情况不明朗时一定要进行充分的实地考察。

5.1.5 综合布线的距离规定

在进行综合布线系统设计时，需要注意到线缆长度对布线设计的影响。

1. 主干线路各个线段长度

ISO/IEC 11801—2002-09 和 TIA/EIA 568B.1 标准对水平线缆、主干线缆的长度进行了规定，见表 5-1。

表 5-1 主干线路各线段长度划分

线缆类型	各线段长度限值/m		
	A	B	C
100Ω 双绞电缆（语音）	800	300	500
62.5μm 多模光缆	2000	300	1700
50μm 多模光缆	2000	300	1700
10μm 单模光缆	3000	300	2700

2. 配线子系统各个线段长度

配线子系统采用双绞线布线时，配线系统信道的最大长度（*L*）为 100m，最多由 4 个连接器件组成，永久链路（*H*）由 90m 水平线缆及 3 个连接器件组成。工作区设备线缆（*W*）、楼层设备线缆（*D*）、设备跳线之和不应大于 10m。当大于 10m 时，永久链路的线缆长度（90m）应适当减少。楼层设备（FD）线缆和跳线，及工作区线缆各自的长度不应大于 5m。各线段的线缆长度可按表 5-2 选用。

表 5-2 配线子系统各线段线缆长度划分

电缆总长度 *L*/m	水平线缆长度 *H*/m	工作区线缆长度 *W*/m	电信间跳线与设备线缆长度 *D*/m
100	90	5	5
99	85	9	5
98	80	13	5
97	75	17	5
97	70	22	5

3. 光纤线段的选择

由于高速以太网对双绞线的距离限制，大多数情况下，建筑群、干线子系统的双绞线等线缆主要用于电话、报警信号等。网络信号基本都不再使用双绞线，而是由光纤替代。楼内宜采用多模光纤；建筑物之间宜采用多模或单模光纤；与电信服务商相连时，应采用单模光纤。

5.1.6 综合布线系统用料计算

常用的综合布线材料有双绞线、光纤、信息模块、跳线、配线架、机柜、线槽等，在综合布线系统设计的过程中，需要确定其用量，进而对工程造价进行控制。

1. RJ45 水晶头的需求量计算

RJ45 水晶头的需求量为

$$m=n\times4+n\times4\times5\% \tag{5-1}$$

式中　m——RJ45 水晶头的总需求量；

n——信息点的总量；

$n\times4\times5\%$——富余量。

2. 信息模块的需求量计算

信息模块的需求量为

$$m=n+n\times3\% \tag{5-2}$$

式中　m——信息模块的总需求量；

n——信息点的总量；

$n\times3\%$——富余量。

其他与信息模块相关的需求量要求如下：

- 信息插座面板的数量=信息模块数÷信息插座面板的开口数
- 信息插座底盒的数量=信息插座面板的数量
- 光纤插座光纤适配器数＝光端口数＝光纤信息点数×2（每个光纤信息点需配 2 芯光纤）
- 光纤插座面板数＝光纤插座光纤适配器数÷光纤插座面板的光口数
- 光纤插座底盒数＝光纤插座面板数

3. 双绞线的用量计算

（1）每个楼层用线量为

$$C=[0.55(L+S)+6]\times n \tag{5-3}$$

式中　C——每个楼层的用线量；

L——服务区域内信息插座至配线间的最远距离；

S——服务区域内信息插座至配线间的最近距离；

n——每层楼的信息插座的数量。

（2）整座楼的用线量：$W=\sum MC$（M 为楼层数）。

（3）楼层双绞线箱数。每箱双绞线总长度为 305m，布线工程需要的双绞线数量为

$$K=\mathrm{INT}\left[\frac{W}{305}\right]+1 \tag{5-4}$$

式中　K——楼层线缆总数（箱）；

INT——取整函数；

W——整楼线缆总长度（m）。

试一试

已知某综合布线工程共有电端口信息点408个，布点比较均匀，离FD最近的信息点路由长度为7.5m，离FD最远的信息点路由长度为82.5m，试计算需订购的电缆数量（箱数）。

解：平均电缆长度$=\left(\frac{7.5+82.5}{2}\times 1.1+6\right)$m=55.5m

每箱可用电缆数=305m÷55.5m=5.5（只能取整数5）

须订购的电缆箱数=408÷5=81.6（应订82箱）

4. 管道和线槽布放线缆的数量计算

在管道、线槽、桥架中布放线缆时，截面积利用率为

截面积利用率=管道（或线槽、桥架）截面积/线缆截面积 （5-5）

管道内布放线缆的数量为

$$n=\mathrm{INT}\left[\frac{\text{管道内截面积}}{\text{缆线面积}}\times K\right] \tag{5-6}$$

式中 n——管道中布放线缆根数；

K——截面积利用率。

GB/T 50312—2016规定：在管道内部放大对数电缆或4芯以上的光缆时，直线管道的利用率K=30%～50%，弯曲管道的利用率K=30%～40%；管道内布放双绞线电缆或4芯光缆时利用率K=25%～30%，在线槽内布放线缆时利用率K=30%～50%，桥架内布放线缆时利用率K=50%。

GB/T 50312—2016规定的截面积利用率不应超过50%，事实上这个数据对于电源电缆是适合的，而对综合布线系统显得小了一点。这个数值如果直接作为管道、线槽、桥架的设计依据，则在实际工程中容易出现穿线困难的现象。因此，为了保证水平双绞线的高频传输性能，双绞线通常不进行绑扎，而是顺其自然地将双绞线放在管道、线槽、桥架中。大量工程实践证明，截面积利用率为30%较好，可确保施工效率和提高传输效率。常见线槽和管道容纳双绞线的数量见表5-3和表5-4。

表5-3 线槽容纳双绞线数量

线槽/mm	5类线/条	线槽/mm	5类线/条	线槽/mm	5类线/条
20×10	2	39×19	9	99×27	32
24×14	4	59×22	16	100×100	48

表5-4 管道容纳双绞线数量

线缆类型	线缆外径/mm	截面积/mm²	利用率/%	（管道外径/管道壁厚）/mm					
				ϕ16/1.6	ϕ20/1.6	ϕ25/1.6	ϕ32/1.6	ϕ40/1.6	ϕ50/1.6
5e UTP	5.2	21	30	2	3	5	9	14	24
			25	1	2	4	7	12	20
6UTP	6.1	28	30	1	2	4	6	11	17
			25	1	2	3	5	9	14

5. 配线架的数量计算

连接至管理间的每根电/光缆应终接于相应的配线模块，即 1 根 4 对双绞电缆应全部固定终接在 1 个信息模块通用插座上。配线模块可按以下原则选择：

- 多线对端子配线模块可选用 4 对或 5 对卡接模块，每个卡接模块应卡接 1 根 4 对双绞线电缆。一般 100 对卡接端子容量的模块可卡接 24 根（采用 4 对卡接模块）或 20 根（采用 5 对卡接模块）4 对对绞电缆。
- 25 对端子配线模块可卡接 1 根 25 对大对数电缆或 6 根 4 对对绞电缆。
- 回线式配线模块（8 或 10 回线）可卡接 2 根 4 对双绞线或 8/10 回线。
- 光纤连接器每个单工端口应支持 1 芯光纤的连接，双工端口则支持 2 芯光纤的连接。

（1）设备间语音配线架数量的计算。语音干线多采用大对数电缆，语音干线的所有线对都要端接于配线架上，所以设备间中语音系统的 110 配线架的规格的计算公式为

$$V = 2\times\left(\frac{S_{\mathrm{v}}}{F}+1\right) \tag{5-7}$$

式中　V——设备间中语音配线架的数量；

S_{v}——语音干线的线缆对数之和；

F——所采用 110 配线架的规格，如果采用 50 对 110 配线架，则取 F=100，其余以此类推。

按照式（5-7）计算的结果，一半用于垂直干线的连接，一半用于建筑群干线的连接。

（2）设备间中双绞配线架数量的计算。在目前的综合布线工程中，系统的配线架大多采用快接式。常用的快接式配线架有 24 口、48 口、96 口等规格。如果采用双绞线作为数据干线，设备间中的配线架相应为快接式配线架。设备间中的快接式配线架用量的计算公式为

$$D = 2\times\left(\frac{S_{\mathrm{d}}}{F}+1\right) \tag{5-8}$$

式中　D——设备间中快接式配线架的数量；

S_{d}——数据干线的 4 对双绞线的根数；

F——所采用快接式配线架的规格，取值方法与式（5-7）中的 F 类似。

按照式（5-8）计算的结果，一半用于垂直子系统的连接，一半用于建筑群子系统的连接。

（3）设备间中数据光纤配线架数量的计算。如果数据干线采用光纤，就要采用相应光纤配线架。光纤配线架数量的计算公式为

$$D_{\mathrm{f}} = 3\times\left(\frac{S_{\mathrm{f}}}{F}+1\right) \tag{5-9}$$

式中　D_{f}——设备间中光纤配线架的数量；

S_{f}——数据干线的光纤芯数之和；

F——所采用光纤配线架的规格，取值方法与式（5-7）中的 F 类似。

如果计算楼层配线间的配线架数量时没有考虑数据干线采用光纤的情况，则按照式（5-9）计算的结果中有 1/3 用于楼层配线，1/3 用于设备间中与垂直子系统的连接，1/3 用于设备间中与建筑群干线子系统的连接。

由于配线架不能取半个，因此所得数需要取整。

试一试

已知某建筑物的其中一个楼层采用光纤到桌面的布线方案，该楼层共有 40 个光纤点，每个光纤信息点均布设一根室内 2 芯多模光缆至建筑物的设备间，请问设备间的机柜内应选用何种规格的光纤配线架？数量多少？需要订购多少个光纤耦合器？

6. 机柜数量计算

从设备及线缆的放置及端接考虑，将配线架及后期准备购买的交换机等网络设备放置于一个网络机柜。每个机柜最好留一些空间，以便日后网络设备、服务器设备的扩充，在综合布线机柜中有可能除了网络布线外，还要布置电话线，所以要在机柜中预留一定空间，这可以根据具体设备进行预算。

7. 跳线数量计算

（1）管理子系统：一般为 1m 的跳线，其数量与线路数量比为 1:1。

（2）工作区子系统：一般每个位置都配置一条 2m 的跳线，数量与位置数比为 1:1，并适当留有余量。

（3）设备间子系统：数量与线路数量比为 1:1。

5.1.7 综合布线系统工程设计

1. 设计概述

在进行综合布线系统设计时，分别设计每个子系统，并说明布线方式和使用的主要布线材料，确保干线能够提供足够的带宽，例如，垂直子系统、校园建筑子系统都应该至少布设一条适合万兆传输的多模或单模光纤，以适应干线带宽扩展到万兆以上的需要。

设计建筑的布线系统图，应标明主配线间、分配线间、垂直子系统、水平子系统及线缆连接的路径、数量、带宽等。例如，标注水平布线电缆使用“UTP*25 100 M”，表示使用 25 条非屏蔽双绞线，带宽为 100Mbit/s。

在设计中，应考虑设备间的位置和大小，要确保布线机柜及设备机柜有足够的空间来摆放，并且便于安装和管理，同时，尽量减少配线间的数量，方便集中管理和维护。另外，还需考虑布线系统的接地和防雷。完成设计后，还要计算出布线材料的数量及工程造价预算。综合上述设计思想，综合布线系统工程设计实施的具体步骤如下：

（1）分析用户需求。

（2）尽可能全面地获取工程相关的建筑资料。

（3）系统结构设计。

（4）布线路由设计。

（5）绘制综合布线施工图。

（6）计算出综合布线用料清单。

下面给出一个实际工程项目的相关资讯，后面要讨论的综合布线系统详细设计所举案例，都围绕本案例展开。

某大学新建一栋学生公寓楼，共 6 层，楼层高度为 3m，每层 36 个房间，每个房间入住 8 名学生。该学生公寓楼土建工程已完成，学校要求在楼房装修之前必须实施网络综合布线工程，以便实现每个学生以 100Mbit/s 速率接入校园网，学生公寓楼则以 1000Mbit/s 速率接入小区核心交换机。学生公寓楼的建筑平面图如图 5-5 所示。

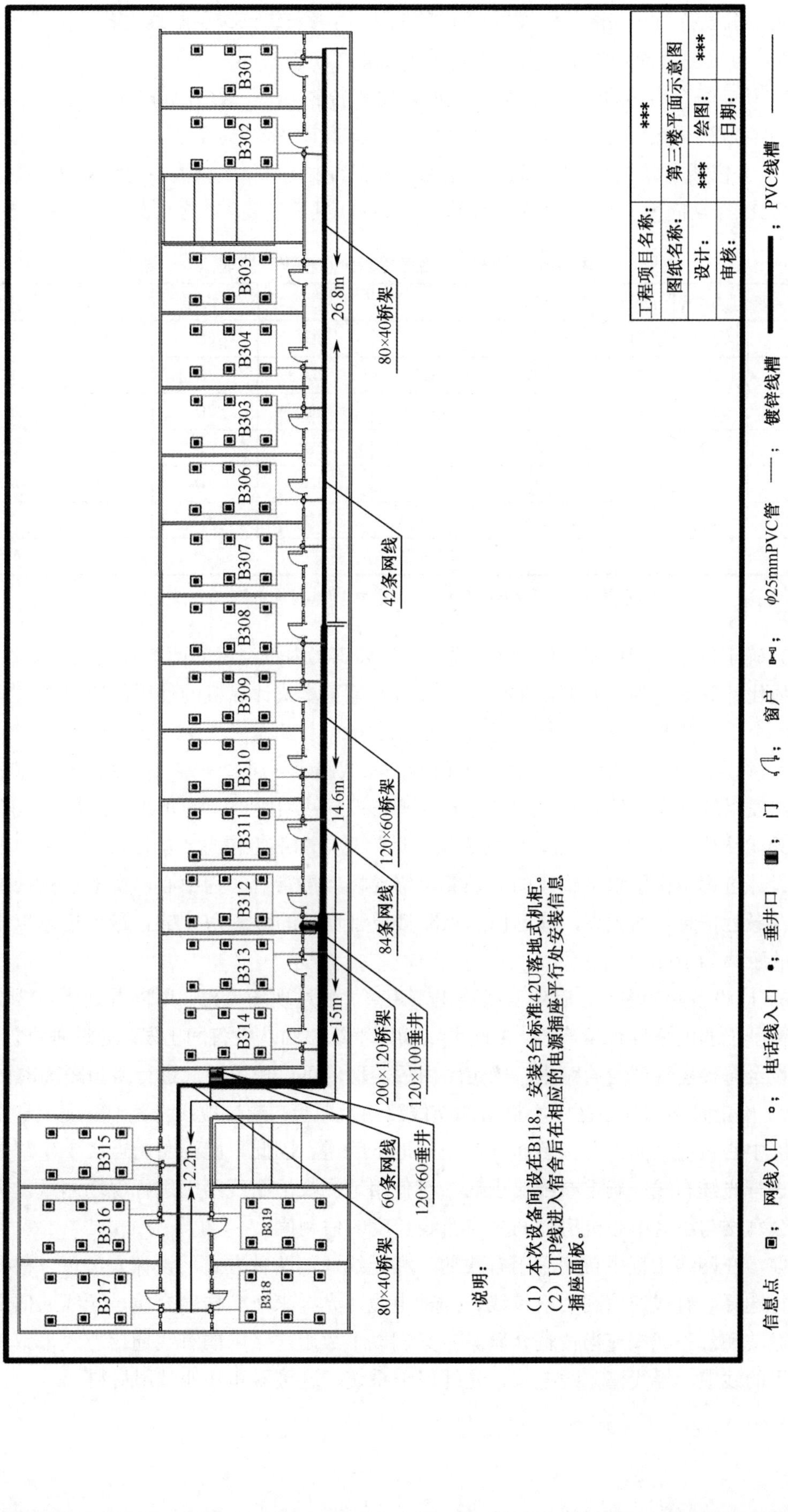

图 5-5　学生公寓楼的建筑平面图

2. 需求分析

（1）确定设备间及楼层管理间的位置。为了方便系统的维护管理，通过现场考察并与用户沟通后，决定将公寓楼 1 楼靠近楼梯间的 118 房间作为设备间，用来安装本楼的配线设备及交换机设备。2～6 楼每层设置一个管理间，用来安装该楼层配线设备及交换机设备，1 楼管理间与楼宇设备间合并使用，不再单独设置楼宇设备间。

（2）确定每个房间的信息点。每个房间入住 8 名学生，一般情况每个房间最多需要 8 个信息点，但考虑工程造价的因素，每个房间决定安装 2 个信息点，学生可以通过交换机扩展接入校园网。公寓楼内每个房间的信息点安装数量相同，由此可得到该楼宇的信息点数量及分布情况，即 215 个房间内（有一个房间预留作为设备间）共计安装 430 个信息点，见表 5-5 所示。

表 5-5 公寓楼网络信息点分布情况一览表

楼层	101	102	103	…	134	135	136	小计
1F	2D	2D	2D	…	2D	2D	2D	70D
2F	2D	2D	2D	…	2D	2D	2D	72D
3F	2D	2D	2D	…	2D	2D	2D	72D
4F	2D	2D	2D	…	2D	2D	2D	72D
5F	2D	2D	2D	…	2D	2D	2D	72D
6F	2D	2D	2D	…	2D	2D	2D	72D
合计								430D

注：在综合布线中，“2D”表示 2 个网络信息点（“2V”表示 2 个电话语音点）。

（3）确定每个房间信息点的安装位置。学生公寓楼内每个房间两侧各安装了 4 张 80cm 高的一体化计算桌，为了方便学生台式计算机及笔记本式计算机的使用，决定在房间两侧各安装一个信息插座，插座安装位置距地面 120cm。

（4）确定每个房间信息点至楼层电信间的布线路由。通过考察，可以确定从每个房间信息点出发沿墙壁穿出外走廊，再沿走廊水平布设到楼层管理间的布线路由是最佳路由。

（5）以楼层管理间为中心，现场测量最远信息点和最近信息点的距离。为了实现配线子系统设计过程中楼层水平线缆的概预算，需要以楼层管理间为中心，实地估测楼层最远信息点及最近信息点的距离，最远信息点距楼层管理间的距离为 47m，最近信息点距楼层管理间的距离为 16m。

（6）以设备间为中心，确定干线路由及距离。通过现场考察，可以看到公寓楼土建工程已预留了强弱电垂直布线管道，由此可以确定干线路由从设备间出发，通过垂直管道后，水平布设至每楼层管理间的路由。确定路由后，现场可以使用卷尺进行路由距离的估测。

（7）确定设备间与小区中心机房的布线路由及距离。通过现场考察，发现该学生公寓楼与小区中心机房之间没有预留布线专用的地下管道，因此只能沿着附近楼宇建筑采取架空方式进行光缆布线。确定布线路由后，可使用地测仪沿布线路由进行现场测量，可以得到学生公寓楼与小区中心机房之间光缆布线长度的估测值。

目前，在网络工程中普遍采用有线通信和无线通信两种方式。设计人员可以根据实际需要进行选择。有线通信利用双绞线、同轴电缆、光纤来充当传输介质，无线通信则利用卫星、微波和红外线来充当传输介质。本案例以多数用户采用的有线通信方式来叙述布线系统使用的线缆、导线槽、线缆架、光纤保护系统、连接器和其他常用材料。

3. 工作区子系统设计

根据前面的需求分析，将每个学生宿舍看成一个独立的工作区来进行设计，一般来说可以分为 3 个步骤进行：

（1）确定工作区信息点数量（参见需求分析描述）。

（2）确定信息插座的安装方式及位置（参见需求分析描述）。

（3）确定 RJ45 跳线及适配器数量。每个房间安装 2 个信息点，每个信息点要求以 100Mbit/s 的速率接入校园网，学生公寓楼总共安装 430 个信息点，因此需要配备 430 条 RJ45 超 5 类跳线。由于信息插座安装在计算机桌的上方，与计算机终端的距离应在 3m 内，因此选用原厂的 3m 超 5 类跳线。每个房间最多 2 个信息点，因此每个房间应配 2 个 4 口 10/100Mbit/s 自适应以太网交换机，以方便学生接入校园网，整个学生公寓楼共需配置 430 个以太网交换机。

4. 水平子系统设计

实地估测楼层最远信息点及最近信息点的距离，分别为 47m 和 16m。实地查看建筑物，得知房间至管理间没有预埋管道，管理间位于建筑物中间靠楼梯间的位置。

（1）水平子系统的布线结构设计。根据案例咨询知道，每个信息点要求以 100Mbit/s 的速率接入校园网，因此水平子系统应采用超 5 类布线系统。水平子系统采用星型拓扑结构，以楼层管理间为中心，通过水平线缆连接到工作区域的各信息插座模块。为了方便线缆的管理与维护，楼层管理间采用经跳线连接方式连接到计算机网络设备。水平子系统的布线结构如图 5-6 所示。

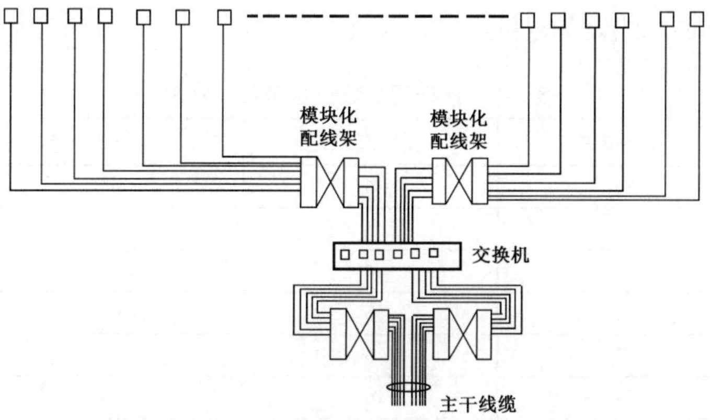

图 5-6　水平子系统的布线结构

（2）工作区信息插座模块设计。本案例有 215 个工作区，每个工作区需要安装 2 个信息点，为了便于用户接入网络，决定工作区每个信息点安装一个单孔信息插座，共计 430 个信息插座。为了实现 100Mbit/s 的速率接入校园网，工作区应选用 RJ45 插座超 5 类模块。考虑工程损耗及信息点扩充等要素，信息插座及模块预留 3%的富余量，共需要 443 个插座和 443（430+430×3%）个模块。

（3）水平缆线设计。

1）线缆选型：为了实现以 100Mbit/s 的速率接入校园网，水平缆线选用超 5 类非屏蔽双绞线。

2）确定布线方案：通过现场查看，得知房间至管理间没有预埋管道，所以水平缆线的布线方案采用明敷布线方式。首先从每个房间信息点出发沿墙壁至外走廊安装 PVC 线槽，然后沿着走廊水平安装 PVC 线槽至楼层管理间。从房间内信息插座出发，沿着 PVC 线槽将双绞线电缆布放至外走廊，再沿着走廊的水平 PVC 线槽布放线缆至楼层管理间。

3）线缆用量概预算：本项目 2～6 楼的每层信息点数量为 72 个，最远信息点距离为 47m，最近信息点距离为 16m，因此可以计算出每个楼层水平线缆用量为 C=[0.55×(47+16)+6]×72m=2926.8m。

1 楼电信间与设备间合并使用，信息点数量为 70 个，最远信息点距离为 47m，最近信息点距离为 16m，因此可以计算出楼层水平线缆用量为 C=[0.55×(47+16)+6]×70m=2845.5m。

直接汇总各楼层水平缆线用量就可以直接得到整栋楼的用线量，即

$$W = \sum MC = (5\times2926.8+2845.5)\text{m} = 17479.5\text{m}$$

因此需订购电缆的箱数为

$$K = \text{INT}\left[\frac{W}{305}\right] + 1 = \text{INT}\left[\frac{17479.5}{305}\right] + 1 = 58$$

5. 管理间子系统设计

本案例楼层管理间采用跳线连接计算机网络设备，因此在楼层管理间内配置两部分配线设备，一部分用来连接管理各房间的水平缆线，另一部分用来连接管理主干缆线。

2～6 楼各楼层信息点均为 72 个，1 楼信息点为 70 个，因此在楼层管理间中，连接管理水平缆线的配线设备应选用 6 个超 5 类、24 口模块化配线架。这些配线架分为 2 组，一组连接水平缆线，另一组通过跳线连接交换机。为了使配线美观，还应该配 6 个理线架，用来整理两组配线架之间及配线架与交换机之间的跳线。在管理间中，与主干缆线连接的配线管理设备的数量与水平缆线连接的配线管理设备数量一致，根据以上设计可以得到本栋楼各楼层电信间的配线设备数量，见表 5-6。

表 5-6 各楼层配线设备数量一览表

楼层	信息点数量	配线架/个	理线架/个	2m 跳线/根
1F	70	6	6	140
2F	72	6	6	144
3F	72	6	6	144
4F	72	6	6	144
5F	72	6	6	144
6F	72	6	6	144
总计	430	36	36	860

由表 5-6 可以知道，每个楼层管理间需要 6 个配线架，每个配线架在机柜内占 1U 高度，每个楼层管理间需要 6 个理线架，每个理线架在机柜内占 1U 高度。每个楼层管理间需要 3 个 24 口交换机，每个交换机在机柜内占 1U 高度。机柜内设备总共需要占用至少 15U 的高度，因此本项目每个楼层管理间应配置 1 个 18U 的机柜，以便安装配线设备和交换机。

6. 垂直子系统设计

通过现场考察，看到公寓楼在土建工程中已预留了布线垂直子系统的管道，各楼层管理间均可通过预埋管道布设线缆至楼梯间的垂直管道。通过现场使用卷尺测量，得到距楼层管理间最远的信息点距离为 47m。

（1）确定垂直子系统线缆类型。根据案例相关资讯，得知要求各楼层管理间内的交换机以 1000Mbit/s 的速率接入设备间的核心交换机，因此垂直线缆只能选择 6 类非屏蔽双绞

线或多模光缆。考虑工程造价及易管理性，本案例选择 6 类非屏蔽双绞线作为垂直子系统的线缆。

（2）确定垂直子系统线缆容量。根据各楼层接入信息点数量，可以知道各楼层电信间应配备 3 个 24 口的以太网交换机，每个交换机通过 1000Mbit/s 链路接入设备间内核心交换机的千兆端口。因此，除了 1 楼以外，2～6 楼的电信间应布设至少 3 根电缆。考虑设计标准冗余量要求以及以后网络扩容的需求，每个交换机多预留 1 根主干电缆，以备扩展之需。所以，每个管理间总计需要布设 6 根主干电缆。

（3）确定垂直路由。通过现场查看，得到距楼层管理间最远的信息点距离为 47m，小于 75m，所以本案例应采用单条干线路由。根据各楼层管理间预埋管道及垂直管道的布设路由，可以选择一条从楼层管理间至 1 楼设备间的最佳垂直路由。在确定垂直路由后，采用卷尺进行路由长度的估测，得到各楼层电信间干线路由的长度，见表 5-7 所示。

表 5-7　各楼层电信间干线路由的长度

楼层	干线路由长度/m	备注
2F	61	测量长度已包含电信间至垂直管道之间的管线、垂直管道、设备间至垂直管道之间的管线
3F	64	
4F	68	
5F	72	
6F	76	

（4）确定布线方案。由于建筑物预留了垂直电缆管道，因此本案例的垂直电缆布设将采用电缆孔布线方案。垂直电缆先从管理间预埋管道布设至垂直电缆管道，再从垂直电缆管道垂直布放至 1 楼，最后从 1 楼垂直管道出口沿预埋管道布设至设备间。

（5）主干电缆概预算。根据以上设计，可以得出各楼层管理间的垂直电缆的线对数量和布线路由长度。再考虑工程实施过程中的端接容差量，即可以计算出各楼层干线线缆的用线量。

2F：(61+6)×6m=402m

3F：(64+6)×6m=420m

4F：(68+6)×6m=444m

5F：(72+6)×6m=468m

6F：(76+6)×6m=492m

本案例干线电缆总用线量=(402+420+444+468+492)m=2226m，需订购电缆的箱数为 8 箱。

7. 设备间设计案例

（1）设备间的位置。考虑到学生公寓楼的建筑特点，选择 1 楼靠近楼梯间的 118 号房间作为设备间是比较合适的。首先，设备间位于建筑物平面中线，靠近垂直管道，方便干线电缆的布设与连接。另外，设备间设在 1 楼可以减少对学生学习、生活的干扰，方便网络管理员维护，同时也方便建筑物入口电缆的接入。

（2）设备间的使用面积。根据学生公寓楼网络设计要求，设备间主要放置建筑物配线管理设备、接入层交换机、核心交换机、建筑物出口配线管理设备等，所需面积至少为 20m^2。本项目的设备间面积达 45m^2，符合设计标准要求。

（3）设备间的环境设计。为了给设备间内的设备提供良好的温度和湿度，达到防尘、防静电、防火等要求，使用铝合金隔板及玻璃在设备间内隔出一个4m×6m的区域，用来安装学生公寓楼的配线设备及网络设备。在隔出的区域内布设了防静电地板并做好良好的接地处理，安装一台3匹柜式空调用于温度和湿度控制。在设备间内配备3个手提式二氧化碳灭火器，用于设备间的消防灭火。

设备间的供电系统采用三相五线制，一相线路用于照明供电，一相线路用于设备供电，一相线路用于空调供电。设备供电采用不间断供电系统，其余供电采用普通供电。设备间内主要安装1台核心交换机及3台接入层交换机，用电量较少，配备1台2KVA的UPS设备及相关电池组就可以满足不间断供电要求。

（4）设备间的设备管理。设备间内有入口水平布线设备、垂直干线配线设备、1楼的水平布线设备、核心交换机及接入层交换机等。为了方便管理，应分区域安装使用。入口水平布线设备安装在相对独立的区域。核心交换机与垂直干线配线设备安装在同一区域，以方便跳线连接管理。接入层交换机及水平线缆布线设备安装在同一区域，以方便跳线连接管理。以上所有设备均采用19in标准机柜安装。

（5）安装在设备间内的建筑物配线管理设备概预算。从以上设计得知，2～6楼引至设备间的垂直电缆总计为30根，一楼接入设备间的信息点为70个。由于垂直子系统采用6类线缆，一楼信息点采用超5类线缆接入，所以根据水平子系统的设计经验，采用跳线连接计算机网络设备的方式，这样就可以计算出设备间需要配备4个6类24口配线架，6个超5类24口配线架，5个理线架，30根6类2m跳线，70根超5类2m跳线。

8. 建筑群子系统设计案例

（1）确定布线线缆的路由及布线方案。因为该学生公寓楼与小区中心机房之间没有预留布线专用的地下管道，所以建筑群子系统的布设线缆应采用架空布线方案。通过现场考察，还发现学生公寓楼一楼原来已经架设了中国电信的电话线路，而且从学生公寓楼至小区中心机房之间也布设了一批中国电信的架空电缆，因此从美观角度考虑，建筑群子系统的布线路由与中国电信电缆架空的路由一致。

（2）确定线缆类型。建筑群子系统的布线路由确定后，可使用手持式地测仪现场估测布线路由的长度，实地测量后得到的数据为210m。

连接到建筑群子系统的线缆主要解决学生公寓楼核心交换机与小区中心机房核心交换机之间的连接问题，同时考虑室外布设的需求，因此推荐使用50/125μm规格的光缆。为了保障网络的稳定性，核心交换机之间使用光纤链路进行聚合连接，因此布设的光缆芯数至少为4芯。为了给后续的校园一卡通消费系统、视频监控系统等预留链路，建筑群子系统布线光缆芯数应为12芯。

（3）确定学生公寓楼设备间内建筑群配线设备管理。为了实现12芯光缆的配线管理，根据水平子系统的相关知识，可以知道设备间内应配1个12口的光纤配线架，12个ST耦合器、12根光纤跳线，同时还应该配6根ST-ST光纤跳线以制成12根ST型尾纤。

（4）确定小区中心机房内建筑群配线管理设备包含12口的光纤配线架，12个ST耦合器、12根光纤跳线、12根ST型尾纤。

9. 进线间子系统设计

进线间是建筑物外部通信和信息管线的入口部位，并可作为入口设施和建筑群配线设备的安装场地。进线间一般提供给多家电信业务经营者使用，通常设于地下一层。进线间主要作为室外电缆和光缆引入楼内的分支，以及光缆的空间位置。因为光缆至大楼（FTTB）、光缆至用户（FFTH）和光缆至桌面（FFTO）的应用，所以进线间显得尤为重要。一般情况下，进线间宜单独设置场地，以便功能区分。对于电信专用入口设备比较少的布线场合，也可以将进线间与设备间合并使用。下面对本项目进线间设计案例进行分析。

（1）进线间设置。由于学生公寓楼没有地下室，也没有专门的房间用于设置进线间，因此从使用的角度来看，本案例的进线间和设备间应合并使用。为了更好地进行功能区分，在设备间内划分了 4m×6m 的隔断区域作为楼内计算机网络设备的管理专用区，另在设备间内划分出 $5m^2$ 隔断区作为进线间使用。

本楼的进线间主要提供给中国电信业务部门，作为电话语音线路的入口管理，而计算机网络系统的入口光缆仍然直接接入设备间的专用管理区域。本项目中国电信的电话语音线路通过架空方式接入楼内，再经过一楼走廊管槽布设，接入进线间。

（2）进线间的系统配置。本项目进线间专用于楼内电话语音系统的管理，因此需要根据楼内接入语音信息点容量确定具体的配线管理设备。根据水平子系统设计知识，知道进线间可以使用 110 配线设备或 BIX 配线设备进行跳线管理。考虑进线间的场地空间及语音信息点接入规模，选择 BIX 配线系统，并且系统连接采用跳线连接方式。

本楼共计接入 215 个语音信息点，因此连接主干侧的配线设备应选择 1 个 300 对的 BIX 安装架，9 条 25 线对的 BIX 条和 54 根 4 线对的 BIX 交叉跳线。连接建筑群侧的配线设备容量与主干侧的一致，即配备 1 个 300 对的 BIX 安装架，9 条 25 线对的 BIX 条和 54 根 4 线对的 BIX 交叉跳线。

5.1.8 综合布线系统管理设计

管理标记是综合布线系统的一个重要组成部分。综合布线系统应在需要管理的各个部位设置标签，表示相关的管理信息。一般情况下，管理标记方案由用户的网络系统管理员和综合布线系统设计人员共同制订。标记方案应规定各种参数和识别方法，以便查清配线架上交连场的各条线路和终端设备的端接点。

布线工程的技术管理涉及系统的工作区、管理间、设备间、进线间、入口设施、缆线管道与传输介质、配线连接器件及接地等各方面。

1. 电缆管理设计

布线系统的电缆管理常使用电缆标记、插入标记和场标记三种标记。

（1）电缆标记。将塑料标牌或不干胶系在电缆端头或贴到电缆表面。其尺寸和形状由需要而定，在交连场安装和做标记前，电缆的两端应标明相同的编号，以此来辨别电缆的来源和去处。例如，一根电缆从 3 楼的 311 房的第 1 个数据信息点拉至管理间，该电缆的两端可标上“311-D1”的标记。

（2）插入标记。将硬纸片用颜色块标识相应线对的卡接位置。对于 110 配线架，可插在两水平齿形条间的透明塑料夹内；对于模块化配线架，可插在模块的缆线端接部位。

（3）场标记。场标记又称区域标记，是一种色标标记。在设备间、进线间、管理间的各配线设备上，用色标来区分配线设备连接的电缆是干线电缆、配线电缆还是设备端接点，且用标签标明端接区域、物理位置、编号、容量、规格等。场标记的背面是不干胶，可贴在建筑物布线区域的平整表面上。

2. 光缆管理设计

光缆管理采用单点管理方式，如图 5-7 所示，只对中央设备机房内进行单点管理，具有便于集中管理、可减少光缆及相关设备的管理维护费用的优点。

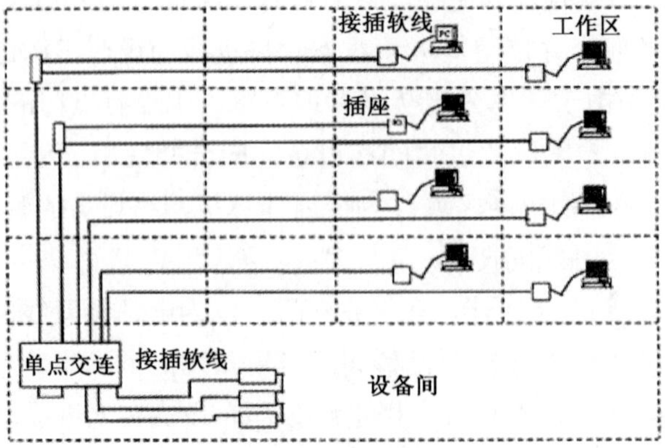

图 5-7 光缆单点管理示意图

光缆管理采用两种标记，即交连标记和光缆标记。

（1）交连标记。

交连标记标在交连点，提供光纤远端的位置和光纤本身的说明，如图 5-8 所示。

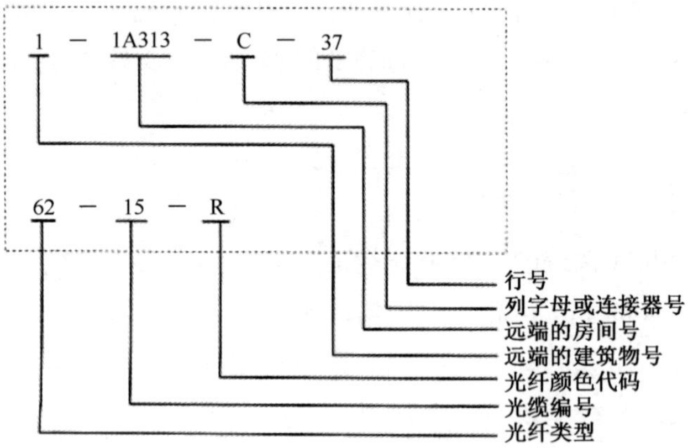

图 5-8 交连标记

（2）光缆标记。光缆标记提供光缆远端的位置和该光缆的特殊信息，如图 5-9 所示，第 1 行表示此光缆的远端在音乐厅 A77 房间；第 2 行表示启用光纤数为 6 根，备用光纤数为 2 根，光缆长度为 357m。

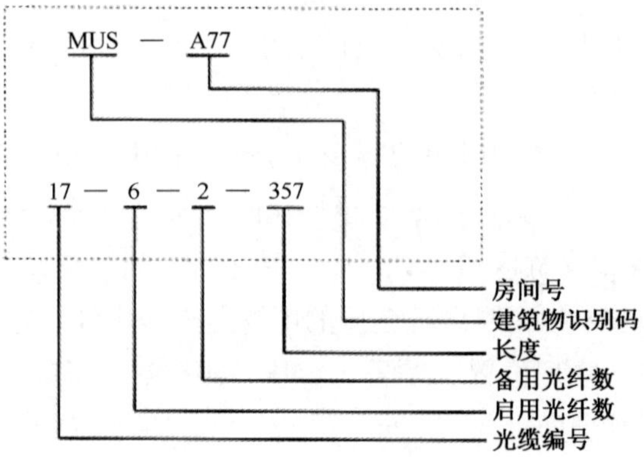

图 5-9 光缆标记

课后检测

1．综合布线系统中直接与用户终端设备相连的子系统是（　　）。

A．工作区子系统　　B．水平子系统
C．垂直子系统　　D．管理间子系统

2．信息插座在综合布线系统中主要用于连接（　　）。

A．工作区与水平子系统　　B．水平子系统与管理间子系统
C．工作区与管理间子系统　　D．管理间子系统与垂直子系统

3．双绞线电缆的长度从配线架开始到用户插座不可超过（　　）m。

A．50　　B．75　　C．85　　D．90

4．（　　）不属于水平子系统的设计内容。

A．布线路由设计　　B．管槽设计
C．设备安装、调试　　D．线缆类型选择、布线材料计算

5．（　　）不属于管理子系统的组成部件或设备。

A．配线架　　B．网络设备　　C．水平跳线连线　　D．管理标识

6．设备间子系统的大小应根据智能化建筑的规模、采用各种不同系统、安装设备的多少、网络结构等要求综合考虑，在设备间应该安装好所有设备，并有足够的施工和维护空间，其面积最低不能少于（　　）m^2？设备间净高不能小于（　　）m？

A．10，2.55　　B．20，2.55　　C．30，2.6　　D．40，2.8

7．下列关于垂直子系统设计的描述，错误的是（　　）。

A．垂直子系统的设计主要确定垂直路由的多少和位置、垂直部分的建筑方式和垂直子系统的连接方式
B．垂直子系统的线缆并非一定是垂直分布的
C．垂直子系统的垂直通道分为电缆孔、管道、电缆竖井 3 种方式
D．无论是电缆还是光缆，垂直子系统都不受最大布线距离的限制

8．根据管理方式和交连方式的不同，交接管理在管理间子系统中常采用下列一些方式，其中错误的是（　　）。

A．单点管理单交连　　B．单点管理双交连
C．双点管理单交连　　D．双点管理双交连

9．垂直子系统只能用光纤作传输介质。（　　）

10．楼层配线架不一定要在每一楼层都设置。（　　）

11．设备间与管理间必须单独设置。（　　）

12．直通跳线的做法是两端的水晶头打线都遵循 T568A 或 T568B 标准。（　　）

13．单模光缆采用发光二极管作为光源。（　　）

14．双绞线电缆就是 UTP 电缆。（　　）

15．设计综合布线系统时，对用户业务的需求分析可有可无。（　　）

16．在配线综合布线子系统中，线缆既可以用双绞线电缆也可用光缆。（　　）

17．在楼层配线间和设备间分设时，都需要管理子系统对其线缆和设备进行管理。（　　）

18．110 型配线架只能端接数据信息点。（　　）

19. 在建筑群配线架和建筑物配线架上，接插软线和跳线长度不宜超过 20m，超过 20m 的长度应从允许的干线线缆最大长度中扣除。(　　)

20. 在双绞线电缆施工过程中，线缆两端必须进行标注。(　　)

21. 在双绞线电缆施工过程中，可以混用 T568A 和 T568B 方式。(　　)

22. 光缆布放应平直，可以产生扭绞、打圈等现象，不应受到外力挤压和损伤。(　　)

23. 工作区安装在墙面上的信息插座，一般要求距离地面（　　）cm 以上。

A. 20　　B. 30　　C. 40　　D. 50

24. 已知某一楼层需要接入 100 个电话语音点，则端接该楼层电话系统的干线电缆的规格和数量是（　　）。

A. 1 根 100 对大对数非屏蔽双绞线　B. 2 根 100 对大对数非屏蔽双绞线

C. 1 根 50 对大对数非屏蔽双绞线　D. 1 根 300 对大对数非屏蔽双绞线

25. 已知两栋建筑物之间的布线路由长度为 2000m，则应选择（　　）来连接两栋楼的以太网络交换机。

A. 3 类大对数非屏蔽双绞线电缆　B. 单模室外光缆

C. 多模室外光缆　D. 6 类 4 对非屏蔽双绞线

26. 工作区子系统的信息插座应与计算机设备的距离保持在（　　）以内。

A. 10m　　B. 8m　　C. 5m　　D. 3m

27. 水平子系统布设的双绞线电缆应在（　　）m 以内。

28. 在垂直子系统中，计算机网络系统使用（　　）电缆或光缆，电话语音系统使用（　　）电缆，有线电视系统使用（　　）电缆。

29. 设备间的位置一般应选定在建筑物综合布线干线综合体的（　　）位置。

30. 管理间子系统的交接方案主要有（　　）和（　　）两类。

31. 建筑群子系统采用的 3 种布线方案是（　　）（　　）和（　　）。

32. 某公司 A 楼高 4 层，每层高 3.3m，同一楼层内任意两个房间最远传输距离不超过 90m，A 楼和 B 楼之间距离大约 500m，需要在整个大楼进行综合布线，如图 5-10 所示。为满足公司业务发展的需要，要求楼内客户机提供数据传输速率为 100Mbit/s 的数据、图像及语音传输服务。

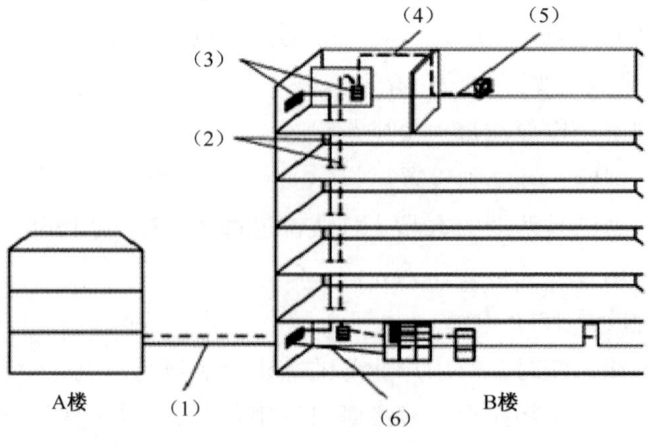

图 5-10　网络布线系统图

将图 5-10 中（1）～（6）处空缺子系统的名称填写在下面对应的解答栏内。

考虑性能与价格因素，图 5-10 中（1）（2）和（5）中各应采用什么传输介质？

33．某办公大楼高 12 层（层高 3.5m），计算机中心设在 6 层，电话主机房设在 6 层，但不在同一位置。要求每层 50 个信息点，50 个语音点（最近 20m、最远 80m），总计数据点 600 个，语音点 600 个。数据、语音配线子系统均使用 6 类非屏蔽双绞线电缆；数据垂直干线电缆采用室内 6 芯多模光纤；语音垂直干线系统采用 5 类 25 对大对数电缆。请计算：

（1）跳线数量、信息模块数量、信息插座底盒和面板数量。

（2）水平子系统线缆数量。

（3）垂直子系统线缆数量。

（4）数据配线架需求数量。

（5）光纤配线架需求数量。

5.2　网络设备选型

学习提示

网络设备选择是指根据网络结构、用户数量、采用的网络技术、要求的性能指标等选择满足网络需求的网络设备。除了满足需要的功能、性能指标、端口数量等客观条件之外，对网络设备的其他选择都是主观的。

需要选择的设备包括核心交换机、汇聚交换机、接入层交换机、路由器、防火墙、服务器等，同时包括必要的网络连接跳线。设备选型完成后，还要与公司的销售人员沟通，确定产品销售的报价，包括产品价格和系统集成费用。

设备的选择需要综合考虑，不仅要考虑满足用户网络的目前需求，还要考虑用户将来网络应用的发展需求，既能满足网络数据传输的需要，又不至于浪费用户的投入资金。同时，还要从产品的品牌、性能、质量、价格、服务等方面，选择性价比高、售后服务较好的产品。另外，还需要注意欲建网络的交换机和路由器等网络设备应尽量选择同一厂商。

网络设备选型是网络工程设计的最后一个环节，需要完成一张设备材料清单和报价。这张清单几乎凝聚了所有网络设计思想，甲乙双方的负责人都会关心它，评审专家也会仔细查看每个细节，因此设计者必须认真对待。

课前评估

请读者独立思考并回答下列问题。

1．常见交换机端口数量有哪些？端口类型有哪些？

2．路由器上有哪些类型的接口？

3．交换机和路由器上有哪些逻辑接口？业界知名的网络设备生产商有哪些？

4．路由器转发分组是根据报文分组的（　　）。

A．端口号　　B．MAC 地址

C．IP 地址　　D．域名

5．Ethernet 交换机是利用“端口/MAC 地址映射表”进行数据交换的。交换机实现动态建立和维护端口/MAC 地址映射表的方法是（　　）。

A．人工建立　　B．地址学习　　C．进程　　D．轮询

6. 如果要组建一个快速以太网，那么需要使用（　　）基本的硬件设备与材料。

Ⅰ. 100 BASE-T 交换机　　Ⅱ. 100 BASE-T 网卡

Ⅲ. 双绞线或光缆　　Ⅳ. 路由器

A. Ⅰ、Ⅱ和Ⅳ　　B. Ⅰ、Ⅲ和Ⅳ

C. Ⅰ、Ⅱ和Ⅲ　　D. Ⅱ、Ⅲ和Ⅳ

7. 一台交换机具有 24 个 10/100Mbit/s 全双工端口和 2 个 1000Mbit/s 全双工端口，如果所有端口都工作在全双工状态，那么该交换机总带宽应为（　　）。

A. 4.4Gbit/s　　B. 6.4Gbit/s　　C. 6.8Gbit/s　　D. 8.8Gbit/s

8. 下列关于路由器技术指标的描述中，错误的是（　　）。

A. 路由器的包转发能力与端口数量、端口速率、包长度和包的类型有关

B. 高性能路由器一般采用共享背板的结构

C. 丢包率是衡量路由器超负荷工作能力的指标之一

D. 路由器的服务质量主要表现在队列管理机制与支持的 QoS 协议类型上

9. 两台交换机相连，要求两个端口工作在全双工通信方式下。当端口的通信方式为缺省的 duplex auto 时，有时会出现大量丢包现象。这时，需要重新配置端口的通信方式，其正确的配置语句是（　　）。

A. duplex full　duplex half　　B. duplex half　duplex full

C. duplex half　duplex half　　D. duplex full　duplex full

10. 一台交换机具有 16 个 100/1000Mbit/s 全双工下联端口，它的上联端口带宽至少应为（　　）。

A. 0.8Gbit/s　　B. 1.6Gbit/s

C. 2.4Gbit/s　　D. 3.2Gbit/s

11. 关于 Fast Ethernet 的描述中，错误的是（　　）。

A. 协议标准是 IEEE 802.3u　　B. 只支持光纤作为传输介质

C. 可用交换机作为核心设备　　D. 最大传输速率为 100Mbit/s

12. 关于千兆以太网物理层标准的描述中，正确的是（　　）。

A. 1000 BASE-T 标准支持非屏蔽双绞线

B. 1000 BASE-SX 标准支持屏蔽双绞线

C. 1000 BASE-CX 标准支持单模光纤

D. 1000 BASE-LX 标准支持多模光纤

13. 万兆以太网支持的传输介质是（　　）。

A. 双绞线　　B. 光纤　　C. 同轴电缆　　D. 卫星信道

14. 关于局域网交换机的描述中，正确的是（　　）。

A. 总线型局域网的中心连接设备

B. 仅支持单模光纤作为传输介质

C. 核心技术之一是端口/MAC 地址映射

D. 可在网络层提供流量控制功能

5.2.1 了解网络设备产品的方法

网络工程技术人员应当了解各种网络产品，熟悉产品的型号、性能、报价和应用，

以便在网络工程设计中选择性价比较高的产品。目前，网络设备产品的厂家很多，应尽量多地了解这些产品，对设计网络很有帮助。以下为工程师获得厂商商品信息的常用查询方法。

1. 了解设备产品的功能

可通过厂商的网站查询或电话咨询产品销售人员了解设备产品的功能。为了宣传产品，一般厂商都有自己的网站，通过网站可以比较全面地了解产品性能、技术参数及应用等。这些网站介绍了厂商的网络产品线及产品应用的解决方案等，可用于学习或设计参考。建议经常查询厂商网站，以便了解最新资讯。

2. 了解设备的报价

厂商除非通过网站直销，否则一般不会在网站上提供产品价格。厂商通过产品代理商、经销商等方式销售产品，产品的准确报价需要咨询销售商的销售代表。一般的价格查询可通过一些网站查询，这些网站上有大部分网络产品的参考价格、性能参数，如中关村在线、太平洋电脑等。但是，准确的技术参数和价格还要以厂商提供的为准。

5.2.2 选择产品厂商

为了更好地为用户选择网络设备产品厂商，设计者应该熟悉各种网络设备的基本原理，了解最新网络技术，并能够将不同厂商的产品进行比较，丰富自己的产品知识。目前，在网络设备产品市场上的网络设备产品种类繁多、厂家繁杂。国外知名的厂商有美国的 Cisco（思科）、NETGEAR（网件）、Linksys，加拿大的 Nortel Networks（北电）等，国内知名的厂商有 TP-LINK（联普）、华为、H3C、锐捷、中兴（ZTE）、联想、神州数码等。各厂商的网络产品介绍，包括产品特性和应用等，可以到厂商的网站查询。

选择设备厂商的关键因素是产品的性能、价格、服务，选择哪个厂商的产品很大程度上取决于设计者的经验。如果设计者熟悉很多家厂商的网络产品，包括产品的各种功能、型号、端口配置、性能差异、主要应用、价格等，就很容易为满足用户的不同需求提供良好的建议。如果经验不足，则应多向有经验的工程师请教。

另一个好的方法是寻求厂商帮助，包括技术支持和产品支持。可以与多个厂商的销售代表沟通，描述对用户需求的分析和网络结构设计的想法，寻求厂商的支持。对于大中型的网络工程项目，厂商通常会热情地帮助，并提供参考的设备型号、报价，然后查询所提供的产品性能，并进行综合分析和比较，从中决定选择哪家厂商的产品。

一般来说，国际上的知名品牌厂商，如 Cisco 等，其产品的质量、性能和服务等都比较好，但是价格相对较贵，如果资金宽裕，选择这类厂商为佳。如果资金投入不多，可以选择国内一些知名品牌厂商，如华为等。如果用户提出选择厂商的建议，则应尽量满足用户的要求。

5.2.3 选择产品型号

产品型号是厂商标识某种分类的产品名称形式，用来区分不同的产品。这些型号的命名由厂商自己确定，不同厂商的产品型号没有统一的标准。这些产品的型号有一定的规律，代表不同的类别、功能、特性等。例如，Cisco 3620 代表路由器，Catalyst 2950 代表交换机，Catalyst 2950 交换机用于接入层，Catalyst 6509 交换机用于核心层。

目前，最具代表性的是Cisco产品型号，其他厂商的产品型号参考Cisco的产品型号设定，这样便于用户识别和选择。但要注意，不同厂商的相同型号的产品，性能可能不同。厂商经常会将一组功能相似、性能不同的产品称为某系列产品。例如，Cisco的2800系列路由器，包括2810、2811、2812等多款路由器。该系列设备的性能、价格等有很大的区别，在选择某系列设备的具体型号时，应仔细查看产品的详细参数说明，并注明选择产品的具体型号。

由于网络设备的种类和型号繁多，并且每个型号产品的具体技术参数也很多，很难详细说明如何选择。5.2.4小节主要以交换机的选择为例，描述网络设备选择的基本方法。

5.2.4 交换机的选择

网络交换机是高性能网络设计中考虑最多的物理设备，不仅在于其重要地位，还在于其种类繁多、性能各异。高档的多层交换机具有网络管理和路由功能，可完成复杂的局域网寻址工作。低档的交换机不过是端口独立，具有高速交换能力的集线器而已。

1. 交换机产品的种类

（1）根据交换机使用的网络传输介质及传输速度分类。这种分类的交换机类型及特点见表5-8。

表5-8 根据交换机使用的网络传输介质及传输速度分类及其特点

交换机类型	特点
以太网交换机	用于带宽在10Mbit/s以下的以太网
快速以太网交换机	用于带宽在100Mbit/s以下的快速以太网，传输介质可以是双绞线或光纤
千兆以太网交换机	带宽可达到1000Mbit/s，传输介质有光纤、双绞线两种
10千兆以太网交换机	用于骨干网段上，传输介质为光纤
ATM交换机	用于ATM网络的交换机
FDDI交换机	带宽可达到100Mbit/s，接口形式都为光纤接口

（2）根据交换机应用的网络层次进行分类。根据交换机应用的网络层次不同，可以将网络交换机划分为企业级交换机、校园网交换机、部门级交换机、工作组交换机和桌面型交换机5种，其特点见表5-9。

表5-9 根据交换机应用的网络层次分类及其特点

交换机类型	特点
企业级交换机	采用模块化的结构，可作为企业网络骨干构建高速局域网
校园网交换机	主要应用于较大型网络，且一般作为网络的骨干交换机
部门级交换机	面向部门级网络使用，采用固定配置或模块配置
工作组交换机	一般为固定配置
桌面型交换机	低档交换机，只具备最基本的交换机特性，价格低

（3）根据OSI的分层结构分类。根据OSI的分层结构不同，交换机可分为二层交换机、三层交换机、四层交换机等，其特点见表5-10。

表 5-10　根据 OSI 的分层结构分类及其特点

交换机类型	特点
二层交换机	工作在 OSI 参考模型的第二层（数据链路层）上，主要功能包括物理寻址、错误校验、帧序列及流量控制，是最便宜的方案。它在划分子网和广播限制等方面提供的控制最少
三层交换机	工作在 OSI 参考模型的网络层，具有路由功能，它将 IP 地址信息提供给网络路径选择，并实现不同网段间数据的线速交换。在大中型网络中，三层交换机已经成为基本配置设备
四层交换机	它工作于 OSI 参考模型的第四层，即传输层，直接面对具体应用。目前由于这种交换技术尚未真正成熟且价格昂贵，所以，四层交换机在实际应用中目前还较少见

2. 交换机的重要性能指标

（1）端口类型。根据使用的传输介质不同，交换机的端口主要分为电缆端口和光纤端口两种类型，端口速率可以工作在 100Mbit/s 以上。一般百兆端口连接工作站，千兆端口用于交换机之间的级联。下面介绍光纤端口的主要性能指标。

1）光纤端口：SC 端口是一种光纤端口，可提供千兆位的数据传输速率，通常用于连接服务器的光纤端口。这种端口以“100 b FX”标注，常见光纤连接器如图 5-11 所示。交换机的光纤端口有两个，一般是一发一收，光纤跳线也必须有两根，否则端口间无法进行通信。

（a）FC　（b）SC　（c）ST　（d）LC　（e）MT-RJ　（f）MU

图 5-11　常见光纤连接器

2）GBIC 端口：交换机端口上的 GBIC 插槽用于安装吉比特端口转换器（Giga Bit-rate Interface Converter，GBIC）。GBIC 模块是将千兆位电信号转换为光信号的热插拔器件，分为用于级联的 GBIC 模块和堆叠的 GBIC 模块，如图 5-12 所示。用于级联的模块又分为适用于多模光纤或单模光纤的不同类型。

（a）级联 GBIC　（b）堆叠 GBIC

图 5-12　GBIC 模块

3）SFP 端口：小型机架可插拔设备（Small Form-factor Pluggable，SFP）是 GBIC 的升级版本，如图 5-13 所示，其功能基本和 GBIC 一致，但体积减少一半，可以在相同的面板上配置更多的端口。

（a）1000BASE-T SFP　（b）1000BASE-SX LC SFP

图 5-13　SFP 模块

（2）MAC 地址表。交换机可以识别网络节点的 MAC 地址，并把它放到 MAC 地址表中。MAC 地址表存放在交换机的缓存中，当需要向目的地址发送数据时，交换机就在 MAC 地址表中查找对应 MAC 地址的节点位置，然后直接向这个位置的节点转发。不同档次的交换机端口所能支持的 MAC 地址数量不同。在交换机的每个端口，都需要有足够的内存来记忆这些 MAC 地址，所以缓存容量的大小决定了交换机所能记忆的 MAC 地址数。

（3）包转发速率。包转发速率也称端口吞吐率，指交换机进行数据包转发的能力，单位为 pps。包转发速率是以单位时间内发送 64B 数据包的个数作为计算标准的。对千兆交换机来说，计算方法如下：

$$10^6 \times 1000 \div 8 \div (64+8+12)=1488095\text{pps}$$

当以太网帧为 64B 时，需要考虑 8B 的帧头和 12B 的帧间开销。据此，包转发速率的计算方法如下：

包转发速率=千兆端口数量×1.488Mpps+百兆端口数量×0.1488Mpps+其余端口数量×相应的计算方法

（4）背板带宽。交换机的背板带宽是指交换机端口处理器和数据总线之间单位时间内所能传输的最大数据量。背板带宽标志了交换机总的交换能力，单位为 Gbit/s，一般交换机的背板带宽从几兆位/秒到上百兆位/秒。交换机所有端口能提供的总带宽计算公式如下：

总带宽=端口数×端口速率×2（全双工模式）

如果总带宽小于标称背板带宽，那么可认为背板带宽是线速的。

3. 交换机性能比较

这里以常见的 3 款交换机：3Com Superstack Ⅱ3300: 12-Port N-Way Switch、Baystack 350T 16-Port N-Way Switch、Cisco 2924:24-Port N-Way Switch 作为比较对象。

（1）处理包的能力。在理论上 3 种交换机的性能如下：

1）12 口的 N-Way 交换机每秒能接收 148809×12pps=1.8Mpps 的数据包。

2）16 口的 N-Way 交换机每秒能接收 148809×16pps=2.4Mpps 的数据包。

3）24 口的 N-Way 交换机每秒能接收 148809×24pps=3.6Mpps 的数据包。

以上仅仅是理论值，实际上，由于设备的一些原因，这些品牌的交换机的实际处理能力如下：

1）Superstack Ⅱ3300 每秒处理 0.5M 数据包，所以只达到理论值的 0.5/1.8=28%。

2）Baystack 350 每秒处理 1.6M 数据包，所以只达到理论值的 1.6/2.4=67%。

3）Cisco 2924 每秒处理 3M 的数据包，所以只达到理论值的 3/3.6=83%。

由 3 个数据得知，Superstack Ⅱ 3300 为不合格产品，Baystack 350 勉强合格，Cisco 2924 算是不错的产品。

（2）交换宽带。理论上 3 种交换机每秒能交换的数据如下：

1）12 口：200×12=2400Mbit/s。

2）16 口：200×16=3200Mbit/s。

3）24 口：200×24=4800Mbit/s。

通过表 5-11 可以比较各产品的性能。

1）Superstack Ⅱ 3300 的实际带宽为 800Mbit/s，所以只达到理论值的 800/2400=33%。

2）Baystack 350T 的实际带宽为 1200Mbit/s，所以只达到理论值的 1200/3200=37.5%。

3）Cisco 2924 的实际带宽为 3200Mbit/s，所以只达到理论值的 3200/4800=67%。

表 5-11 各种交换机的性能

性能指标	3Com SSII	Baystack 350T	Cisco 2924	D-Link 5016	D-Link 5024
Port Count	12	16	24	16	24
带宽	800Mbit/s	1.2Gbit/s	3.2Gbit/s	3.2Gbit/s	4.8Gbit/s
带宽使用率	33%	37.5%	67%	100%	100%
处理封包数	0.5×10^6	1.6×10^6	3×10^6	2.38×10^6	3.2×10^6
处理封包百分比	28%	67%	84%	100%	90%

4. 交换机产品的选择

在网络设计建议方案中需要明确选用的设备产品型号及报价。选择能够适合该工程使用的产品并不难，但是在众多的厂商、产品型号、性能参数中挑选出最佳产品却不是一件简单的事。基本的方法是“经验+厂商推荐”，即通过工程经验选择产品，如果经验不足，可咨询产品厂商的技术支持或销售代表，他们更了解自己的产品。

由于需求不同，交换机产品的选择也有很大的差异。基本选择原则是满足功能和价位需求，主要考虑以下几个方面。

（1）功能需求。这些功能需求包括端口数量、端口带宽、背板带宽及可网管、划分VLAN、堆叠等。

（2）扩展能力和先进性。例如，可能增加的用户数量、核心交换机的可扩展能力、IPv6的支持等。因为网络产品的更新换代很快，很少会有三、五年后不淘汰的产品。所以扩展功能和先进性不必要求过高，以避免浪费投资成本，但仍要满足未来3年能够预测的需求。

（3）价位。如果能满足功能需要的产品很多，合理的价位将是决定网络产品能否成功销售的必要条件，首先应该考虑用户接受的能力，如投资预算、用户的经济状况等。其次要考虑该价位的产品是否具有竞争力，即性价比是否较高。

（4）品牌。尽量选择服务好、质量可靠的品牌产品，并选择同一厂商的产品。这样便于将来对网络的统一管理和维护，也能减少因不同厂商设备的兼容性问题带来的麻烦。

5.2.5 确认网络布线系统的结构

选择交换机不仅需要参照网络拓扑结构，还需要参照网络布线系统图，这样才能准确地计算出交换机的数量和需要配置的端口数量。下面举两个例子来说明布线系统不同对交换机选择的影响。

1. 一个配线间的布线系统

如图5-14所示，建筑A只有一个配线间，该建筑的所有用户都连接到这个配线间，并通过光纤连接到网络中心的建筑。用户的信息点数量共计45（10+15+20=45）个。图中交换机的选择方法有多种。

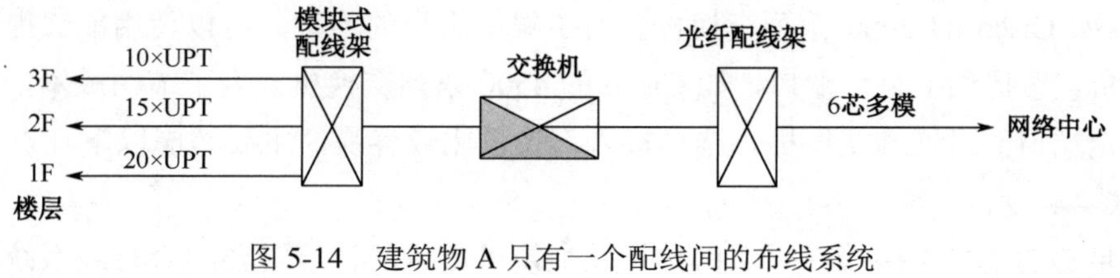

图5-14 建筑物A只有一个配线间的布线系统

（1）选择一台 48 口 10/100BASE-T 的交换机，并配置一个 1000BASE-SX 光纤端口。

（2）也可以选择两台 24 口 10/100BASE-T 的交换机进行堆叠，需要配置两个 1000BASE-T 的堆叠端口和一个 1000BASE-SX 光纤端口。

（3）还可以选择两台 24 口 10/100BASE-T 交换机分别上连，配置两个 1000BASE-SX 光纤端口。

想一想

以上三种方案各有哪些优劣？

如果布线系统已经完成，则只要仔细查阅布线系统图即可。如果还没有设计布线系统，那么只能按照设计的网络拓扑结构选择设备，否则不能准确地确定端口数量。

2. 两个配线间的布线系统

仍然以上述建筑为例，由于这栋建筑狭长，按照一个设备间的结构设计，建筑物内 3 层上的一些用户信息点到配线间的距离超过 90m，布线系统必须设置两个配线间，如图 5-15 所示。

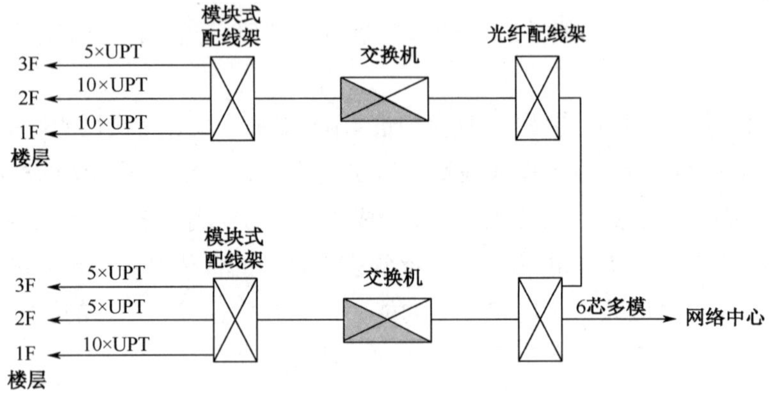

图 5-15 建筑物 A 有两个配线间的布线系统

虽然用户的总数量仍然为 45 个，但是交换机的数量发生了变化，上行连接到网络中心的线路也有两种选择。可以试着算一下，有几种可能的交换机设备选择和端口配置方案。

通常，在设计网络系统之前，建筑物的网络布线系统已经安装好，在选择网络设备时，只需要确认网络布线系统的设计和安装位置。如果建筑物没有安装布线系统，需要改造，则需要同时设计布线系统和网络系统。这时，最好在布线系统设计之后再进行网络设备的选择。

5.2.6 接入层设备的选择

局域网的接入设备是指用户接入网络使用的交换机。在大中型广域网中的接入层设备是指接入网络使用的路由器。下面重点讨论接入交换机的选择。

对于分散用户的接入，通常使用固定端口的交换机，一般配置 24 或 48 口 10/100Mbit/s BASE-T，如 Cisco 的 2900 系列交换机。对于集中用户的连接，可以使用能够提供密集端口的交换机，可提供上百个端口，如 Cisco 的 4500 系列交换机。为了节约成本，也可以使用多台固定端口的可堆叠交换机。选择接入交换机比较容易，主要考虑以下几点。

1. 端口数量

提供足够的用户连接端口。端口数量及交换机数量的计算需要结合布线系统，根据配线间的用户端口需求计算交换机数量。

2. 支持网络管理

某些小型网络为了降低成本，可选用不含操作系统的交换机，如一台 24 口交换机仅几百元。大中型的局域网通常需要支持网络管理，选择的交换机必须支持网络管理。

3. 支持 VLAN

大中型局域网通常需要划分 VLAN，选择的交换机必须支持 VLAN 技术。

4. 支持堆叠

在一些配线间，如果用户接入比较集中，为了减少上行链路的成本，可选择支持堆叠技术的交换机。

5. 千兆上连

如果需要上连到汇聚层，则选择的交换机具有千兆的光纤和铜缆上行端口。

6. 接入层交换机选择案例

假定 A 楼的 3、5、8 层分别有一个管理间，其中 3 层管理间负责连通 1、2、3 层用户，共有信息点 110 个，计划使用点数为 81；5 层配线间负责连通 4、5、6 层用户，共有信息点 132 个，计划使用点数为 104；8 层管理间负责连通 7、8、9、10 层用户，共有信息点 154 个，计划使用点数为 123。

为满足计划使用信息点的要求，现对各管理间进行具体配置。

（1）3 层管理间配置两台 Cisco 2950-48（48 个 10/100Mbit/s 端口，两个 GBIC 插槽），配置一块 SC 接口多模 GBIC（WS-G5484）用于上连核心交换机。配置两块堆叠模块（WS-X3500-XL）用于两台 Cisco 2950-48 交换机堆叠。3 层管理间提供的接入能力是 96 个 10/100Mbit/s 端口。

（2）5 层管理间配置两台 Cisco 2950-48 和一台 Cisco 2950-24（24 个 10/100Mbit/s 端口，两个 GBIC 插槽），配置一块 SC 接口多模 GBIC（WS-G5484）用于上连核心交换机。配置 3 块堆叠模块（WS-X3500-XL）用于 3 台 Cisco 2950 交换机堆叠。5 层管理间提供的接入能力是 120 个 10/100Mbit/s 端口。在 5 层的配置中，选择了 Cisco 2950-24 而没有选择 12 口 10/100Mbit/s 的 Cisco 2950-12，这是因为 Cisco 2950-24 的价格比 Cisco 2950-12 的价格稍高，却提供了 24 个端口，使得单个端口平均价格降低，且为将来接入新的信息点留出了余量。另外，也未配置 3 台 Cisco 2950-48，这是因为配线的设计信息点数为 132 个，如果选用 3 台 Cisco 2950-48 将会造成 12 个端口的浪费。

（3）8 层管理间配置 3 台 Cisco 2950-48，配置一块 SC 接口多模 GBIC（WS-G5484）用于上连核心交换机。配置 3 块堆叠模块（WS-X3500-XL）用于 3 台 Cisco 2950 交换机堆叠。8 层管理间提供的接入能力是 144 个 10/100Mbit/s 端口。

从以上的配置情况反映出费用是相当重要的因素，在可扩展性和费用之间平衡考虑是方案设计的一个要点。

5.2.7　汇聚层设备的选择

大型网络需要设计汇聚层。局域网的汇聚层设备是指接入交换机与核心交换机之间的汇聚交换机，而广域网的汇聚层设备是指接入路由器与核心路由器之间的路由器。这里重点讨论汇聚交换机的选择。

汇聚交换机的接入端口用于连接接入交换机，需要提供千兆的光纤或铜缆端口，端口数量通过接入交换机的上行线路确定。在大型局域网中一般都会使用 VLAN 技术而且需要支持网络管理。汇聚层交换机必须支持 VLAN 技术和三层交换功能，能够实现 VLAN 之间的通信和访问控制。汇聚交换机上行连接到核心交换机，需要提供千兆以上端口，最好是万兆端口。当然，万兆交换机的成本较高，同时，核心交换机也必须支持万兆交换。汇聚交换机也需要适当考虑网络可扩展性问题。

5.2.8 核心层设备的选择

核心层设备是指网络结构中的核心层设备，在星型和树型网络结构中，“核心”可理解为中心。在某些网络结构中没有核心，如环型等。局域网的核心设备是核心交换机，广域网的核心设备是核心路由器。核心交换机提供局域网的高速交换，一般采用性能较高的中、高档交换机。核心路由器提供互联网络的高速交换和路由，一般采用性能较高的中、高端路由器。这里重点讨论核心交换机的选择，主要考虑以下几个方面。

1. 端口数量

首先应确认网络基本需求的核心交换机端口数量，需要根据设计的网络结构和布线系统连接来判断。例如，从图 3-49 某企业网络拓扑结构中可以看出核心交换机端口的最低要求，见表 5-12。

表 5-12 核心设备端口的最低要求

端口描述	规格	数量	连接
千兆光纤端口	1000BASE-SX	3	接入层交换机
千兆铜缆端口	100/1000BASE-TX，RJ45	4	服务器
百兆铜缆端口	10/100BASE-TX，RJ45	3	管理、防火墙、路由器

2. 交换能力

交换机的交换能力一般是通过交换容量和吞吐量来衡量的。交换容量也称背板带宽，是指交换机的 CPU 和数据总线能够处理的最大数据，用速率单位表示，一般为 Gbit/s。交换容量越大，交换能力就越强，成本也越高。吞吐量是指使用 64B 的数据包测试所达到的转发速度，单位为 Mpps，吞吐量的值越大，交换能力越强。所有端口的线速转发是指交换机的每个端口能够同时达到端口标称带宽的数据转发速率。厂商的设备说明一般都会标注这些性能指标。

我们可以对用户需求的交换机容量进行估算。核心交换机的交换容量需求为其接入带宽的总和，这个数值是满足需求的最低要求。交换容量需求如下：

交换容量需求=$(3\times1000+4\times1000+3\times100)\times2/1000=14.6$Gbit/s

按照这个交换容量，可以计算出理论的吞吐量需求如下：

理论吞吐量需求=$14.6\times1000/(64\times8)\approx28.5$Mpps

需要注意的是，由于实际的网络数据传输不可能都是 64B 的数据包，实际的数据流量与网络结构、服务器位置、用户的数据需求等多种因素相关，需要进行流量分析和实验才能比较准确地估算出来。因此，上述的吞吐量只是在选择交换机时衡量交换能力的一个参考。

3. 扩展能力

网络的扩展能力是指在基本结构和性能基本保持不变的情况下，现有规模的网络可以增加连接用户的端口数量。扩展能力主要体现在网络的核心层，包括带宽容量和端口容量的富余。网络的可扩展能力可使网络能够适应用户单位一段时间内的应用需求变化，具体需要保留多少富余的端口应视用户单位未来的发展情况而定。然而，未来的发展很难预测，扩展余量的度是很难把握的。这需要设计者根据客户的发展规划、案例经验和设备产品的生命周期来选择。建议选择较强的扩展性，以支持用户不可预测的发展。

例如，企业现有 115 个客户，未来 3～5 年可能增加到 300 个用户。交换机的生命周期为 5 年，选择核心交换机的交换容量能满足 300 个用户的需求即可。但是，仍建议采用支持 500 个用户及以上交换容量的交换机。厂商为了加强设备的可扩展性，设计了很多模块化设备，用户还可以根据需要配置或增加连接端口的数量。

4. 确定设备型号和配置模块

通过上面的分析，查询厂商网站或咨询厂商服务人员，确定设备的具体型号以及需要配置的模块。

试一试

某公司计划部署园区网络，其建筑物分布如图 5-16 所示。

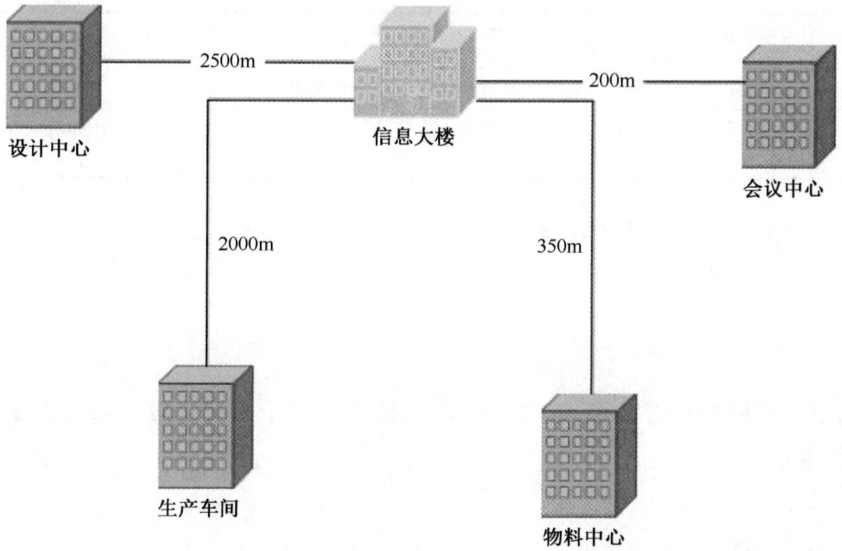

图 5-16　建筑物分布

根据公司网络需求分析，网络工程人员设计的网络拓扑结构如图 5-17 所示。根据网络需求描述和网络拓扑结构，图 5-17 中介质 1 应选用（　　）；介质 2 应选用（　　）；介质 3 应选用（　　）。

A．单模光纤　　　　B．多模光纤

C．6 类双绞线　　　　D．同轴电缆

在该网络中，应至少选用单模 SFP（　　）个，多模 SFP（　　）个。该网络部分设备见表 5-13。

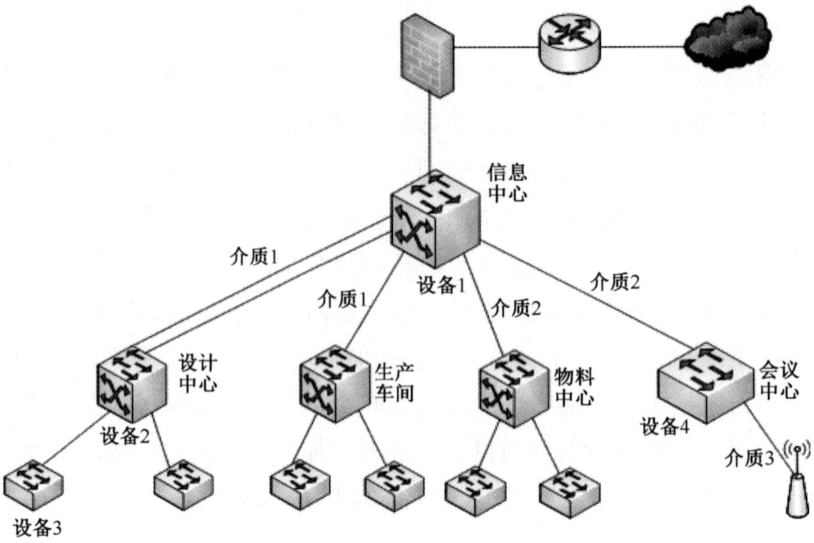

图 5-17 网络拓扑结构

表 5-13 交换机技术性能指标

名称	主要技术指标
设备 A	交换容量大于等于 1Tbit/s；包转发率大于等于 750Mpps；业务插槽数大于等于 6；双引擎，冗余电源；配置接口大于等于 12 口千兆光口，大于等于 24 口千兆电口
设备 B	交换容量大于等于 190Gbit/s；包转发性能大于等于 40Mpps；接口为 24 个 10/100/1000M 电口；至少有 2 个 1000M SFP 光口；支持 802.lx 认证，MAC 认证和 Web 认证。
设备 C	交换容量大于等于 70Gbit/s；包转发性能大于等于 40Mpps；接口为 24 个 10/100/1000M 电口，2 个 1G SFP 可管理 AP 数目大于等于 16；支持高级加密标准（AES），临时密钥交换协议（TKIP）以及有线对等加密（WEP），支持 WPA 和 WPA2 加密算法；防止 ARP 欺骗攻击
设备 D	交换容量大于等于 268Gbit/s；包转发率大于等于 150Mpps；接口为 24 个 10/100/1000Base-T 以太网端口，4 个 1/10G SFP

根据表 5-13，在图 5-17 中，设备 1 应选用（　　），设备 2 应选用（　　），设备 3 应选用（　　），设备 4 应选用（　　）。

课后检测

1．如果交换机的总带宽为 10.4Gbit/s，它具有 4 个千兆的全双工端口，则其百兆的半双工端口数量最多为（　　）。

A．48 个　　B．24 个　　C．16 个　　D．8 个

2．1000 BASE-LX 标准支持的单根光纤最大长度为（　　）。

A．25m　　B．100m　　C．300m　　D．3000m

3．关于 Ethernet 交换机的描述中，正确的是（　　）。

A．转发帧可采用直接交换方式　　B．通常使用端口/IP 地址映射表

C．核心技术是 IP 路由选择技术　　D．都不支持虚拟局域网

4．某单位在进行新园区网络规划设计时，考虑选用的关键设备都是国内外知名公司的产品，在系统结构化布线、设备安装、机房装修等环节严格按照现行国内外相关技术标准或规范来执行。该单位在网络设计时遵循了（　　）原则。

A．先进性　　B．可靠性与稳定性

C．可扩充　　D．实用性

5．在五阶段网络开发过程中，网络物理结构图和布线方案的确定是在（　　）阶段确定的。

A．需求分析　　B．逻辑网络设计

C．物理网络设计　　D．通信规范设计

6．关于交换式以太网的描述中，正确的是（　　）。

A．核心设备是集线器　　B．需要执行 IP 路由选择

C．数据传输不会发生冲突　　D．基本数据单元是 IP 分组

7．某公司的网络拓扑结构如图 5-18 所示，请根据该拓扑结构回答下列问题。

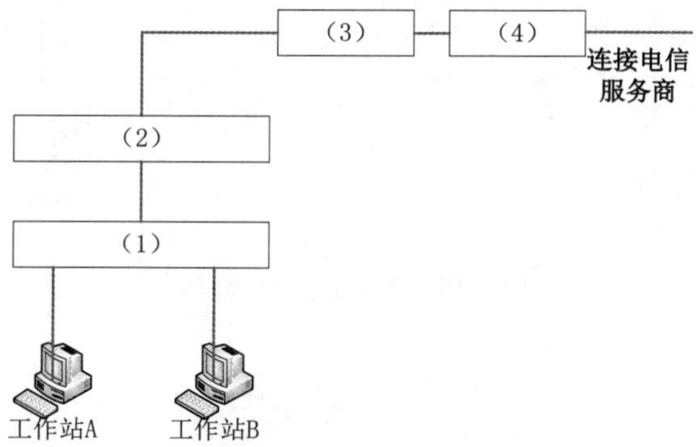

图 5-18　网络拓扑结构

为（1）～（4）选择合适的网络设备。

A．路由器　　B．集线器　　C．三层交换机　　D．二层交换机

8．下列有关网络设备选型的原则中，不正确的是（　　）。

A．所有网络设备尽可能选取同一厂家的产品，这样在设备可互连性、协议互操作性、技术支持、价格等方面都更有优势

B．在网络的层次结构中，主干设备选择可以不考虑扩展性需求

C．尽可能保留并延长用户原有网络设备的投资，减少在资金投入上的浪费

D．选择性价比高、质量过硬的产品，使资金的投入产出达到最大值

9．采购设备时需遵循一些原则，最后参考的原则是（　　）。

A．尽可能选取同一厂家的产品，保持设备互连性、协议互操作性、技术支持等优势

B．尽可能保留原有网络设备的投资，减少资金的浪费

C．强调先进性，重新选用技术最先进、性能最高的设备

D．选择性价比高、质量过硬的产品，使资金的投入产出达到最大值

10．某学校计划部署校园网络，其建筑物分布如图 5-19 所示。根据网络需求，设计人员设计的网络拓扑结构如图 5-20 所示。

（1）根据需求分析结果，校园网规划要求如下：

- 信息中心部署在图书馆。
- 实验楼部署 237 个信息点，办公楼部署 87 个信息点，学生宿舍部署 422 个信息点，食堂部署 17 个信息点。
- 为满足日后的应用需求，要求核心交换机到汇聚交换机以千兆链路聚合，同时千兆到桌面。

- 学校信息中心部署服务器，根据需求，一方面要对服务器有完善的保护措施，另一方面要对内外网分别提供不同的服务。
- 部署流控网关对 P2P 流量进行限制，以保证正常上网需求。

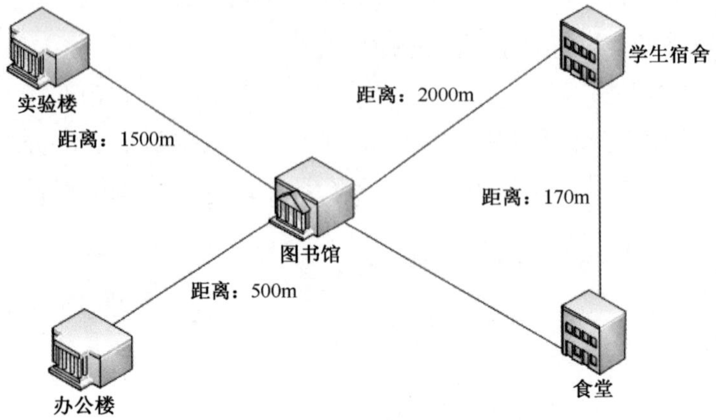

图 5-19　某学校建筑物分布

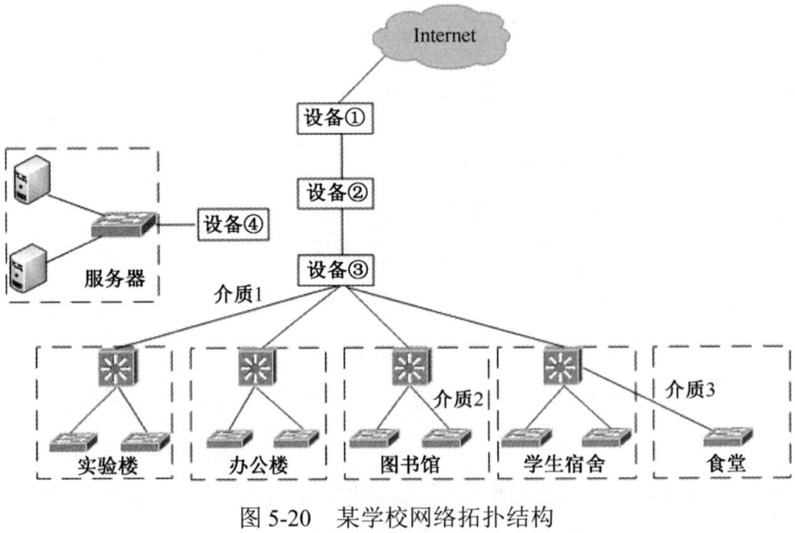

图 5-20　某学校网络拓扑结构

（2）请根据网络需求描述和网络拓扑结构回答以下问题。

图 5-20 中设备①应为（　　），设备②应为（　　），设备③应为（　　），设备④应为（　　）。

A．路由器　　B．核心交换机　C．流控服务器　　D．防火墙

设备④应该接在（　　）上。介质 1 应选用（　　），介质 2 应选用（　　），介质 3 应选用（　　）。

A．单模光纤　　B．多模光纤　　C．6 类双绞线　　D．5 类双绞线

（3）如果所有接入交换机都直接连接汇聚交换机，本校园网中至少需要（　　）台 24 口的接入交换机（不包括服务器使用的交换机）。交换机的选型是网络设计的重要工作，而交换机的背板带宽、包转发率和交换容量是其重要技术指标。其中，交换机进行数据包转发的能力称为（　　），交换机端口处理器和数据总线之间单位时间内所能传输的最大数据量称为（　　）。某交换机有 24 个固定的千兆端口，其端口总带宽为（　　）Mbit/s。

5.3 综合布线工程设计文档编制

学习提示

在网络工程项目中，网络工程的方案设计是最重要的技术工作之一。对系统集成商来说，方案设计工作可能十分繁琐，因为每次投标都必须提供设计方案，尽管中标的可能性只有约10%，但每个设计方案都应认真完成。

课前评估

请读者独立思考并回答下列问题。

1．在编制网络工程进度计划时，工期越短越好。（　　）

2.《综合布线系统工程设计规范》（GB 50311—2016）规定，综合布线系统应按（　　）等7个子系统进行设计。

3．综合布线的设计文档主要由（　　）和（　　）两部分组成。

1．方案内容

综合布线的设计文档主要由设计方案和施工图样两部分组成。设计方案是设计人员经过与用户多次反复协商得到的深入设计材料，它体现了用户单位的需求及设计人员的详细设计思路。设计方案主要包括用户需求分析、设计标准与依据、产品选型、各子系统的详细设计、施工组织、工程验收与测试、系统报价清单等内容。施工图样主要包括系统图和平面图两部分。

2．方案编写方法

如果能够顺利完成上述网络设计的步骤，则编写设计方案只不过是编辑、整理电子文档的过程。网络设计方案是给用户及专家评委看的，应注重公司形象及技术人员能力的体现。通常使用微软的 Word 编写，注意内容完整、美观、无错别字，装订也要尽量精美，以便给用户留下好印象。

编写方案也是网络工程师的一种基本能力，要求设计者有一定的写作能力。但是，无论写作能力有多好，对于一个初学网络设计的人来说，总是无从下手的。一个经历多年考验的系统集成公司，积累了各种类型网络的成功设计方案，可用于公司新人的设计参考，有的公司甚至设计了多个类型的方案编写模板，经过简单的替换修改，很快就能完成。因此，初学者应注意收集各种类型的设计方案。但是，设计人员必须清楚撰写方案的一般方法和思路。

3．方案格式说明

编写设计方案的格式没有统一的要求，形式有多种，内容安排也不完全相同。但主要内容基本一致。以下给出一种常见的方案格式说明。

（1）封面。封面应注明标题，如《××××网络系统设计方案书》等，在封底注明公司名称、设计日期。

（2）目录。目录指的是方案设计内容的详细目录，包括条目和页号。

（3）引言。引言指的是开场白，介绍当前的网络互联发展形势、用户网络现状和组建网络的必要性等。

（4）设计方案。

1）用户需求分析：简要介绍网络工程概况，描述用户的网络需求，分析对应用户需求所采用的组网策略及将实现的功能，并分析可行性等。

2）总体设计：简单描述设计原则（可用性、可靠性、可扩展性、可管理性、安全性、先进性等）、设计目标（将实现的主要功能）和设计标准（采用的标准及类似成功案例）。

3）产品选型：首先，介绍厂商并说明选择该厂商的原因；然后，介绍选择的各种型号设备，包括主要功能和端口配置，并说明选择该型号产品的理由；最后，列出产品清单。

4）详细方案设计：这部分是设计方案的核心，它体现了设计人员根据用户需求，使用推荐的综合布线产品进行各个子系统设计的思路。详细方案设计主要包括 7 个子系统的设计，即工作区子系统、水平子系统、垂直子系统、设备间子系统、进线间子系统、建筑群子系统和管理间子系统，另外还要考虑建筑物的防雷和接地的设计内容。

5）施工组织：描述技术施工队伍、施工进度、施工管理等。

6）工程测试验收：主要包含测试标准、测试内容、铜缆测试方案、光缆测试方案、工程验收程序等内容。

7）售后服务承诺：一般综合布线厂商都可以提供 15 年的产品质量保证，施工单位除了向用户提供综合布线产品质量保证外，还应该与用户协商提供周到的系统维护服务。

8）工程设备清单及报价：根据方案设计内容，对 7 个子系统所用设备及施工辅助材料进行统计汇总，得到整个工程项目所需的设备及材料清单，并根据市场价格预算整个系统的工程预算。

（5）施工图纸。

1）系统图。综合布线系统图是所有配线架和电缆线路全面通信空间的立面详图，在图中应包括以下几个主要内容。

- 工作区：各层的信息插座型号和数量。
- 水平子系统：各层水平电缆型号和根数。
- 垂直子系统和建筑群子系统：从 BD 到 FD 的干线线缆型号和根数、线缆敷设路由；从 CD 到 BD 的线缆型号和根数、线缆敷设路由；各管理配线架的设备类型、数量等。
- 电信间和设备间的位置及主要设备；进线间的位置及电信和网络进线的位置。
- 设计说明：包括简单的工程概况、设计依据、主要施工方法和注意事项等。

以一个简单楼宇为例，图 5-21 所示为一张典型的综合布线系统的系统图。

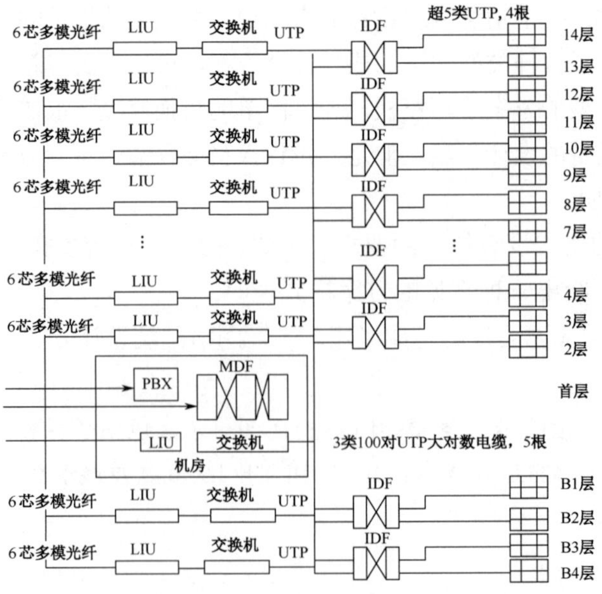

图 5-21 综合布线系统的系统图

2）平面图。综合布线系统的平面图是表示工程项目总体布局、建筑物的外部形状、内部布置、结构构造、内外装修、材料选型、施工等要求的图样。综合布线系统的平面图是进行工程施工的依据，也是进行技术管理的重要技术文件，要求表达准确和具体。综合布线系统的平面图是反映整个布线路由走向的一个直观表示，是设计意图的表现。图 5-22 为图 5-6 中 3 楼的施工平面图。

从图 5-22 中可以看出，平面图应包含如下内容：

- 电信间进线的具体位置、高度、进线方向、过线管道数量及管径。
- 每层信息点的分布和数量，信息插座的规格及安装位置。
- 水平线缆路由，水平线缆布设的规格及安装方式。
- 弱电竖井的数量、位置和大小，主干电缆布设所有线槽的规格及安装方式。

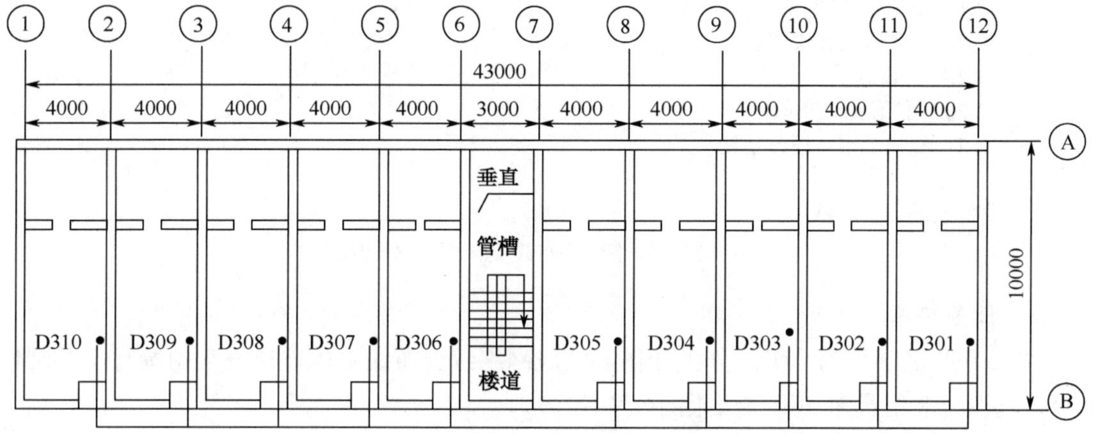

图 5-22　综合布线系统的平面图

动手操练：撰写网络综合布线工程设计方案

通过本模块的学习，在用户需求分析的基础上，完成对综合布线工程的整体设计和各个子系统的设计，同时了解网络设备选型的方法和技巧。此时，读者应能够完成对综合布线工程各个环节的设计，并为用户提供一个切实可行的整体解决方案。

编写物理网络设计说明书

1. 文档格式要求说明

（1）统一使用 A4 纸标准页面；用阿拉伯数字连续编排页码，由正文首页开始编排，并加页眉“人工智能与大数据学院 2021 年综合布线方案设计（文档）”，页脚 “第 X 页”字样，五号宋体加黑居中。

（2）自行设计封面。

（3）目录按三级标题编写（即：1……、1.1……、1.1.1……），要求标题层次清晰。目录中的标题应与正文中的标题一致，文档开头的目录用自动生成。

（4）正文主要内容包括三章。字体要求：每章总标题用小二号宋体加黑，在正文中三级标题的字体分别为小三号宋体加黑、四号宋体加黑、小四号宋加黑。正文用小四号宋体。新开始的每一章都要另起一页。

2. 撰写提纲

图 5-23 提示了正文部分要撰写的主要内容，但未考虑方案格式上的要求。

1. 系统总体设计
1.1 工程概述及需求分析
××单位综合楼地下二层，地上六层(部分七层)，总建筑面积约一万三千平方米。
地下二层至地上一层为停车场，二层以上为办公用房(包括小会议室)。本方案设计只考虑地上部分。
1.1.1 布线系统需求分析
1.1.2 功能要求
1.1.3 系统等级
1.2 设计思想
1.3 设计原则
1.4 设计依据
1.5 系统功能
2. 方案设计说明
根据××单位综合楼的实际需要，现提供以下设计方案。
2.1 总体设计图
2.2 工作区设计说明
2.2.1 信息点
2.2.2 信息点分布原则
2.3 配线子系统设计说明
……
3. 系统设备清单

图 5-23 网络综合布线设计方案书样例

3. 任务要求

以 3～4 名学生为一组，分工合作，完成网络综合布线工程设计方案的撰写，并制作 PPT，选派一名组员参加工作成果的分享。

模块 6　网络工程实施

网络工程实施是在网络设计的基础上进行的工作，主要包括软硬件设施的采购，网络软硬件设施和测试系统的安装、配置、调试和培训等。应该保证按系统设计要求，实现网络系统的连接，直至正常运行，并负责网络技术的培训和维护。

本模块要求掌握网络工程实施步骤和调试网络设备的方法。因此，按照网络工程项目实施流程设计了两个主题：网络工程项目组织和网络设备调试。

6.1　网络工程项目组织

学习提示

网络工程建设是一项综合性和专业性较强的系统工程，涵盖了计算机技术、通信技术和项目管理等多个领域。因此，在进行网络工程建设的过程中，必须严格按照网络工程施工计划的施工进度和施工质量要求有组织地完成整个网络系统的整体建设。项目实施是工程师交付项目的具体操作环节，系统的管理和高效的流程是确保项目实施顺利完成的基本要素。由于计算机网络工程必须按照国家或国际标准和相关规范进行施工和验收，因此网络工程的施工方必须组成专门的项目团队，对工程进度和工程质量进行严格的控制和管理。

课前评估

请读者独立思考并回答下列问题。

1．在需求分析中，（　　）的理解程度在很大程度上决定了网络工程项目的成败。

A．项目经理　　　　B．项目团队成员

C．用户　　　　D．专家

2．网络项目管理的主要原则之一是（　　）。

A．项目经理负责制　　　　B．任务均分制度

C．客户至上原则　　　　D．耗时最小

3．调查计划的安排，如时间、地点、参加人员、调查内容等，需要（　　）的认可。

A．项目团队成员　　　　B．项目经理

C．项目经理和项目团队成员　　　　D．项目经理和用户

4．（　　）是指为了实现网络项目的目标，对网络项目的工作内容进行控制的管理过程。

A．项目范围管理　　　　B．项目时间管理

C．项目成本管理　　　　D．项目质量管理

5．下列说法错误的是（　　）。

A．当进度要求不变时，质量要求越高，则成本越高

B．当不考虑成本时，质量要求越高，则进度越快

C．当质量和任务的要求不变时，进度过快会导致成本的增加

D．当质量和任务的要求不变时，进度过慢会导致成本的增加

6．下列选项中关于对网络项目管理概念的叙述错误的是（ ）。

A．它是对一个网络工程从概念设想到系统集成的全过程进行管理

B．它是由项目经理对网络项目涉及的全部工作进行有效的管理

C．它是从网络项目的投资决策开始，到网络项目结束的全过程

D．在整个网络项目管理中，项目经理与其他参与人员的重要性是一样的

7．下列不属于网络项目总体目标的是（ ）。

A．网络功能多 B．项目进度慢 C．项目质量好 D．项目成本省

8．（ ）是在一定的进度和费用约束下，为实现既定的建网任务并达到一定质量要求所进行的一次性任务。

A．项目成本管理 B．网络项目管理

C．项目质量管理 D．项目集成管理

9．下列选项中不属于网络项目管理要素的是（ ）。

A．目标 B．成本 C．项目经理 D．进度

6.1.1 项目团队

1．项目经理

项目经理负责全面的组织协调工作，包括编制总体实施计划、各分项工程的实施计划；工程实施前的专项调研工作；工程质量、工程进度的监督检查工作；对用户的培训计划的实施；项目组内各工程小组之间的配合协调；组织设备订货和到货验收工作；负责与用户的各种交流活动；组织阶段验收和总体项目的验收等。

2．设备材料组

设备材料组负责设备、材料的订购、运输和到货验收等工作。

3．布线施工组

布线施工组负责的工作包括：编制该分项工程的详细实施计划；网络结构化布线的实施；该分项工程的施工质量、进度控制；布线测试，提交阶段总结报告等。

4．网络系统组

网络系统组负责的工作包括：网络设备的验收与安装调试；编制该分项工程的详细实施计划；该分项工程的施工质量、进度控制；提交阶段总结报告等。

此外，网络系统组还需负责安装调试操作系统、网管系统、计费系统、远程访问和网络应用软件系统，测试网络系统的单项和整体性能。

5．培训组

培训组负责的工作包括：编制详细的培训计划；培训教材的编写或订购，培训计划的实施；培训效果反馈意见的收集、分析整理、解决办法和提交培训总结报告等。

6．项目管理组

项目管理组负责的工作包括：管理这项工程的管理数据库；全部文档的整理入库工作；整个项目的质量、进度统计报表和分析报告；项目中所用材料、设备的订购管理；协助项目经理完成协调组织工作和其他工作。

对于不同投资规模的系统集成项目，上述项目团队的人员构成也不同。

6.1.2　施工进度

计算机网络工程施工主要包括布线施工、设备安装调试、Internet 接入、建立网络服务等内容。它要求有高素质的施工管理人员，有施工计划、施工和装修的安排协调、施工中的规范要求、施工测试验收规范要求等。施工现场指挥人员必须要有较高的素质，其临场决断能力往往取决于对设计的理解及布线技术规范的掌握。

在网络安装前，需准备一个工程实施计划，对施工进度进行控制和协调，以便控制成本投资，按进度要求完成安装任务。对工程项目要科学地进行计划、安排、管理和控制，以使项目按时完工。表 6-1 所示为一个典型的工程实施计划。

表 6-1　一个典型的工程实施计划

完成日期	主要阶段性成果
××年×月×日	设计完成，将设计文档的 Beta 版分发给主管领导、部门经理、网络管理员和最终用户
××年×月×日	讨论设计文档
××年×月×日	最终分发设计文档
××年×月×日	广域网服务供应商在所有建筑物之间完成专用线的安装
××年×月×日	培训新系统的网络管理员
××年×月×日	培训新系统的最终用户
××年×月×日	完成建筑物 1 中的试验系统
××年×月×日	从网络管理员和最终用户那里收集试验系统反馈信息
××年×月×日	完成建筑物 2、3、4、5 的网络实施
××年×月×日	从网络管理员和最终用户那里收集建筑物 2、3、4、5 网络系统的反馈信息
××年×月×日	完成其余建筑物内的网络实施
××年×月×日	监控新系统，判断其是否满足目标

一般来讲，目标、成本、进度三者是互相制约的，其关系如图 6-1 所示。其中，目标可以分为任务范围和质量两个方面。项目管理的目的是谋求（任务）多、（进度）快、（质量）好、（成本）省的有机统一。

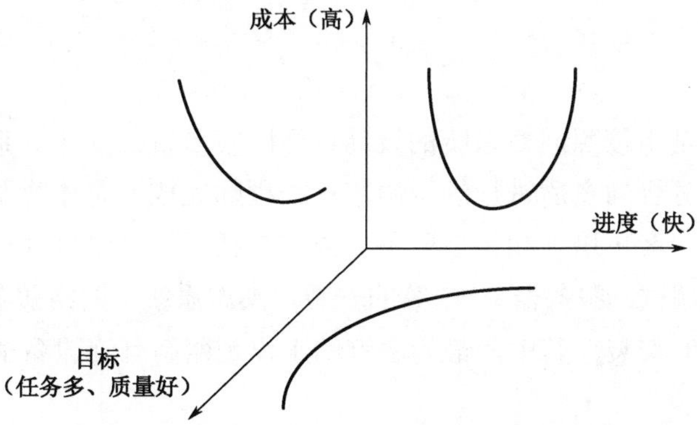

图 6-1　目标、成本、进度三者之间的关系

通常，对于一个确定的合同项目，其任务的范围是确定的，此时项目管理就演变为在一定的任务范围下如何处理好质量、进度和成本三者之间的关系。

质量管理的关键是严格按照国家或国际标准进行施工。计算机网络工程施工应该按ISO 9000或软件工程能力成熟度模型（CMM）等标准和规范建立完备的质量保证体系，并能有效地实施。网络工程施工方应该具有较强的综合实力，有先进、完整的软件及系统开发环境和设备，具有较强的技术开发能力，具有完备的客户服务体系，并设立专门的机构，应该有对员工进行系统的新知识、新技术培训的计划，并能有效地组织实施。

课后检测

1．网络建设项目的总成本为网络系统集成成本、网络运行管理和（　　）。

A．技术　　B．环境　　C．维护成本　　D．人员熟练程度

2．（　　）不是项目管理的目的。

A．任务少　　B．进度快　　C．质量好　　D．成本低

3．（　　）是在一定的进度和费用的约束下，为实现既定的建网任务并达到一定质量要求所进行的一次性任务。

A．项目成本管理　　B．网络项目管理

C．项目质量管理　　D．项目集成管理

4．下列选项中不属于网络项目管理内容的是（　　）。

A．项目沟通管理　　B．项目风险管理

C．项目采购管理　　D．项目维护管理

5．下列关于网络项目管理内容说法不正确的是（　　）。

A．项目范围管理是指为实现网络项目的目标，对网络项目的工作内容进行控制的管理过程

B．项目时间管理是指为了确保网络项目最终按时完成的一系列管理过程

C．项目成本管理包括网络资源的配置、系统集成费用预算及费用控制等工作

D．项目质量管理含网络系统集成质量规划、系统集成质量控制、团队的组建、人员选聘等

6.2　网络工程设备调试

学习提示

网络系统的实施是指按照网络系统的设计进行网络系统的安装、调试。这些工作是在与客户签订订货和服务合同之后进行的，由售后工程师完成。基本步骤包括准备工作、测试和安装调试、验收、客户培训和售后服务。内容包括网络布线系统的安装与测试，网络设备的安装、配置和调试，服务器、PC等的安装，操作系统、网络服务的安装和配置，以及一些信息系统软件的安装，其中，最为关键的工作是网络互连设备的配置和调试。

课前评估

请读者独立思考并回答下列问题。

1．核心交换机的主要性能参数有哪些？

2．请分析图6-2所示的网络拓扑结构具有什么特点？

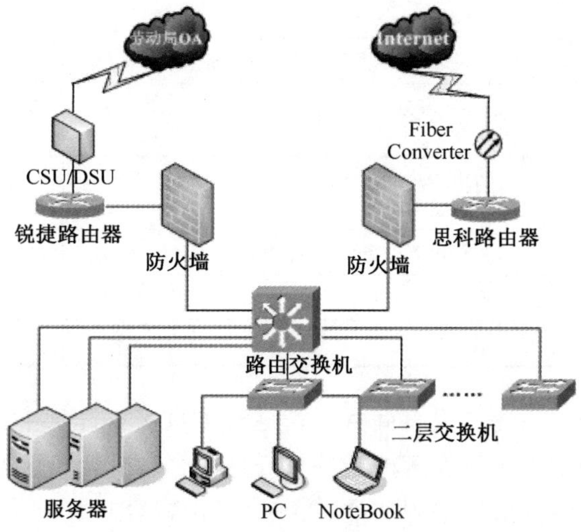

图 6-2　网络拓扑结构

6.2.1　网络实施前的准备工作

在实施网络前，做好充分的准备工作和实施规划，对照有序的步骤进行安装调试。

1. 采购设备

首先认真阅读签订的合同，确认付款方式、订货方式和供货时间，通常，在合同签订后，甲方（用户方）预付给乙方（供货方）30%的首付款，乙方收到首付款后开始订货。确认收到首付款后，应立即订购合同约定的所供货物，避免因供货问题影响工程进度。订货后，需要确定厂商设备的到货日期。在订货过程中，如果遇到设备缺货或停产等情况，应及时与用户沟通，商议延期或设备变更方案，并确定合同的补充协议。

例如，某大厦网络系统设备清单见表 6-2。

表 6-2　某大厦网络系统设备清单

×××大厦网络系统设备清单							
设备种类	序号	设备名称及型号	规格描述	单位	数量	产地	备注
核心交换机	1	WS-6509	Catalyst 6509 chassis 主机	台	1	Cisco/USA	
	2	WS-CAC-1300W	Catalyst 6000 1300W AC Power Supply 电源	个	2	Cisco/USA	
	3	Supervisor Engine 1A-PFC/MSF2	15Mpps，32Gbit/s，Centralized Layer 2-4 forwarding，Enhanced security and QoS 主板	个	2	Cisco/USA	
	4	WS-X6516-GE-TX	16 口 10/100/1000，RJ45，100m，Category 5 cable 5 类双绞线端口插板	个	1	Cisco/USA	
	5	WS-X6416-GBIC	Catalyst 6000 16 口 Gig-Ethernet SFP mod 光纤模块插板	个	1	Cisco/USA	
	6	WS-G5484	1000BASE-SX Short Wavelength GBIC（Multimode only）光纤模块	个	15	Cisco/USA	
	7	ST-SC	光纤跳线，10m	对	15	中国台湾	增加
楼层交换机	1	Cisco Catalyst 2960-48TC-L	48 个以太网 10/100Mbit/s 端口，2 个用上行端口（一个 10/100/1000Mbit/s 和一个 SFP 插槽）	台	15	Cisco/USA	
	2	WS-G5484	1000BASE-SX Short Wavelength GBIC（Multimode only）光纤模块	个	15	Cisco/USA	
	3	ST-SC	光纤跳线，2m	对	15	中国台湾	增加

续表

×××大厦网络系统设备清单							
设备种类	序号	设备名称及型号	规格描述	单位	数量	产地	备注
防火墙	1	PIX 525	PIX Firewall 525 chassis，2 个 10/100Mbit/s 以太网端口	台	1	Cisco/USA	
	2	PIX-1FE	1 个 10/100Mbit/s 以太网端口，RJ45	台	1	Cisco/USA	
	3	PIX-CONN-UR	PIX 无限制许可	台	1	Cisco/USA	
	4	软件	PIX 软件包	套	1	Cisco/USA	

具有一定规模的公司，通常设有商务部，这时可直接将订货单交给商务部人员，并由他们负责订货。有些公司由主管经理或者项目经理负责订货，极少数情况下由工程师直接订货。无论是哪一种情况，网络工程师都应该了解订货情况。

2. 熟悉设计方案

仔细阅读网络设计方案，根据网络拓扑结构，充分了解设备清单中的每个设备或模块，以及配置网络需要使用的网络技术。在设计方案中一般会对这些设备和技术进行说明。如有不清楚之处，应及时查阅相关资料，并与设计网络的工程师沟通，弄清楚用户的需求和设计方案的思路。

某大厦网络拓扑结构如图 6-3 所示。

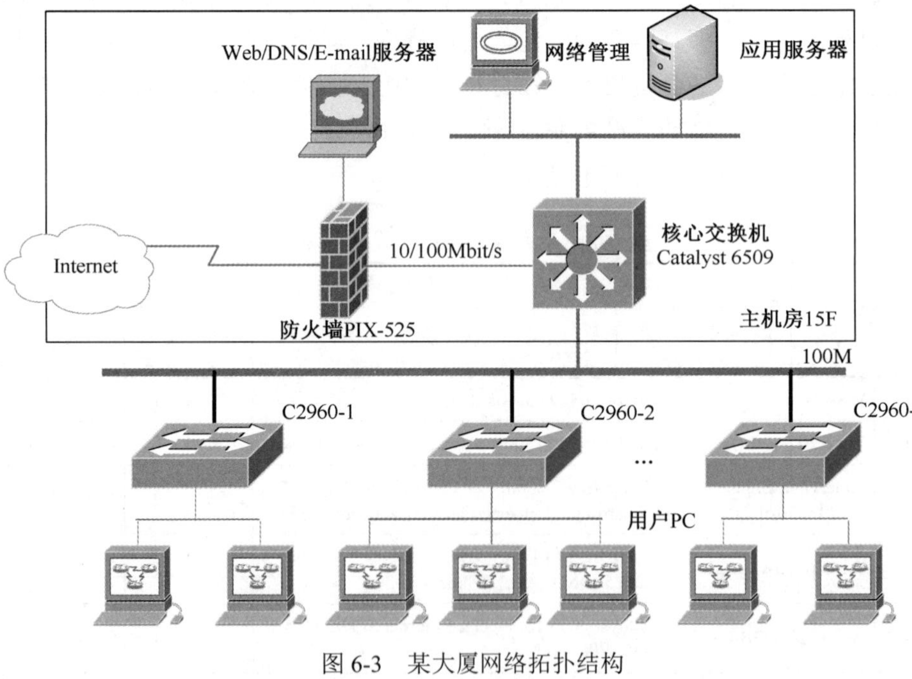

图 6-3　某大厦网络拓扑结构

网络设计的简单描述：核心交换机位于 15 层的机房设备间，核心交换机通过千兆以太网光纤模块连接到其他楼层交换机（Cisco 2960）；防火墙（PIX-525）安装 3 块网卡，一个连接内网，一个连接外网，另一个用于连接 DMZ 的 Web 服务器等；应用服务器及网络管理 PC 通过以太网端口连接到核心交换机；PC 用户通过以太网端口连接到楼层交换机。使用快速以太网和千兆以太网连接技术连接到网络设备和用户；在所有的交换机上需要使用 VLAN 技术隔离大厦的不同用户单位的网络；在核心交换机上需要使用三层交换机技术实现不同 VLAN 用户间的通信，并通过防火墙配置 NAT 技术实现 Internet 的共享访问；在核心交换机中还需配置 ACL，隔离不同用户之间的访问，但不能影响用户对 Internet 的访问。

网络工程师应对照设备清单（表 6-2），仔细了解这些设备和技术，如果不熟悉这些设备和技术，要认真查阅相关资料，做好充分准备。

3. 采购设备

虽然在设计网络时已经分析了网络布线系统，但是在实施之前还需要进一步考察用户的布线施工现场，结合网络布线系统图，确认设备间的位置、环境，以及网络设备的安装位置和连接跳线的长度和数量。

在某大厦的布线系统图中，48 层大楼共设置了 15 个配线间，网络主机房设置在 15 层。以 15 层和 18 层配线间为例，如图 6-4 所示。18 层配线间位于弱电井，安装 1 台 48 口的交换机，通过布线系统连接到 15 层的配线间。其中，位于机房的核心交换机与光纤配线架之间的距离约为 8m，可使用 10m 的光纤跳线；位于楼层配线间的交换机与光纤配线架之间的距离为 1m，可以使用 2m 的光纤跳线。经与用户确认，楼层交换机与模块式配线架之间的 UTP 跳线由布线施工单位负责制作或购买，而光纤跳线则需要网络系统集成公司在购买网络设备时一起购买，所以需要在网络设备清单中增加订购光纤跳线的任务。一条光纤跳线称为 1 对，由 2 根光纤组成，最好订购 2 对备用。

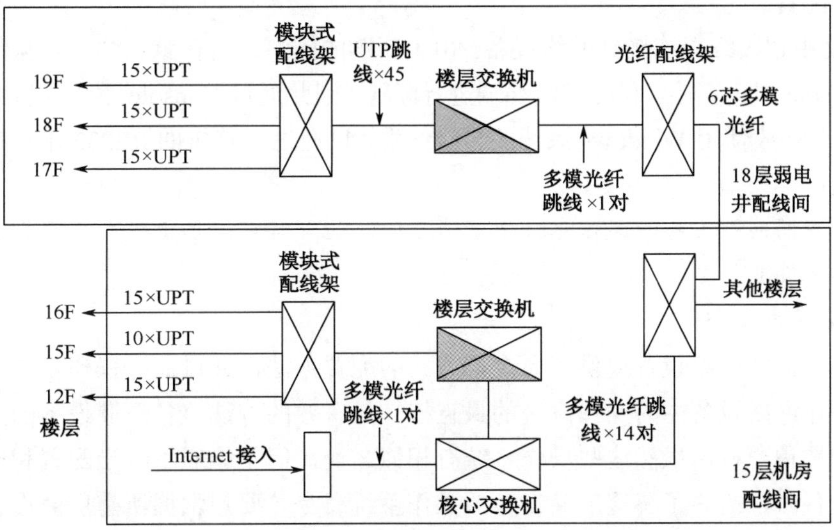

图 6-4　某大厦与楼层机房配线间网络布线连接示意图

4. 规划具体实施方案

在设计方案中已经规划了总体的实施方案，包括项目小组成员及任务分工、施工规划、施工进度表、IP 地址规划表、路由协议选择、工程测试等。但是，设计方案中的规划通常对某些具体内容描述得不够细致。因此，在施工前还应当参照设计方案中的实施规划，进一步列出每个阶段具体需要完成的工作细节。

编制项目实施方案

6.2.2　网络设备的配置与调试方法

网络设备的配置与调试

在订货期间，如果对设备的配置和调试方法不熟悉，应仔细查阅设备厂商的相关技术资料，做好准备。设备到货后，再仔细查看设备厂商的安装说明书和配置指南，熟悉设备的安装方法和配置命令等。设备的基本配置方法如下。

1. 网络设备的配置方法与途径

非网管交换机没有内置操作系统，不需要配置，可以直接使用。而网管交换机或路由器内置了专用的操作系统，需要进行配置，设置必要参数，才能充分运用网络技术实现其强大的网络功能。

（1）配置方法。尽管不同厂商或不同型号的产品可能会采用不同的配置方法或命令，但它们总有一些共同之处，包括交换机在内的网络设备常见的配置方法有：开机对话方式配置、基于 Web 的配置、网络管理软件配置和命令行方式配置等。设备产品可能会全部支持或部分支持这些配置方法，详细的配置方法或命令需要参考厂商提供的产品安装配置指南。

通过命令行方式配置实际上就是直接操作网络设备中内置的 OS，由于需要记住一些操作命令，对于初学者而言这种方法比其他方法相对困难，但是掌握该方法可使配置变得简单、方便、灵活，调试时更准确、稳定。

（2）配置途径。配置网络设备的途径主要分为两大类：一类是使用终端通过串行通信方式连接到网络设备，然后通过命令行方式配置，例如，连接网络设备的 Console 端口，或者 Auxiliary 端口；另一类是通过 IP 网络连接，例如，通过网络设备的以太网端口将设备连接到 IP 网络，然后使用 PC 通过 Web、Telnet 等方式连接到网络设备，使用 Web 或命令行等方式配置。

（3）使用超级终端连接到网络设备。由于新购的网络设备在默认情况下只能通过连接设备的 Console 端口连接，利用超级终端进行配置，因此通过 Console 端口配置网络设备显得尤其重要。一般使用 Windows 系统的超级终端，可通过计算机的 RS232 串行口建立与网络设备的通信。

注意：不同网络设备的通信参数值可能不同，配置时可以参考设备厂商公布的配置说明书进行具体设置。

2. 配置基本命令

大部分厂商的网络设备提供了命令行方式的配置方法，通过命令操作设置网络设备的参数，是操作网络设备中的操作系统的最直接、最有效的方法。各厂商设备的操作系统都具有自主的知识产权，虽然这些操作系统有相似之处，但不能通用。当配置和操作某个厂商的网络设备时，需要了解该厂商设备的操作系统命令。要想掌握所有厂商设备的操作系统命令是很困难的，也没有必要，因为这些配置命令很相似，只需掌握一两种常用设备的操作命令，并能够深入理解，就会很容易学会其他设备操作系统的命令。

著名的 Cisco 厂商特有的 IOS 是一种技术较为成熟的网络设备操作系统，很多厂商设备的操作系统都学习和借鉴了 Cisco 的 IOS。例如，国内的锐捷网络设备厂商使用的设备操作系统 RGNOS 的绝大部分命令与 Cisco 的 IOS 命令相同，华为-3COM 厂商的设备配置命令也有很多与 Cisco 的 IOS 命令相似。掌握并理解了 Cisco 的 IOS 命令行的配置，其他厂商的命令行配置也就不难理解和使用了。下面以 Cisco 的 IOS 为例，介绍命令行配置的基本配置命令，详细的配置命令解释请参考厂商的设备软件配置使用说明。

在命令行配置中，为了限定操作权限或参数的作用范围，在网络设备的操作系统中设置了不同级别的配置模式，用户必须在适当的配置模式下才能使用相应的配置命令。Cisco 设备有 4 种主要配置模式见表 6-3。在输入命令时，应注意不同配置模式的提示符。

表 6-3 配置模式

配置模式	提示符	接入下一级需要使用的命令	返回上一级
普通用户模式	>	enable	exit
特权用户模式	#	config t	exit
全局配置模式	（config）#	interface	exit
端口配置模式	（config-if）#		exit

3. 基本调试命令

完成配置后，如果配置正确，则会得到满意的结果。但是，偶尔也会出错，尤其是初学者，经常会出现各种配置错误，如输入命令的字符错误、命令输入的配置模式错误、参数设置错误等，如果这些错误能被及时发现并改正，不会影响配置结果，否则，最后就要详细检查每一步的操作，并纠正错误。因此，用户必须掌握一些基本的网络调试命令和故障排除方法，这些命令和方法能够帮助用户轻松解决绝大多数网络配置问题。

网络故障排除所涉及的知识和技能面较广，不仅需要学习专门的课程，还需要不断在工程实践中积累经验。这里仅介绍一些基本的调试命令及简单的故障排除知识，通过这些方法，能解决大部分网络故障问题，如果还不能排除故障，则需要请教经验丰富的网络工程师。

（1）show run。当完成一些配置命令的输入后，这些配置立即生效，并记录在当前运行的配置文件中，实际上是保存在内存中，通过命令 show run 可以查看这个配置文件。

通过仔细检查配置文件的每一行，能够判断这些参数设置是否正确和合理。如果发现需要设置的参数没有进行配置，可以通过命令行方式进行配置；如果存在错误配置，则使用命令重新配置；如果存在多余配置，可在原配置命令前加上 no，删除该配置。

（2）ping。ping 命令用于测试网络的连通性，是最常用的网络调试命令。ping 命令可以用在网络设备中，测试网络设备端口之间、设备与网络主机之间的网络连通性；ping 命令也可以用在网络主机系统中，测试网络主机之间、网络主机与网络设备端口之间的网络连通性。

在 Windows 系统中，需要发送连续的 ping 数据包来测试网络的性能，需在 ping 命令的后面加上参数“-t”，如果要停止 ping，需按 Ctrl+C 组合键。

在网络设备中利用 ping 命令的扩展功能，可以测试网络连通的稳定性，在工程中，经常设定一次发送一万个数据包，测定网络的数据传输稳定性。

（3）show interface。该命令用于查看端口状态信息，确认端口是否开启、IP 地址配置是否正确等，有助于分析绝大部分的网络故障问题。

4. 基本故障的排除方法

网络故障排除，关键在于找到故障位置。网络故障排除通常采用结构化方法，故障排除的结构化顺序如图 6-5 所示。物理层是网络中最低、最基本的层，多数网络故障发生在这里，经验表明，70%的故障出现在物理层。遇到网络不通时，首先要检查物理层，很多网络工程人员往往忽视这一点，用大量时间调试上层，结果浪费了太多的时间和精力，确保物理层的正常工作是实现网络连通的首要任务。

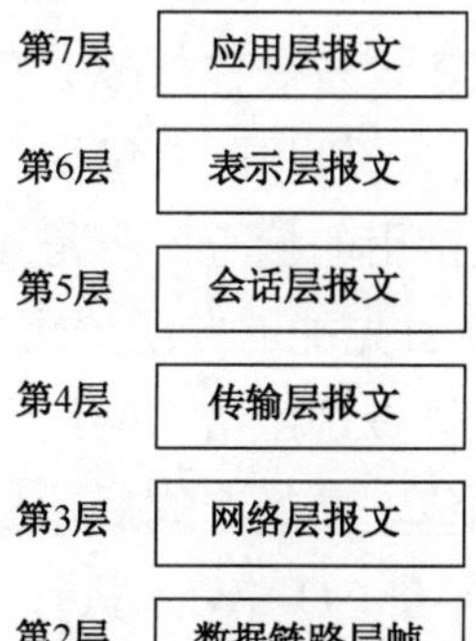

图 6-5 故障排除的结构化顺序

物理层主要检查电缆、电源、连接端口、连接设备的硬件故障，如观察开关、指示灯、接口状态等，物理层的问题很容易判断，只是经常被很多人忽略。关于线缆的问题，我们能够自行解决，设备硬件故障则需要专业技术人员进行维修。

如果物理层没有发现问题，则检查网络的第 2 层、第 3 层。这需要进入网络设备的系统，通过软件配置命令检查。检查的内容包括端口 IP 地址设置、封装协议、带宽设置、路由协议的配置、路由表的建立等。

网络故障排除（微课）

动手操练：网络故障排除

网络或部分网络中断，是再平常不过的事情，但这可能会造成严重的负面影响，所以网络管理员必须采用系统化的方法进行故障排除，尽快将网络恢复至完全运行状态。网络管理员要能快速且高效地解决网络问题，必须具备扎实的网络故障排除技能，掌握这些技能的唯一方法就是动手实践和使用系统化的故障排除方法。

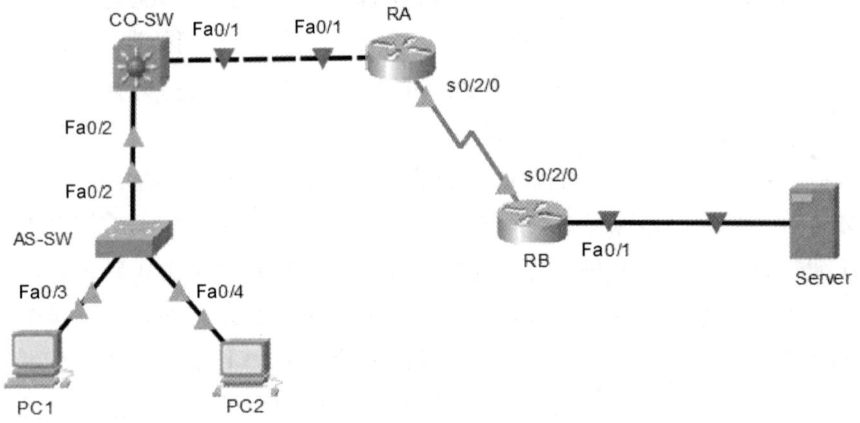

图 6-6 网络故障排除拓扑结构

本节结合一个具体的网络案例，详细讨论使用自下而上的网络故障排除方法，所采用的网络拓扑结构如图 6-6 所示，在 AS-SW、CO-SW、RA、RB 和 PC 上已作了预配。假定你是一名网络管理员，请排除网络中的故障问题，实现 PC1 能 ping 通 Server 的功能。具体要求是：排除所有网络故障，不要删除原有配置，只能修改或添加相关配置命令。

（1）检查物理层。据统计，70%的网络故障，发生在物理层。物理层上常见故障有电源问题、设备硬件故障、布线故障（断开、接触不良）、衰减过大（超过电缆极限长度）、噪声过大、接口配置错误（双工不匹配、时钟频率设置有误，或没有配置 DCE）、CPU 过载。最常用的检查命令是 show processes cpu、show memory 和 show interfaces。

1）首先能够发现的物理问题是 CO-SW 与 RA 之间，RB 与 Sever 之间连接指示灯不正常，经排查是用错了网线所致，CO-SW 与 RA 之间使用直通网线，RB 与 Sever 之间使用交叉网线，更换网线后，故障依旧。

2）在 CO-SW 上执行 show interface Fa0/1 命令，发现接口处于物理 down 状态，于是接入该接口，执行 no shut 命令，激活该接口，故障还是存在。

3）在 RA 上，执行 show interface Fa0/1 命令，发现接口处于物理 down 状态，于是接入该接口，执行 no shut 命令，激活该接口，故障解除。

4）在 RB 上，执行 show interface Fa0/1 命令，发现接口处于物理 down 状态，于是接入该接口，执行 no shut 命令，激活该接口，故障解除。

（2）检查数据链路层故障。数据链路层故障排除比较困难，典型故障有：封装错误，如配置子接口时，VLAN ID 封装错误，WAN 链路协议封装失配；地址映射错误，如 ARP 表，根本没有二层和第三层地址信息的映射；成帧错误，如双工不匹配；配置错误，如没有将接口正确划分到对应 VLAN，VLAN 配置信息丢失，端口属性设置错误等。

1）在 AS-SW1 上执行 show vlan、show inter trunk、show interface Fa0/2、show interface Fa0/3，show interface Fa0/3 逐一查看 VLAN 划分、Trunk 配置，双工配置情况。发现 AS-SW 上的配置没有问题。在 Core-SW 上，执行 show vlan、show inter trunk、show interface Fa0/2，发现 Fa0/2 本应为 Trunk，但没有配置其为 Trunk。在 Fa0/2 接口下，执行 switch trunk enc dot 和 switch mod trunk 命令后，AS-SW 与 Core-SW 之间的链路为 Trunk，使用 802.1q 封装协议。

2）在 RA 和 RB 上执行 show interface s0/2/0 命令，查看接口状态、协议封装情况。发现接口协议处于 down 状态，RA 封装协议为 PPP，RB 封装的协议是 HDLC，导致 RA 与 RB 串行链路处于 down 状态，在 RB 上执行 encapsulation ppp 命令封装 PPP 协议后，再在 RA 和 RB 上执行 show interface s0/2/0 命令，查看接口协议状态是否处于 up 状态。

（3）检查网络层。

1）检查 PC1、PC2、Server IP 地址参数设置情况。在 CO-SW 上执行 show run | begin interface vlan2 命令，可以看见 SVI VLAN 2 和 SVI VLAN 3 接口的 IP 地址，分别作为 PC1 和 PC2 的网关，但 PC1 和 PC2 的网关设置均有错，分别将网关填入 VLAN 2 和 VLAN 3 的 IP 地址。另外，Server 的网关配置也有问题，错误配置为 192.168.6.2，应该为 RB Fa0/1 接口的 IP 地址，即 192.168.6.1。

2）测试网络连通性。

- 在 PC1 上，ping VLAN 2 接口 IP 地址、ping CO-SW 的 Fa0/1 接口 IP 地址，ping RA 的 Fa0/1 接口 IP 地址，发现 ping RA 的 Fa0/1 接口 IP 地址不通。可能的原因是在 RA 的路由器上没有到达 PC1 所在网段的路由。
- 在 RA 上，执行 show ip route 命令，输出结果中只有直连网段路由，没有其他远程网络的路由信息。由于 CO-SW 与 RA 路由器上已经运行了 OSPF 动态路由协议，因此为了解决该问题，需要查看这两台设备的 OSPF 协议配置情况。
- 在 CO-SW 上，执行 show run | begin router ospf 1 命令，发现宣告的网段 192.168.1.0 有误，应宣告为 192.168.2.0，此外还缺少一个直连网段，其正好是 CO-SW 与路由器 RA 之间的直连网段 192.168.4.0，修改并增加直连网段进入区域 0。
- 在 RA 上执行 show run | begin router ospf 1 命令，检查发现 OSPF 路由没有配置错误。再次在 RA 上执行 show ip route 命令，输出结果中已经学习到 VLAN 2 和 VLAN 3 接口所在网段的路由，再次 ping RA 的 Fa0/1 接口 IP 地址，就能 ping 通了。
- 继续 ping RA 的 s0/2/0 接口 IP 地址，能够 ping 通。
- 继续 ping RB 的 s0/2/0 接口 IP 地址，不能 ping 通。执行 show ip route 命令，发现没有任何的 OSPF 路由信息。在前面，我们已经发现 s0/2/0 串行口处于 down 状态，肯定学习不到任何远程网络信息。PPP 协议认证没有问题，则可能是启用了 OSPF 协议认证。
- 在 RA 和 RB 上，执行 show run | begin interface Serial0/2/0 命令，从输出结果中发现，RA 上指定的认证密钥为 jnds，而 RB 上设置为 chjnds，这是影响 RB 不能学

习到远程网络路由信息的原因之一，我们将 RA 原认证密码删除并设置新密码为 RB 上的 chjnds。

- 在输出结果中，也发现在 RA 上设置了 OSPF 报文的 hello 时间间隔和伤亡时间间隔，RB 采用的是默认值，这也是造成学习不到远程网络 OSPF 路由信息的原因，将 RA 上的 OSPF 报文恢复至默认值，执行 ip ospf hello-interval 10 和 ip ospf dead-interval 40 命令即可。
- 以上流程已确保 OSPF 的路由进程和接口下的操作都无问题。但 RA 上还是学习不到远程网络的路由信息，RB 上也学习不到远程网络的路由信息，可能的原因是，发向 RA 的 OSPF 报文，可能在 RA 上使用 ACL 进行了过滤。在 RB 上，执行 show access-list 命令，可以看见配置了一条阻止 OSPF 报文发向 RA 的规则，接入命名的扩展访问列表 OSPF 配置模式下，使用 no 删除该条规则，改为 permit ip any any。

经过以上操作后，RA 和 RB 上有了正确的全网路由信息，这时在 PC1 上使用 ping Server 的 IP 地址命令，输出结果是能够 ping 通。至此，已经排除了网络的所有故障。

从以上的故障排除过程来看，应当注意一些典型的物理层、数据链路层、网络接入层、传输层和应用层症状及问题，可能需要特别注意物理连接、默认网关和路由信息。另外，排除网络故障不是一件容易的事情，需要良好的网络设备配置方面的知识积累和操作技能。

6.2.3 配置网络设备

安装前，需要对所有网络设备进行加电测试，然后搭建设备运行的模拟环境，并预先配置好每台设备，完成基本的功能调试。上架安装后，再进行全部设备的联调和功能测试。配置和调试时，应及时记录必要的数据，并整理好文档，做好验收准备。

1. 测试设备

设备到货后，应及时运送到用户的工作场地，由用户签收并统一保管。公司技术人员应在用户认可的情况下开箱检查和测试设备。如果甲方允许，设备的开箱测试工作也可在送货前进行。测试时，如果发现设备故障，应及时与厂商联系更换。设备测试的基本步骤如下：

（1）外观检查。检查设备的外观，确认有无破损。

（2）加电检查。接通电源，检查每台设备的开机状态，确认能否正常开机。

（3）检查插板和模块。在断电情况下，安装设备的端口模块，然后依次开机检查，确认插板、模块端口等工作是否正常。例如，检查插板和模块，交换机 Catalyst 6509 具有 9 个插板插槽，购买了两块引擎主板，一块是 16 端口光纤模块插板，另一块是 16 端口 10/100/1000Mbit/s RJ45 双绞线连接插板。将两块插板安装到主机的插板插槽内，然后加电测试。

（4）通过终端方式检查。分别连接每台设备的 Console 端口，通过终端方式查看启动过程、模块和端口情况，并检查设备的 OS 版本号。新购置的厂商设备的 OS 版本号通常较新，如果版本较低，则需要进行升级。

（5）记录设备序列号并粘贴标签。在测试每台设备时，记录设备的出厂序列号（S/N），并按照实施方案的规划，粘贴标签，标签中标注设备编号和管理 IP 地址。这样，不仅在安装时容易区分，在安装后也易于管理和维护。

2. 配置每台设备

首先集中摆放安装的设备，按照设计的网络拓扑结构，通过网络跳线或光纤跳线将设备连接起来，并连接必要的测试 PC 和服务器，搭建设备的模拟实际运行环境。然后，在这个模拟环境中进行配置和调试。

课后检测

1. 描述网络设备订货和验货的主要步骤。
2. 在网络设备的配置过程中需要注意哪些事项？
3. 配置路由交换设备的途径有哪些？
4. ping 命令有哪些用途？
5. 如何确保配置的 IP 地址是正确的？

模块 7　网络工程测试与验收

网络工程测试与验收是网络工程建设的最后一环，是全面考核工程的建设工作、检验工程设计和工程质量的重要手段，它关系到这个网络工程质量能否满足预期设计的指标。网络工程测试与验收的最终结果是向用户提交一份完整的系统测试与验收报告。

网络工程项目施工结束后，进入测试阶段，为项目的最后验收做准备。项目必须通过严格的测试，各项技术指标符合项目设计要求，网络系统经过一段时间的试运行后，才能申请项目验收，验收合格后方可竣工。因此本模块设计了两个讨论主题：网络工程的测试与网络工程的验收。

7.1　网络工程测试

编写网络工程测试方案和测试报告

学习提示

从概念上讲，网络工程测试是依据相关的规范，采用相应的技术手段，利用专用的网络测试工具，对网络设备及系统集成等部分的各项性能指标进行检测的过程。布线系统测试是网络工程测试内容之一，一般在系统集成测试之前就已完成，并且执行的是边施工边测试，本书不涉及综合布线系统测试的相关内容，也不涉及所有设备的物理测试内容。本主题围绕网络工程测试所涵盖的内容而展开，主要讨论网络工程测试的标准与规范、各类网络系统测试的基本方法和技巧等内容。

课前评估

请读者独立思考并回答下列问题。

1．网络工程测试包括哪些内容？

2．网络系统测试主要包括哪两项功能测试？

3．应用系统测试主要包括哪些内容？

4．综合布线系统测试是网络工程项目结束后要进行的工作内容之一。（　　）

5．使用交换机测试命令测试交换机的 NVRAM、Flash、Memory 使用情况、各端口状态以及 VLAN 的配置情况。

6．使用路由器测试命令测试路由器的路由表、OSPF 端口参数、广域网接口运行状况。

7．使用网络测试命令测试网络的连通性及路由情况。

8．在 Windows 和 Linux 环境下，搭建 WEB、FTP、DNS、DHCP 等服务环境，并进行本地和远程功能测试。

7.1.1　测试前的准备工作

在进行网络工程的测试前，需要有前期准备，主要包括以下内容。

（1）综合布线工程施工完成，且严格按工程合同的要求及相关的国家或部委颁布的标准整体验收合格。

（2）成立网络测试小组。小组的成员主要以使用单位为主，施工方参与（如有条件，可以聘请从事专业测试的第三方参加），明确各自的职责。

（3）制定测试方案。双方共同商讨，细化工程合同的测试条款，明确测试所采用的操作程序、操作指令及步骤，制定详细的测试方案。

（4）确认网络设备的连接及网络拓扑符合工程设计要求。

（5）准备测试过程中所需要使用的各种记录表格及其他文档材料。

（6）供电电源检查。直流供电电压为 48V，交流供电电压为 220V。

（7）设备通电前的常规检查，如设备应完好无损、各种设备的选择开关状态、各种文字符号和标签应齐全正确、粘贴牢固等。

7.1.2　测试标准及规范

网络工程测试与验收工作采用的主要标准及规范如下：

（1）《路由器测试规范——高端路由器》（YD/T 1156—2001）：本规范主要规定了高端路由器的接口特性测试、协议测试、性能测试、网络管理功能测试等，自 2001 年 11 月 1 日起实施。

（2）《以太网交换机测试方法》（YD/T 1141—2007）：本标准规定了千兆位以太网交换机的功能、功能测试、性能测试、协议测试和常规测试，自 2008 年 1 月 1 日起实施。

（3）《接入网设备测试方法——基于以太网技术的宽带接入网设备》（YD/T 1240—2002）：本标准规定了对于基于以太网技术的宽带接入网设备的接口、功能、协议、性能和网管的测试方法，适用于基于以太网技术的宽带接入网设备，自 2002 年 11 月 8 日起实施。

（4）《IP 网络技术要求——网络性能测量方法》（YD/T 1381—2005）：本标准规定了 IPv4 网络性能测量方法，并规定了具体性能参数的测量方法，自 2005 年 12 月 1 日起实施。

（5）《公用计算机互联网工程验收规范》（YD/T 5070—2005）：本规范主要规定了基于 IPv4 的公用计算机互联网工程的单点测试、全网测试和竣工验收等方面的方法和标准，自 2006 年 1 月 1 日起实行。

7.1.3　网络系统性能测试

网络系统测试是进行工程监理服务、网络故障测试服务和网络性能优化服务的基础，主要包括性能测试和功能测试。性能测试主要用于测试网络中的各种情况，包括网络设备、服务器、路由器、交换机、网卡等质量问题，设备互连的参数和端口设置问题，系统平台、协议的一致性问题，网络容量（传输速率、带宽、时延）问题，以及可能对网络造成的不利影响。

1. 系统连通性

用测试工具对网络的关键服务器、核心层和汇聚层的关键网络设备（如路由器和交换机）进行 10 次 ping 测试，每次间隔 1s，以测试网络连通性。测试路径需要覆盖所有的子网和 VLAN。以不低于接入层设备总数 10%的比例进行抽样测试，少于 10 台设备的，全部测试；每台抽样设备中至少选择一个端口，即测试点，测试点应能覆盖不同的子网和 VLAN。合格与否的判定依据是，测试点到关键服务器的 ping 测试连通性达到 100%时，就判定测试点符合要求。

2. 链路传输速率

链路传输速率测试必须在空载时进行，对核心层的骨干链路，应进行全部测试；对汇聚层到核心层的上连链路，应进行全部测试；对接入层到汇聚层的上连链路，以不低于 10%的比例进行抽样测试；链路数不足 10 条时，按 10 条进行计算或者全部测试。

3. 吞吐率

建立网络吞吐率测试结构。测试必须在空载网络下分段进行，包括接入层到汇聚层链路、汇聚层到核心层链路、核心层间骨干链路，以及经过接入层、汇聚层和核心层的用户到用户链路。对核心层的骨干链路和汇聚层到核心层的上连链路，进行全部测试。对接入层到汇聚层的上连链路，以 10%的比例进行抽样测试；链路数不足 10 条时，按 10 条进行计算或者全部测试。对于端到端的链路（即经过接入层、汇聚层和核心层的用户到用户链路）以不低于终端用户数量 5%的比例进行抽样测试，链路数不足 10 条时，按 10 条进行计算或者全部测试。

另外，还需对网络的传输时延、丢包率以及以太链路层的健康状况进行测试，要求测试数据符合要求。

7.1.4 网络系统功能测试

网络系统功能测试主要包括：VLAN、DHCP、备份功能和网络设备测试，其目的是保证用户能够科学和公正地验收供应商提供的网络设备和系统集成商提供的整套系统，也是故障的预测、诊断、隔离和恢复的最常用手段。

1. VLAN 功能

主要查看 VLAN 的配置情况，同一 VLAN 以及不同 VLAN 在线主机连通性；检查地址解析表，如果仅能解析出本网段的主机 IP 地址对应的 MAC 地址，则说明虚拟网段划分成功，本网段主机不能接收到其他网段的 IP 广播包。表 7-1 列出了网络系统的 VLAN 功能测试方法和正确测试结果。

表 7-1 网络系统的 VLAN 功能测试方法和正确测试结果

测试项目		测试方法	正确结果
网络系统功能测试	VLAN 测试	登录到交换机，查看 VLAN 的配置情况	# show vlan 显示配置的 VLAN 的名称及分配的端口号
		在与交换机相连的主机上 ping 同一虚拟网段上的在线主机，及不同虚拟网段上的在线主机	数据 VLAN 均显示 alive 信息，视频 VLAN 显示不可到达或超时信息
		检查地址解析表	#arp –a 仅解析出本虚拟网段的主机的 IP 对应的 MAC 地址
		检查 Trunk 配置信息	#show int trunk 显示 Trunk 端口所有配置信息，注意查看配置 Trunk 端口的信息
	连通性测试	测试本地的连通性，查看延时	#ping 本地 IP 地址
		测试本地路由情况，查看路径	#traceroute 本地 IP 地址
		测试全网连通性，查看延时	#ping 外地 IP 地址
		测试全网路由情况，查看路径	#traceroute 外地 IP 地址
		测试与骨干网的连通性，查看延时	#ping IP 地址
		测试与骨干网通信的路由情况，查看路径	#traceroute IP 地址
		测试本地路由延迟	ping 本地 IP 地址，查看延迟结果
		测试本地路由转发性能	ping 本地 IP 地址加 –l 3000 参数，查看延迟结果

2. DHCP 功能

首先在局域网系统中启用 DHCP 功能；然后将测试主机设置成自动获取 IP 地址模式；重新启动计算机，查看它是否自动获得了 IP 地址及其他网络配置信息（如子网掩码、默认网关地址、DNS 服务器等）。

对于测试计算机所连接用户端口的选择，以不低于接入层用户端口数量 5%的比例来进行抽查；端口数不足 10 个时，全部测试。如果测试计算机能够自动从 DHCP 服务器中获取 IP 地址、子网掩码和默认网关地址等网络配置信息时，则判定系统的 DHCP 功能符合要求。

3. 备份功能

首先使用测试计算机向测试目的节点发送 ping 包，查看它们之间的连通性；然后人为关闭网络核心层主设备电源，查看备份设备是否启用，测试计算机和目的节点之间的连通性；最后人为断开主干线路，查看备份线路是否启用，测试计算机和目的节点之间的连通性。应对所有核心网络设备和主干线路的备份方案进行全面测试，备份功能正常与否主要看 ping 测试是否在设计规定的切换时间内能够恢复其连通性。

4. 网络设备测试

网络设备的测试主要包括交换机的测试、路由器的测试等。具体测试内容和测试方法见表 7-2 所示。

表 7-2　网络设备测试内容与测试方法

测试项目		测试内容	测试方法
交换机测试	物理测试	测试加电后系统是否正常启动	用 PC 通过 Console 线连接交换机上，或 Telnet 到交换机上，加电启动，通过超级终端查看路由器启动过程，输入用户及密码进入交换机
		查看交换机的硬件配置是否与订货合同相符合	执行 show version 命令
		测试各模块的状态	执行 show mod 命令
		查看交换机 Flash Memory 使用情况	执行 dir 命令
		测试 NVRAM	在交换机中改动其配置，并写入内存，执行 write 命令 将交换机关电后等待 60s 后再开机，执行 sh config 命令
		查看各端口状况	执行 show interface 命令
	功能测试	VLAN 测试	执行 show vlan brief 命令查看同一 VLAN 及不同 VLAN 在线主机连通性；检查地址解析表
路由器测试	物理测试	测试加电后系统是否正常启动	用 PC 通过 Console 线连接交换机上，或 Telnet 到交换机上，加电启动，通过超级终端查看路由器启动过程，输入用户及密码进入交换机
		查看交换机的硬件配置是否与订货合同相符合	执行 show version 命令
		测试 NVRAM	在交换机中改动其配置，并写入内存，执行 write 命令 将交换机关电后等待 60s 后再开机，执行 sh config 命令
		查看各端口状况	执行 show interface 命令
	功能测试	测试路由表是否正确生成	执行 sh ip route 命令
		查看路径选择	执行 traceroute 命令
		查看广域网线路	执行 sh interface l0/0 命令
		查看 OSPF 端口	执行 sh ip ospf interface 命令
		查看 OSPF 邻居状态	执行 sh ip ospf neighbors 命令

续表

测试项目		测试内容	测试方法
路由器测试	功能测试	查看 OSPF 数据库	执行 sh ip ospf database 命令
		查看 BGP 路由邻居相关信息	执行 sh ip bgp neighbors 命令
		查看 BGP 路由	执行 sh ip bgp *命令
		查看 BGP 路由汇总信息	执行 sh ip bgp summary 命令
		查看数据 VPN 通道路由	执行 sh ip route vrf GA_DATA 命令
		查看视频 VPN 通道路由	执行 sh ip route vrf VIDEO_VPN 命令
		测试 VPN 通道安全	做数据 VPN 与视频 VPN 互访测试
		显示全局接口地址状态	执行 sh ip int brief 命令
		测试广域网接口运行状况	执行 sh ip int s0/0 命令
		测试局域网接口运行状况	执行 sh ip int Fa0/0 命令
		测试内部路由	执行 traceroute 命令
		查看路由表的生成和收敛	去掉一条路由命令，用 sh ip route 命令查看路由生成情况
		设置完毕，待网络完全启动后，观察连接状态库和路由表	执行 show ip route 命令
		断开某一链路，观察连接状态库和路由表发生的变化	执行 show ip route 命令

7.1.5 应用系统测试

应用系统测试主要包括物理连通性测试、基本功能测试，网络系统的规划验证测试、性能测试和流量测试等。

1. 物理测试

物理测试主要是对硬件设备及软件配置进行测试，如服务器、磁盘阵列等；首先要查看设备型号是否与订货合同相符合，然后测试加电后系统是否正常启动，最后查看附件是否完整。

2. 服务系统测试

网络服务系统测试主要是指各种网络服务器的整体性能测试，通常包括完整性测试和功能测试两个部分。具体的测试方法和正确测试结果见表 7-3。

表 7-3 网络服务系统测试方法与正确测试结果

测试项目	测试内容		测试方法	正确结果
Web 系统的测试	系统完整性	硬件配置	检查主机外观是否完整	设备外观无损坏
		网络配置	重新启动主机，在开机自检阶段，查看机器的系统参数	系统正常启动，硬件配置与订货信息一致
	HTTP 访问	系统启动	启动操作系统，进行登录	顺利进入 Windows 登录界面
		本地访问	在本地机器上使用 IE 访问本机主页	能够正常访问
		远程访问	在远程机器上使用 IE 访问本机主页	能够正常访问
DNS 系统的测试	系统完整性	硬件配置	检查主机外观是否完整	设备外观无损坏
		网络配置	重新启动主机，在开机自检阶段，查看机器的系统参数	系统正常启动，硬件配置与订货信息一致
	域名解析	系统启动	启动操作系统，进行登录	顺利进入 Windows 登录界面

续表

测试项目	测试内容		测试方法	正确结果
DNS 系统的测试	域名解析	本地解析	在本地机器上执行 nslookup 命令测试相关域名	能够正常解析
		远程解析	在远程机器上执行 nslookup 命令测试相关域名	能够正常解析
FTP 系统的测试	系统完整性	硬件配置	检查主机外观是否完整	设备外观无损坏
		网络配置	重新启动主机，在开机自检阶段，查看机器的系统参数	系统正常启动，硬件配置与订货信息一致
	FTP 访问	系统启动	启动操作系统，进行登录	顺利进入 Windows 登录界面
		系统管理	在本地机器上使用管理工具查看 FTP 服务器是否正常	正常
		本地访问	在本地机器上使用 IE 访问本地 FTP 服务器	能够正常登录，且能正常上传下载数据
		远程访问	在远程机器上使用 IE 访问本地 FTP 服务器	能够正常登录，且能正常上传下载数据
E-mail 系统的测试	系统完整性	硬件配置	检查主机外观是否完整	设备外观无损坏
		网络配置	重新启动主机，在开机自检阶段，查看机器的系统参数	系统正常启动，硬件配置与订货信息一致
	邮件收发	登录测试	在远端电脑上使用 IE 访问本地服务器 http://mail.xas.sn/admin/	显示管理界面登录
			正确登录后建立两个新用户 test1、test2 并设置相关参数后退出	用户建立成功
			使用新建的 test1 用户登录后检查相关参数	登录成功，参数正确
		收发邮件测试	向上级管理部门申请一个邮件服务器账号 temp@xas.sn，向 test1@xas.sn 发新邮件	本域 test1 账号收到 sn 域发来的邮件
			在本域邮件服务器上以 test1 用户登录并向外域用户 temp@ xas.sn 发新邮件	在 sn 域以 temp 账号登录并检查邮件，收到 xas.sn 域发来的邮件

动手操练：网络系统测试实践

利用 4.5 节中已实现的网络工程项目“在防火墙上实现 IPsec VPN 和 SSL VPN”，结合所学网络系统测试方法与技巧，完成该网络工程项目功能实现的测试，具体要求如下：

能够在网络中任一台计算机和设备（有 ping 或 Telnet 能力）执行 ping 及 Telnet 命令测试是否连通网络中其他任何一台机器或设备。由于网络内设备众多，不可能逐台进行测试，因此可采用如下方式。

（1）在每一个子网中随机选取一台客户机与网络中心的通信设备或服务器，进行 ping 测试，并在不同子网间随机选取两台设备进行 ping 测试。测试中，ping 测试每次发送数据包不应少于 1000 个，ping 测试的成功率在局域网内应达到 100%，即没有丢包现象，包传输的延时小于 10ms。

（2）Telnet 连通后，进行终端命令操作。其终端窗口刷新速度和本机操作基本相同即可。

（3）HTTP 测试。在网络系统中随机选定的客户机和网络中心服务器之间进行，使用客户机上的浏览器连接主页服务器，其页面传输的延时小于或等于 10s。

（4）DNS 测试。在网络系统中随机选定的客户机和服务器上进行，首先要确保本网络的域名解析正确，其次要保证远程网的域名解析正确。

（5）E-mail 测试。在网络系统中随机选定的客户机和邮件服务器上进行，首先要确保本网络的用户邮件收发正常，其次要保证远程网用户邮件收发正常。

（6）广域网专线性能测试。可执行 ping 命令测试与边界路由器相连的另一端路由器的 IP 地址，如果带宽为 2Mbit/s，则包传输的延时为 6～8ms。

（7）防火墙测试。分别按内网、DMZ 和外网的性能与功能的技术要求测试。

记录网络测试结果，并整理为一份网络工程测试报告，与同学们进行分享。

课后检测

1．如何检查网络接口配置？写出具体的操作命令。

2．如何在运行的客户机上检查 DNS 服务器是否正常？

3．数据业务对时延抖动不敏感，路由器需要支持语音、视频等业务时，这个指标才有测试的必要性。（　　）

4．网络工程项目完工后经过反复测试才能验收。（　　）

5．设计师制订的网络测试计划中，连通性测试方案是：利用测试工具对每个设备和信息点进行 3 次 ping 测试，如果 3 次都显示连通，即判定该点为连通。链路速率测试方案是：用 2 台测试设备分别接在每根线路的两端，一台以 100Mbit/s 速率发送，另一台接收，接收速率不低于发送速率的 99%即判定为合格。对连通性测试方案的评价，恰当的是（ ① ）。对链路速率测试方案的评价，恰当的是（ ② ）。

①A．是一个标准的方案
B．应测试响应时间
C．应测试 10 次且必须每次都是连通的
D．只需测试信息点，不用测试网络设备

②A．是一个标准的方案
B．应该多测试几种速率
C．应该将 2 台测试设备分别连接到包含交换机等设备的网络上而不是单根线路上
D．接收速率与发送速率相同才能判定为合格

6．测试工具应在交换机发送端口产生（　　）线速流量来进行链路传输速率测试。

A．100%　　B．80%　　C．60%　　D．50%

7．某高校的校园网由 1 台核心设备、6 台汇聚设备、200 台接入设备组成，网络拓扑结构如图 7-1 所示，所有汇聚设备均直接上连到核心设备，所有接入设备均直接上连到汇聚设备，在网络系统抽样测试中，按照抽样规则，最少应该测试（ ① ）条汇聚层到核心层的上连链路和（ ② ）条接入层到汇聚层的上连链路。

①A．3　　B．4　　C．5　　D．6

②A．20　　B．30　　C．40　　D．50

8．下列对于网络测试的叙述中，正确的是（　　）。

A．对于网络连通性测试，测试路径无须覆盖测试抽样中的所有子网和 VLAN

B．对于链路传输速率的测试，须测试所有链路

C．端到端链路无须进行网络吞吐量的测试

D．对于网络系统延时的测试，应对测试抽样进行多次测试后取平均值，双向延时应小于等于 1ms

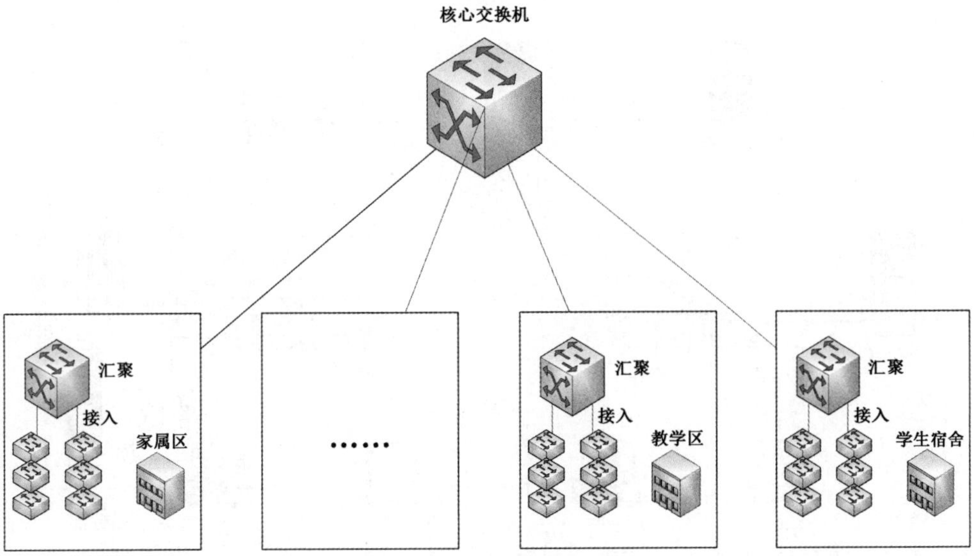

图 7-1 某校园网络拓扑结构

9. 使用长度为 1518B 的帧测试网络吞吐量时，1000M 以太网抽样测试平均值是（ ）时，该网络设计是合理的。

A．99% B．80% C．60% D．40%

10．以下关于网络故障排除的说法中，错误的是（ ）。

A．ping 命令支持 IP、AppleTalk、Novell 等多种协议中测试网络的连通性

B．可随时执行 debug 命令在网络设备中进行故障定位

C．tracert 命令用于追踪数据包传输路径，并定位故障

D．show 命令用于显示当前设备或协议的工作状况

11．网络测试人员利用数据包产生工具向某网络中发送数据包以测试网络性能，这种测试方法属于（ ① ），性能指标中（ ② ）能反应网络用户之间的数据传输量。

①A．抓包分析 B．被动测试 C．主动测试 D．流量分析

②A．吞吐量 B．响应时间 C．利用率 D．精确度

12．进行链路传输速率测试时，测试工具应在交换机发送端口产生（ ）线速流量。

A．100% B．80% C．60% D．50%

13．执行 traceroute 命令测试网络可以（ ）。

A．检验链路协议是否运行正常 B．检验目标网络是否在路由表中

C．检验应用程序是否正常 D．显示分组到达目标经过的各个路由器

14．在客户端除了可以执行 ping 命令外，还可以执行（ ）命令来测试 DNS 是否正常工作。

A．ipconfig B．nslookup C．route D．netstat

15．如果要测试目标 10.0.99.221 的连通性并进行反向名字解析，则在 DOS 窗口中键入命令（ ）。

A．ping -a 10.0.99.221　　　　B．ping -n 10.0.99.221

C．ping -r 10.0.99.221　　　　D．ping -j 10.0.99.221

16．阅读以下关于企业网络性能评估和规划方面的技术说明，根据要求回答问题。

某企业销售部和服务部的网络拓扑结构如图 7-2 所示。

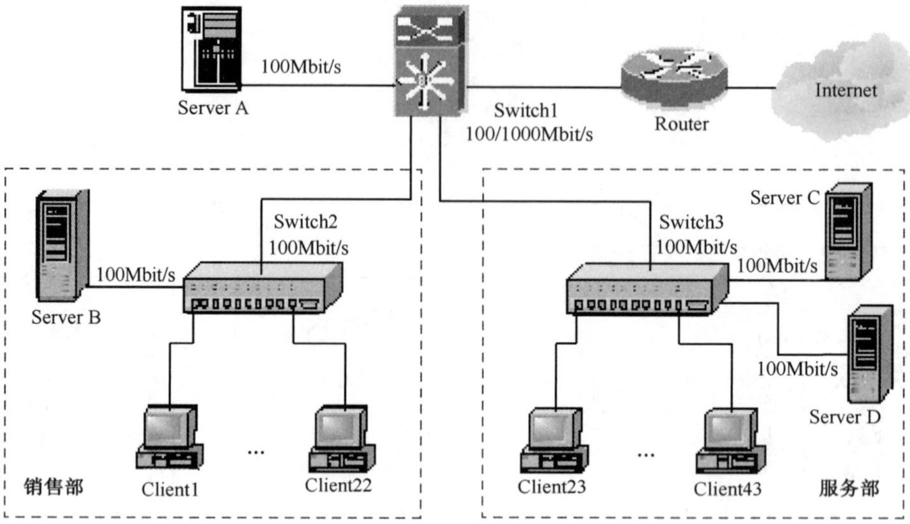

图 7-2　某企业的网络拓扑结构

这两个部门的员工反映由于新服务器的加入，网络运行比以前慢了。网络设计师在调查期间利用手持式诊断工具记录了如下信息。

（1）服务器 A（Server A）同时是销售部和服务部的文件和打印服务器，其网络连接运行平均利用率为 78%。

（2）销售部的网络平均利用率为 45%。

（3）服务器 B（Server B）是一台文件服务器，其上驻留了各种类型的文件，并允许销售部的工作站进行在线文件编辑，它占用销售部所有网络利用率的 20%。

（4）销售部的两个有限授权用户经常以对等工作方式进行网络互连操作。它们占用了销售部所有网络利用率的 5%。

（5）服务部的网络平均利用率为 65%。

（6）服务器 C（Server C）中有一套销售部和服务部员工频繁使用的图像库应用软件，它占用销售部、服务部两个部门的所有网络利用率的 15%。

（7）流媒体服务器（Server D）中驻留了一套流媒体应用软件，由服务部用于售后服务等培训工作。该应用占用了部门网络利用率的 20%。

网络设计师在调查中了解到该企业工程技术部门已花费了所有资金，已经没有购买新网络设备的预算资金。但该工程技术部可在三层交换机（Switch1）上提供 6 个 1Gbit/s 的交换端口，还可提供 3 台 100Mbit/s 的交换机、4 张 1Gbit/s 的网卡和一箱回收的 10/100Mbit/s 网卡。

问题① 在图 7-2 中，服务器 A 的网络利用率性能可以接受吗？请用不多于 150 字简要说明理由。

问题② 根据该企业网络的现状，请给出一种提升服务器 A 网络性能的简要方法。

问题③ 若要流媒体服务器所提供的服务性能在可接受的范围内，则需要其所在的网络低于 0.001s 的延迟。假设销售部网络存在 5%的冲突，平均帧长为 8000 bit，那么销售部网络的实际数据吞吐量是多少？（注意：表 7-4 给出了各种帧长度的开销比。）

表 7-4　各种帧长度开销比

帧长度/B	用户数据长度/B	开销比
64	1（加 37B 的填充数据）	98.7%
64	38（无填充）	50.0%
500	474	7.4%
1000	974	3.8%
1518	1492	2.5%

根据该企业网络的现状，请简要列举提高销售部网络性能的改进方案（250 字以内）。

问题④ 根据该企业网络的现状，思考如何才能提高服务部的网络性能？请简要列举出改进方案（200 字以内）。

问题⑤ 该企业进行子网规划的 IP 地址为 192.16810.0/24。在表 7-5 中其他部门的工作站数量为 60 台，请将该表中的（1）～（5）空缺处（可分配的主机地址范围或子网掩码）填写完整。

表 7-5　销售部、服务部子网可分配的主机地址和子网掩码表

部门	可分配的主机地址范围	子网掩码
销售部	192.168.10.65～（1）	（2）
服务部	（3）～（4）	255.255.255.224
其他部门	（5）～192.168.10.190	255.255.255.192

7.2　网络工程验收

编写网络工程验收报告

学习提示

网络工程验收是施工方向用户方移交的正式手续，也是用户对网络工程施工工作的认可，检查工程施工是否符合设计要求和有关施工规范。用户要确认：工程是否达到了原来的设计目标？质量是否符合要求？有没有不符合原设计的有关施工规范的地方？验收分为物理验收和文档验收。

课前评估

请读者独立思考并回答下列问题。

1．网络系统集成中网络测试属于（　　）。

A．网络工程设计阶段　　B．网络工程实施阶段

C．网络工程验收阶段　　D．系统工程总结阶段

2．网络工程验收包括（　　）方面。

A．系统工程总结　　B．系统验收

C．系统维护与服务　　D．项目终结

3. 网络工程验收的主要内容有哪些？

4. 网络工程验收文档有哪些？

7.2.1 网络工程验收的工作流程

网络工程验收通常包括测试验收和鉴定验收两种方式。当网络工程项目按期完成后，系统集成商和用户双方都要组织人员进行测试验收。测试验收要在有资深的专业测试机构或相关专家进行网络工程测试的基础上，由相关专家、系统集成商及用户共同进行认定，并在验收文档上签字。

网络工程的鉴定验收工作在有资深专业测试机构，或由专家组成的鉴定委员会的组织下进行。鉴定委员会需要成立测试小组，根据制定好的测试方案对网络工程质量进行综合测试；还要组成文档验收小组，对网络工程文档进行验收。在验收鉴定会议后，系统集成商和用户针对该网络工程的进行过程、采用技术、取得成果及其存在问题进行汇报，专家对其中的问题进行质疑，并完成最终验收报告。

在通过现场验收后，为了防止网络工程出现未能及时发现的问题，还需要设定半年或一年的质保期。用户应留有约 10%的网络工程尾款，直至质保期结束后再支付给系统集成商。

网络工程验收通常包含以下内容。

（1）确认验收测试内容，通常包括线缆性能测试、网络性能指标检查、流量分析及协议分析等验收测试项目。

（2）制订验收测试方案，通常包括验证使用的测试流程和实施方法。

（3）确认验收测试指标。

（4）安排验收测试进度，根据计划完成测试验收。

（5）分析并提交验收测试数据。对测试得到的数据进行综合分析，生成验收测试报告。

7.2.2 网络工程验收的内容

网络工程验收主要包括综合布线系统的验收、机房电源的验收、网络系统的验收。

1. 综合布线系统的验收

综合布线系统是网络系统的基础，它的测试是网络测试的必要前提。综合布线系统的测试验收要遵守相关的国家、国际标准，如 ANSI/EIA 568B、ISO/IEC 11801 和 GB/T 50312—2016 等。

2. 机房电源的验收

按照设计要求进行验收时，要注意照明是否符合要求，空调在最热和最冷环境下是否可用，装饰材料中的有害物释放量是否达标，接地是否符合要求，电力系统是否配备了 UPS，是否有电源保护器。

3. 网络系统的验收

网络系统的验收主要需要验证交换机、路由器、防火墙等互连设备，服务器、客户机和存储设备等是否提供了应有的功能，是否达到网络标准，是否能够互连互通。验收时要注意以下几个方面。

（1）网络布线图包括逻辑连接图和物理连接图。逻辑连接图主要包括各个局域网的布局，各个局域网之间的连接关系，各个局域网与城域网的接口关系，以及服务器的部署情况。物理连接图则包括每个局域网接口的具体位置，路由器的具体位置、交换机的具体位置、配线架各接口与房间、具体网络设备的对应关系。

（2）网络信息包括各网络的 IP 地址规划和子网掩码信息，交换机的 VLAN 设置信息，路由器的配置信息，交换机的端口配置信息和服务器的 IP 地址配置等。

（3）正常运行时的网络主干端口的流量趋势图，网络层协议分布图，运输层协议分布图，应用层协议分布图。

（4）所有重要设备（路由器、交换机、防火墙和服务器等）和网络应用程序都已连通并能够正常运行。

（5）网络上的所有主机都能够打开 IE 上网并满负荷运行，运行特定的重载测试程序，对网络系统进行 Web 压力测试。

（6）启动冗余设计的相关设备，考查它们对网络性能的影响。

7.2.3　网络工程验收文档

文档的验收是网络工程验收的重要组成部分。网络工程验收文档包括综合布线系统相关文档、设备技术文档、设计与配置资料、用户培训和操作手册及各种签收单。

1. 综合布线系统相关文档

（1）信息点配置表。

（2）信息点测试一览表。

（3）配线架对照表。

（4）综合布线图。

（5）布线测试报告。

（6）设备、机柜和主要部件的数量明细表，即网络工程中所用的设备、机架和主要部件的分类统计，要求列出型号、规格和数量。

2. 设备技术文档

（1）操作维护手册。

（2）设备使用说明书。

（3）安装工具及附件。

（4）保修单。

3. 设计与配置资料

（1）工程概况。

（2）工程设计与实施方案。

（3）网络系统拓扑图。

（4）交换机、路由器、防火墙和服务器的配置信息。

（5）VLAN 和 IP 地址配置信息表。

4. 用户培训和操作手册

（1）用户培训报告。

（2）用户操作手册。

5. 各种签收单

（1）网络硬件设备签收单。

（2）系统软件签收单。

（3）应用软件功能验收签收单。

7.2.4 交接与维护

1. 网络系统的交接

最终验收结束后要进行交接。交接是一个使用户逐步熟悉网络系统，进而能够掌握、管理、维护整个系统的过程。交接包括技术资料交接和系统交接，系统交接一直延续到后期的维护阶段。

技术资料交接包括在实施过程中所生成的全部文件和数据记录，至少应提交如下资料：总体设计文档、工程实施设计、系统配置文档、各个测试报告、系统维护手册（设备随机文档）、系统操作手册（设备随机文档）及系统管理建议书等。

2. 网络系统的维护

在技术资料交接完成之后，系统就进入了维护阶段。系统的维护工作贯穿系统的整个生命周期。用户方的系统管理人员将在此期间内逐步培养出独立处理各种突发事件的能力。

在系统维护期间，系统出现任何故障，都应详细填写相应的故障报告，并报告相应的人员（系统集成商技术人员）进行处理。

3. 口令移交

建设单位应派专人负责口令管理工作，接到移交来的登录用户名和口令后，用户应检查所有的系统口令、设备口令等设置，并根据有关规定重新进行设定，重新设定的口令必须与原口令不同，所有的系统口令、设备口令应作好记录，并妥善保存，防止泄密。

课后检测

1．网络系统工程竣工验收不应包括（　　）内容。

A．终验网络测试　　B．口令移交

C．设备移交　　D．文档移交

2．作为网络工程验收的重要组成部分的验收文档，通常包括哪些内容？

3．某企业需要竣工验收。企业网在线设备有边界路由器、三层交换机、多台二层交换机，以及 Web、E-mail 等服务器。写出具体的网络系统验收步骤和技术方法。

参考文献

[1] 唐继勇，童均．网络系统集成[M]．北京：电子工业出版社，2015．

[2] 唐继勇，李腾．计算机网络基础[M]．北京：中国水利水电出版社，2015．

[3] 唐继勇，刘明．局域网组建技术教程[M]．北京：中国水利水电出版社，2011．

[4] 唐继勇，童均．无线网络组建项目教程[M]．2 版．北京：中国水利水电出版社，2014．

[5] 张选波．企业网络构建与安全管理项目教程（上册）[M]．北京：机械工业出版社，2012．

[6] 张选波．企业网络构建与安全管理项目教程（下册）[M]．北京：机械工业出版社，2012．

[7] 谭亮，何绍华．构建中小型企业网络[M]．北京：电子工业出版社，2012．

[8] 梁广民，王隆杰．CCNP（路由技术）实验指南[M]．北京：电子工业出版社，2012．

[9] 梁广民，王隆杰．CCNP（交换技术）实验指南[M]．北京：电子工业出版社，2012．

[10] 丁喜纲．网络安全管理技术项目化教程[M]．北京：北京大学出版社，2012．

[11] 卓伟，李俊锋，李占波．网络工程实用教程[M]．北京：机械工业出版社，2013．

[12] 刘彦舫，褚建立．网络工程方案设计与实施[M]．北京：中国铁道出版社，2011．

[13] 陈国浪．网络工程[M]．北京：电子工业出版社，2011．

[14] 易建勋，姜腊林，史长琼．计算机网络设计[M]．2 版．北京：人民邮电出版社，2011．

[15] 黎连业，黎萍，王华，等．计算机网络系统集成技术基础与解决方案[M]．北京：机械工业出版社，2013．

[16] 刘晓晓．网络系统集成 [M]．北京：清华大学出版社，2012．

[17] 秦智．网络系统集成 [M]．北京：北京邮电大学出版社，2010．

[18] 斯桃枝，李战国．计算机网络系统集成[M]．北京：北京大学出版社，2010．

[19] 杨威．网络工程设计与系统集成[M]．2 版．北京：人民邮电出版社，2010．

读书笔记